生态农业丛书

国家出版基金项目
NATIONAL PUBLICATION FOUNDATION

中药生态农业研究与展望

黄璐琦 郭兰萍 等 著

科学出版社
龙门书局
北京

内 容 简 介

本书是一部系统阐述中药生态农业的理论与实践的学术专著。主要论述了中药生态农业的发展背景和发展思路，中药生态农业的基础知识和基本特征，野生抚育、仿野生栽培、土壤改良和科学施肥等常见技术，以及常见模式和生态产品价值评估。最后介绍了生产实践中 10 种常见中药材的生态种植技术规范。

本书内容系统全面，理论与实践并重，可作为从事中药生态农业研究学者及活跃在中药农业生产实践第一线的研究人员、技术人员的参考书。

图书在版编目（CIP）数据

中药生态农业研究与展望/黄璐琦等著. —北京：龙门书局，2023.12
（生态农业丛书）
国家出版基金项目
ISBN 978-7-5088-6348-1

Ⅰ.①中… Ⅱ.①黄… Ⅲ.①药用植物－栽培技术 Ⅳ.①S567

中国国家版本馆 CIP 数据核字（2023）第 188090 号

责任编辑：吴卓晶 柳霖坡 / 责任校对：王万红
责任印制：肖 兴 / 封面设计：东方人华平面设计部

科 学 出 版 社 出版
龍 門 書 局
北京东黄城根北街 16 号
邮政编码：100717
http://www.sciencep.com
北京中科印刷有限公司 印刷
科学出版社发行 各地新华书店经销
*
2023 年 12 月第 一 版 开本：720×1000 1/16
2023 年 12 月第一次印刷 印张：14 3/4
字数：300 000
定价：169.00 元
（如有印装质量问题，我社负责调换）
销售部电话 010-62136230 编辑部电话 010-62143239（BN12）

生态农业丛书
序　言

　　世界农业经历了从原始的刀耕火种、自给自足的个体农业到常规的现代化农业，人们通过科学技术的进步和土地利用的集约化，在农业上取得了巨大成就，但建立在消耗大量资源和石油基础上的现代工业化农业也带来了一些严重的弊端，并引发一系列全球性问题，包括土地减少、化肥农药过量使用、荒漠化在干旱与半干旱地区的发展、环境污染、生物多样性丧失等。然而，粮食的保证、食物安全和农村贫困仍然困扰着世界上的许多国家。造成这些问题的原因是多样的，其中农业的发展方向与道路成为人们思索与考虑的焦点。因此，在不降低产量前提下螺旋上升式发展生态农业，已经迫在眉睫。低碳、绿色科技加持的现代生态农业，可以缓解生态危机、改善环境的生态系统、更高质量地促进乡村振兴。

　　现代生态农业要求把发展粮食与多种经济作物生产、发展农业与第二三产业结合起来，利用传统农业的精华和现代科技成果，通过人工干预自然生态，实现发展与环境协调、资源利用与资源保护兼顾，形成生态与经济两个良性循环，实现经济效益、生态效益和社会效益的统一。随着中国城市化进程的加速与线上网络、线下道路的快速发展，生态农业的概念和空间进一步深化。值此经济高速发展、技术手段层出不穷的时代，出版具有战略性、指导性的生态农业丛书，不仅符合当前政策，而且利国利民。为此，我们组织撰写了本套生态农业丛书。

　　为了更好地明确本套丛书的撰写思路，于 2018 年 10 月召开编委会第一次会议，厘清生态农业的内涵和外延，确定丛书框架和分册组成，明确了编写要求等。2019 年 1 月召开了编委会第二次会议，进一步确定了丛书的定位；重申了丛书的内容安排比例；提出丛书的目标是总结中国近 20 年来的生态农业研究与实践，促进中国生态农业的落地实施；给出样章及版式建议；规定丛书撰写时间节点、进度要求、质量保障和控制措施。

　　生态农业丛书共 13 个分册，具体如下：《现代生态农业研究与展望》《生态农田实践与展望》《生态林业工程研究与展望》《中药生态农业研究与展望》《生态茶业研究与展望》《草地农业的理论与实践》《生态养殖研究与展望》《生态菌物研究与展望》《资源昆虫生态利用与展望》《土壤生态研究与展望》《食品生态加工研究与展望》《农林生物质废弃物生态利用研究与展望》《农业循环经济的理论与实践》。13 个分册涉及总论、农田、林业、中药、茶业、草业、养殖业、菌物、昆虫利用、土壤保护、食品加工、农林废弃物利用和农业循环经济，系统阐释了生态农业的理论研究进展、生产实践模式，并对未来发展进行了展望。

　　本套丛书从前期策划、编委会会议召开、组织撰写到最后出版，历经近 4 年的时间。从提纲确定到最后的定稿，自始至终都得到了李文华院士、沈国舫院士和刘旭院士等编委会专家的精心指导；各位参编人员在丛书的撰写中花费了大量的时间和精力；朱有勇院士和骆世明教授为本套丛书写了专家推荐意见书，在此一并表示感谢！同时，感谢国家出版基金项目（项目编号：2022S-021）对本套丛书的资助。

　　我国乃至全球的生态农业均处在发展过程中，许多问题有待深入探索。尤其是在新的形势下，丛书关注的一些研究领域可能有了新的发展，也可能有新的、好的生态农业的理论与实践没有收录进来。同时，由于丛书涉及领域较广，学科交叉较多，丛书的撰写及统稿历经近 4 年的时间，疏漏之处在所难免，恳请读者给予批评和指正。

生态农业丛书编委会

2022 年 7 月

前　言

　　20 世纪 90 年代迅速发展起来的中药农业，不可避免地进入了以化学农业为特征的现代农业的生产模式。然而，人们很快就发现依照现代农业发展的中药农业在极大地满足临床用药需求后，不得不面对快速发展带来的耕地非粮化、产品单一化、品质失控化及安全威胁扩大化等挑战。为了解决中药生产中不断涌现的新问题，在习近平生态文明思想的指导下，中药发展通过守正与创新，中药生态农业学科应运而生，开启了保障中药材产业高质量发展的新征程。

　　中药生态农业的概念在 2015 年被提出，"推行中药材生态种植"于 2019 年被写入《中共中央国务院关于促进中医药传承创新发展的意见》。历经 5 年时间获得飞速发展，不仅表明中药生态农业顺应了时代发展的潮流，更是因为其解决了传统中药农业发展过程中累积的顽疾。可以说，中药生态农业是中医药行业认真领悟和践行习近平生态文明思想的成果，有效化解了中药农业发展中的危机。中药生态农业追求"天地人药合一"和"拟境栽培"，具有完全不同于常规农业的特点，在生态种植方面具有巨大的优势。中药生态农业历经多年发展，实现了对 50 种大宗常用中药材生态种植的科学布局，集成推广了三七、天麻、霍山石斛等 100余项生态种植模式和技术，为全国 774 个贫困县提供了适宜种植的中药材目录。

　　草木有本心，生态出良药。以拟境栽培为核心的中药材生态种植，为中药材的高质量发展和乡村振兴提供了思路、方法与技术保障，极大地丰富了国际生态农业的内涵和外延。为了与一线科技工作者和生产人员共同分享中药生态农业理论、技术和方法，特编撰本书。本书共分为 6 章，第 1、第 2 章概述了"十三五"中药材产业的发展现状和"十四五"中药材产业的发展趋势，中药生态农业相关概念、发展历程、发展优势和发展思路，较为系统和全面地阐述了中药生态农业的基础理论知识和基本特征；第 3、第 4 章详细介绍了中药生态农业的常规技术，以及科学施肥技术在中药生态农业中的研究与应用；第 5 章介绍了中药生态农业常见模式和中药材生态产品价值评估方法；第 6 章从生产实践中列出了 10 种常见中药材生态种植技术规范，理论与实践相结合，希望能够为从事中药生态农业研究的广大师生和科研工作者提供参考。

　　本书得到了中国中医科学院科技创新工程"人参、甘草、霍山石斛等中药材生态种植技术研究与应用"（项目编号：CI2021A03905）、中国中医科学院科技创新工程"中药资源生态学创新团队"（项目编号：CI2021B013）、国家中医药管理局"第四次全国中药资源普查项目"（项目编号：GZY-KJS-2019-001）、国家中医药管理局中医药创新团队及人才支持计划项目"道地药材生态化与资源可持续利用"（项目编号：ZYYCXTD-D-202005）、财政部和农业农村部国家现代农业产业技术体系"国家中药材产业技术体系"（项目名称：CARS-21）、中央本级重大增减支项目"名贵中药资源可持续利用能力建设项目"（项目编号：2060302）的资助和支持，在此表示感谢！

　　由于中药生态农业正处于快速发展期，有些模式和技术还处于探索阶段，书中难免有疏漏和不足，恳请广大读者提出宝贵意见。

《中药生态农业研究与展望》编委会

2023 年 1 月

目 录

第1章

中药生态农业概述

1.1　中药材产业发展现状和趋势

"十三五"期间，中药材在中医药事业和健康服务业发展中的基础地位更加突出，利好政策不断加力，中药材产业取得了长足的发展。2017年《中华人民共和国中医药法》正式颁布实施。2019年《中共中央 国务院关于促进中医药传承创新发展的意见》发布，中药材产业迎来了振兴发展的大好机遇，充分体现了党和政府对广大人民群众安全有效用中药的高度重视。5年来，中药材产业围绕"有序、安全、有效"的发展目标，涌现出一系列的成果，极大推动了产业的发展进程。不仅成为脱贫攻坚的重要抓手，也正在乡村振兴道路上发挥突出作用。当前，我国中药材产业发展进入了新的阶段，面临新的问题，挑战和机遇并存。梳理现状、分析问题、对未来的发展进行思考和定位，对于保障中医药事业稳健发展、维护全民健康和实现国家长远发展具有重要意义。

1.1.1　中药材产业发展主要特点

1. 种植热度多年未减，面积持续较快增长

目前50余种濒危野生中药材实现了种植养殖或替代，常用600种中药材中的200余种大宗中药材实现了规模化种养（黄璐琦和王继永，2018），第四次全国中药资源普查已汇总730余种种植中药材的信息。中药材种植面积呈现大幅增加的趋势（图1-1），2019年全国中药材种植面积达到7 475万亩（1亩≈667m^2），各地种植面积差异较大，其中云南和广西分别达到794万亩和685万亩，贵州、湖北、河南3个省为500万～600万亩，湖南、陕西、广东、四川、山西等5个省为300万～500万亩，河北、重庆、山东、内蒙古、甘肃、吉林、安徽、辽宁、黑龙江、海南、宁夏11个省（自治区、直辖市）为100万～300万亩。根据国家中药材产业技术体系的初步汇总数据显示，2020年全国中药材种植面积约为8 822万亩。

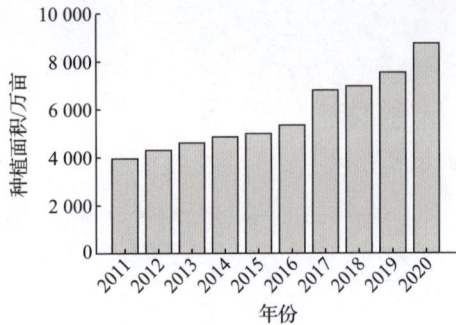

图 1-1　2011～2020 年中药材种植面积

不同中药材的种植面积差异较大，仅以 2019 年有统计数据的 59 种常用大宗中药材为例，其种植总面积为 2 046 万亩，其中 12 种中药材突破 50 万亩，连翘居首位，达到 322 万亩，枸杞、蒙古黄芪、金银花（含山银花）、丹参等超过 100 万亩，黄芩、山楂、党参、当归、柴胡、山茱萸、苦参等超过 50 万亩。

2. 优势产区各具特色，标准体系形成雏形

各地立足资源禀赋，初步形成了四大怀药、浙八味、川药、关药、秦药等道地药材优势产区。其中浙江以"浙八味"为主的道地药材种植面积达 22.3 万亩；四川的川黄连、川天麻、川芎产值均超过 10 亿元；黑龙江的刺五加、人参、防风均超过 20 万亩，在全国的市场份额不断提高，其中刺五加占 80% 以上，防风占 40% 以上；云南把中药材列入打造世界一流"绿色食品牌"确定的重点产业，已认定 65 家企业为"定制药园"企业，认定三七、天麻、滇重楼等中药材种植面积 16.88 万亩。甘肃近年来当归、党参、蒙古黄芪的产量分别占全国的 80%、90%、50% 以上，年产值超过 200 亿元。

随着多年持续研发，中药材的标准体系已渐成雏形。一是牢牢抓住了国际标准制定话语权。中药材农药残留检测，中药材 SO_2 测定，人参、三七、三七种子种苗等近 20 项 ISO（International Organization for Standardization，国际标准化组织）国际标准获发布，是全球传统药材标准化建设史上新的重大突破。同时为打破中药材国际贸易壁垒提供了技术支撑，如绿色和平组织（Greenpeace）曾报道74% 的中药材农残超标，但是按照中药材农药残留检测 ISO 国际标准统计，超标率仅为 1.72%。二是团体标准实现从生产到市场流通全程覆盖。中国中医科学院中药资源中心牵头组织，联合全国近百家企事业单位，立项与发布的通则及系列标准共计 800 余项，涵盖道地药材、种子种苗、生产技术、商品规格等级等，弥补了中药材系列标准缺失的空白。此外，农业农村部 2020 年立项了山茱萸等 4 项道地药材生产技术规程国家标准和 3 项（根茎类、果实和种子类、花类）道地药材生产技术规范行业标准，中药材标准体系建设进程加快。

3. 良繁体系初具规模，种业发展日渐提速

中药材优良品种选育在近 10 年有了长足进步，截至 2019 年，选育出新品种的种类从 20 世纪 90 年代的 10 种左右增加到 116 种，选育出新品种共计 537 个（黄璐琦和赵润怀，2020），其中国家中药材产业技术体系"十三五"期间选育出 30 余个。中药材种子种苗繁育基地建设作为第四次全国中药资源普查的 4 项重点任务之一，已在 20 个省（自治区）建设了 28 个种子种苗繁育基地，子基地合计近 180 个，繁育种子种苗约 120 种，有效改善了区域内种子种苗的供应与质量（李颖 等，2017）。2019 年安徽霍山县等 8 个中药材制种大县被认定为第二批国家区域良种繁育基地，并被纳入"十四五"现代种业提升工程建设规划，实现了中药材国家区域良种繁育基地零的突破。

2014 年以来，人参、三七、五味子、丹参的种子种苗 ISO 国际标准，以及《中药材种子种苗质量标准》等 141 项中华中医药学会团体标准均获发布，白术等 9 项中药材种子种苗国家标准已提交行业主管部门审批。此外，据中国种业大数据平台统计，截至 2020 年 3 月，全国登记种类有中药材种子、具有生产经营许可证的企业为 121 家，较 2018 年增长近 1 倍。法治建设稳步推进，《中药材种子管理办法（草案）》已于 2020 年完成农业农村部和中医药行业内的意见征求与修改完善。

4. 生态种植已成共识，增产增收优势明显

中药生态农业的概念在 2015 年被提出，"推行中药材生态种植"于 2019 年被写入《中共中央国务院关于促进中医药传承创新发展的意见》，表明中药生态农业已成为中药农业发展的国家战略。尽管现阶段中药材生产仍以传统农业种植为主，但生态种植越来越受到重视，且发展速度很快（郭兰萍 等，2018），根据国家中药材产业技术体系相关专家对 21 个省（自治区、直辖市）的调研数据显示，中药材生态种植面积超过 500 万亩。目前超过 70 种中药材开展了林下种植、拟境栽培、野生抚育、间套轮作等生态种植模式的探索与应用。其中人参林下种植已成为东北地区人参生产的重要方向（王月蝉，2017；姬少玲，2015），面积超过 270 万亩，为药用和食用人参未来的差异化发展奠定了资源基础（杨利民，2020）。与此同时，农田种植也开始尝试生态种植技术，如蒙古黄芪的农田生态种植模式，核心技术为"春发草库、伏耕除草、秋季精播、双膜覆盖、农机农艺、生态种植"，示范和推广 5 000 多亩（李明 等，2020）。

虽然中药材种类众多，种植模式和技术千差万别，但生态种植整体经济效益十分显著。通过对林下种植、间套作、轮作等 30 种中药材的生态种植模式的分析（康传志 等，2021），发现生态种植较常规种植每亩年均增收 4 000 余元，其中 25 种生态种植模式下的中药材平均增产 17.58%，如苍术和玉米套作较常规种植增产

45%，每亩年均增收 4 000～5 000 元，生态种植的人参、蒙古黄芪、苍术和柴胡的年均收益是常规种植的 7.65 倍、11.96 倍、3.12 倍、1.61 倍，投入产出比平均下降 57.90%。

5. 监督检查力度增强，整体质量逐年向好

为保障人民群众的用药安全，提升中药材及饮片的质量，近年来各级药品监管部门持续增强监督检查和抽验力度，对违法违规企业和不合格产品依法查处和曝光，有效地提高并规范了市场秩序，促使生产企业质量责任主体意识越来越强。抽验结果表明，全国中药材及饮片的总体质量持续提升。2019 年不包括港澳台地区的全国 31 个省（自治区、直辖市）累计抽验中药材及饮片 54 188 批，合格 49 188 批，平均抽验合格率为 91%，较 2018 年提高了约 3%，其中各省（自治区、直辖市）合格率为 67%～100%，20 余个省（自治区、直辖市）的合格率在 90% 以上，进一步比较 2013～2019 年全国年均 54 861 批次的抽验数据，发现我国中药材与饮片总体合格率从 2013 年的 64% 提升到 2019 年的 91%（图 1-2）（张萍 等，2020）。主要质量问题包括掺伪掺杂、染色及增重、过度硫熏、虫蛀霉变、炮制不规范、栽培变异引起的质量下降、进口药材问题等。整体来看，中药材与饮片质量稳步提升、逐年向好。

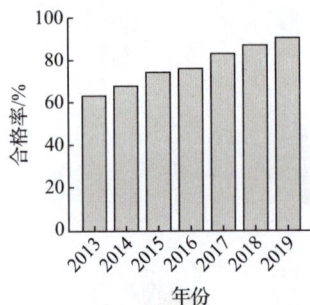

图 1-2 2013～2019 年全国中药材与饮片总体合格率

6. 追溯体系多极发力，建设驶入快车道

中药材信息化追溯体系建设，是实现中药材来源可查、去向可追的重要抓手，是治理中药材和饮片质量问题的有效举措。目前已开通运行全国中药材供应保障平台、中药材流通追溯体系两个国家级追溯平台。前者是在工业和信息化部和国家中医药管理局的统筹部署下，由中国中医科学院中药资源中心负责搭建，于 2019 年开通，围绕种植、加工、仓储、流通生产和指导、监测、检测、追溯服务两条主线开展服务，旨在联通全国的中药材供应保障系统，搭建集产地加工、质量检验、仓储物流、电子商务与追溯管理于一体的平台，累计服务用户 2 600 余名，

涉及企业 494 家、基地 857 个，涵盖 239 种中药材。后者由商务部支持建设，成都中医药大学联合企业于 2009 年研发，消费者运用系统可通过互联网、药店终端信息，了解到所购买中药材生产、流通环节的情况（李灿 等，2020）。

省级中药材追溯系统建设阶段性成效显著。2010 年以来，商务部、财政部分批支持 18 个省（自治区、直辖市）开展中药材流通追溯体系建设试点，覆盖约 2 000 家企业、1.5 万家商户，以信息技术倒逼中药材源头治理。例如，山西省于 2018 年底前完成了以"两个中心、四个地市"为框架、7 个企业为试点的中药材流通追溯体系，基本完成试点企业的 12 个中药材种植基地、5 个大型仓库的信息化建设，实现了数十种道地药材饮片的信息可追溯，其中安宫牛黄丸等 3 种中成药的全流程可追溯属全国首创。

7. 生产组织形式优化，品牌打造初见成效

《中药材保护和发展规划（2015—2020 年）》（国办发〔2015〕27 号）要求"向中药材产地延伸产业链"。促使加工企业与产地的对接日趋紧密，众多上市公司纷纷以多种形式下沉产地。同时，政府加大了中药饮片质量监管力度，促使饮片生产企业为保障质量而不断增加中药材种植和初加工环节的投入。实际生产中，单纯的农户个体生产，既不利于技术推广和中药材质量的有效控制，也不利于实现产业"有序、安全、有效"的发展目标，所以家庭农场、专业合作社、种植公司正在成为中药材种植的中坚力量。2020 年，仅湖北省的中药材种植企业（合作社）就达到 4 000 余家，中药材生产的纵向组织形式得到了进一步优化。

中药材品牌打造进入快车道。2019 年中国中药协会启动"中国中药品牌建设行动计划"，发布 8 家中国道地药材品牌、两家中国生态绿色中药材品牌，并启动了中国中药品牌集群发展联盟。2011～2020 年，道地药材地理标志产品保护增加了 88 个，累计达到 227 个（陈杨 等，2021）。各地也高度重视区域品牌建设，已发布广西"桂十味"、陕西"秦药"品种、山西"十大晋药"、江西"赣十味"、湖南"湘九味"、黑龙江"龙九味"、浙江"浙八味"和"新浙八味"、福建"福九味"，以及吉林 10 种优势道地药材等。

8. 成为脱贫支柱产业，脱贫增收成效显著

《中药材产业扶贫行动计划（2017—2020 年）》的实施，为贫困地区全面开展中药材产业扶贫工作提供了行动指南。中药资源广布于我国的贫困地区，各地立足资源禀赋，推动中药材种植成为农民脱贫增收的重要途径。全国有 53% 的贫困县具有一定发展中药材产业的条件，截至 2019 年初，约有 44% 的贫困县开展了中药材种植（黄璐琦 等，2017；孙文杰 等，2019），2019 年贫困地区中药材种植规模达 2 129.82 万亩，年产量 1 939.87 万 t，年产值 694.87 亿元，总销售额 587.58

亿元，其中电子商务销售额占 11.32%；共带动贫困人口 221.84 万人，贫困户人均增收 1 907.81 元；注册商标（品牌）4 432 个，拥有中药材的绿色食品、有机农产品和农产品地理标志品牌 269 个。

各地区中药材产业扶贫工作取得了较好的成效。贵州把中药材作为全省重点发展的 12 个特色农业产业之一，副省长担任产业发展领导小组组长。2018～2020 年，年均带动 12.18 万户贫困户进行中药材种植，38.40 万贫困人口增收，形成了一道独特的产业扶贫贵州风景。山西 58 个贫困县均种植中药材，面积 220 多万亩，占全省总面积的 70%，万亩以上的贫困县有 44 个。山西平顺县带动 3.5 万贫困人口进行中药材种植，人均增收 4 100 元。甘肃 58 个贫困县中有 21 个是中药材主产县（黄依依，2018）。2018～2019 年，甘肃依靠中药材产业脱贫的建档立卡贫困户有 5 万余户、贫困人口 20 多万，宕昌、岷县、陇西、武都、渭源 5 县区的中药材收益占农民人均纯收入的比例分别达 55.6%、54.3%、35.4%、32.5%、28.7%，部分主产乡镇达 70%～80%。

1.1.2　中药材产业发展主要问题

1. 道地产区意识和抗市场风险能力有待提高

全国中药材的种植面积尚未有官方统计数字，由于各地统计口径、渠道、方法和尺度等方面的差异，统计出的结果存在较大差异，难以准确服务宏观决策和生产规划。中药材讲究道地性，在实际生产中，各地道地药材意识还较为薄弱，滥用道地药材称呼、盲目引种和扩充产区的现象比较严重。对于价值高的道地药材，各地纷纷引入，一方面造成产区被动变迁，道地产区存在被所谓的新兴产区取代的风险；另一方面导致部分中药材供求失衡，市场价格呈现大幅波动趋势，陷入"一涨就种，一种就多，一多就跌"的怪圈，对抗风险能力较弱的农户造成了极大的经济风险。

对于中药材综合 200 指数涉及的中药材，年涨幅排名前 10 位中涨幅超过 100% 的品种，2016～2019 年年均 5 个，其中 2016 年和 2019 年年均达 9 个（贾海彬，2019；2020）。2020 年涨幅排名前 20 的中药材涨幅为 41.08%～116.67%，跌幅排名前 20 的中药材跌幅范围为 22.22%～71.43%。整体来看，中药材市场供需信息缺乏，价格涨跌幅波动较大，亟待引起政策层面的高度关注。同时，中药材是与一二三产业紧密相连的特殊产业，存在"低、小、散"的种植现状，与生产成本和技术要求较高的矛盾突出；产品订单率较低，市场信息不对称，定价权由深加工企业掌握；农民小额贷款难，难以形成规模经营，并受自然灾害和市场波动双重影响，缺少产销合作组织和龙头加工企业带动，"产—加—销"一体的产业链尚未形成，抗市场风险能力较弱。

2. 种业专业化水平有待提升

中药材种业正处于"四化一供"（种子生产专业化、加工机械化、质量标准化、品种布局区域化、以县为单位组织统一供种）初期，商业化育种正处于萌芽阶段，新品种的选育、生产、繁育、加工、销售等环节的专业化水平不高，主要表现在以下几个方面。一是绝大多数中药材没有主栽品种，品种布局区域化尚处于空白。由于很多中药材遗传背景狭窄，良种选育和野生品种驯化时间长、难度大，导致适宜推广的产量高、药性强、稳定性好的新品种不多，良种推广率尚不足 10%，仅石斛、枸杞、金银花、瓜蒌、罗汉果、杜仲等少数实现区域化布局（黄璐琦和赵润怀，2020）。二是种子生产专业化水平低。虽然一些主要作物商品化率几乎接近 100%，但粳稻、小麦、蔬菜、中药材等种子商品化率还有提升空间，尤其中药材种子种苗商品化率不足 10%，数量充足、质量可靠的种子种苗不足，已有繁育基地的规模和涵盖的中药材种类较少，远不能满足区域和行业发展需要。三是种子种苗市场不规范。中药材种业主体缺乏，经营企业数量不足，基本处于"企业自繁自用、农户自产自销及乱引种苗"的状况，经销商以市集农户为主，绝大多数种子无包装，缺乏质量保证。四是中药材植物新品种保护相对薄弱。农业农村部、国家林业和草原局共授予中药材植物新品种权仅 49 件（刘美娟 等，2021），虽然新《中华人民共和国种子法》（简称《种子法》）实施后，对非主要农作物实行登记管理，但是中药材尚未被纳入登记目录，仅有浙江、安徽、河南、广东等省开展了中药材新品种登记或评定工作。

3. 生态种植模式和配套技术体系有待完善

快速发展的中药生态农业也存在一些问题。一是种植模式和技术规范缺乏。仅有拟境栽培、林下种植、野生抚育、间套轮作等少数几种模式，虽然近年陆续涌现出草药伴生、地膜控草、春发草库、瘦土控莠等多样的农田生态种植技术措施，但对于模式和技术缺乏系统性研究，形成的技术标准少。检索全国标准信息公共服务平台发现，林下种植模式仅有 6 项林业行业标准、50 项地方标准，涉及三七、重楼、天麻、人参等 32 种中药材。二是推广力度不够，在全国范围内尚缺乏知名度高的中药生态农业示范区。三是部分模式下生态优先原则需要加强落实。如开展林下种植时，需要达到林地生态系统功能稳定和产出优质中药材的双重要求。实际生产中林地生态功能往往被忽视，种植时大面积翻耕土壤、清林过重现象较为普遍，忽视林木的经营管理，造成水土流失加重，生物多样性降低。整体来看，中药生态农业多为不同农业生产操作间的横向耦合，对于各种模式的描述通常局限在模式的结构搭配与组装，而对适用区域、结构组分之间的比例参数及阈值（郭兰萍 等，2021），以及病虫草害绿色防控、废弃物综合利用关键配套技术关注度不够，导致中药材生产过程中可操作性不强，推广效果较差。

4. 专用农药研发和规范制定有待加强

中药材种类多、种植面积相对较小、农药市场规模小和药害风险高等因素，导致企业开发和登记中药材专用农药产品的积极性不高。中药材病虫草害防治需要的高效低毒低残留农药产品严重不足，甚至无药可用，中药材农药使用标准及规范的制定缺乏依据，中药材农药使用无法管理。在生产中超范围使用、乱用滥施农药等现象较为普遍。甚至有的地方仍违规使用禁限用农药（杨银慧 等，2013；杨婉珍 等，2017）。在中国农药信息网初步查询的数据显示，截至2021年6月，仅人参、三七、枸杞、白术、延胡索、铁皮石斛、菊花、山药、麦冬、芍药、玫瑰、牡丹、金银花、党参、百合、板蓝根、浙贝母、掌叶大黄、当归、黄精、黄连、玄参、苍术等23种中药材有农药登记，其中有些已过期，有些仅适用于观赏用途。规模化种养的中药材在200种以上，农药登记数量远不能满足生产需要。已登记农药产品也是偏少，如三七常见病虫害多达13种，而只针对黑斑病和根腐病登记了两种农药5种产品；杭白菊病虫害达18种，仅登记了用于防治根腐病、叶枯病、蚜虫、斜纹夜蛾的3种农药4个产品（吕朝耕 等，2018）。

5. 中药材生产机械化水平亟待提高

对国家中药材产业技术体系135个示范基地的调研数据显示，基地整体机械化水平为16.87%，种植、田间管理、收获及初加工环节的机械化水平分别为18.48%、22.24%、14.52%、13.78%，这与全国农作物耕种收综合机械化率超过67%、主要粮食作物耕种收综合机械化率超过80%相比差距巨大。其中劳动量最大的环节是移栽和收获，其机械化需求最高，"无机可用"和"有机难用"的现象明显，这在一定程度上代表了全国中药材生产机械化的现状。相对于主要农作物，中药材有其特殊性：一是种类多、面积小、标准化程度低，难以实现规模化种植，这是推广机械化的最大难点；二是种植区域多为山区丘陵，农作物尚且难以实现机械化，中药材难度更大；三是部分传统初加工方式流程复杂，机械无法替代。以干燥环节为例，不同产地的中药材有自然晾晒、烘房烘干、带式干燥、蒸制干燥、微波干燥、红外干燥等多种方法，对于较高品质和高附加值的中药材，也采用真空冷冻干燥（郑娅 等，2017）、真空脉动干燥（巨浩羽 等，2018）等，干燥装备和标准化程度各不相同。

1.1.3 代表地区中药材发展情况

通过整合国家中药材产业技术体系各岗位和试验站的调研数据，并综合各区域中药材产业文献和新闻报道资料，选择了黑龙江、河北、山西、山东、湖北、贵州、云南、四川、甘肃等9个代表省份，对其中药材产业发展特点进行了梳理。

黑龙江中药材产业呈现出前所未有的良好态势。黑龙江农业农村厅的数据显示，2020 年黑龙江中药材种植面积达到 260 万亩，产量 52 万 t，产值 104 亿元，效益 35 亿元，均比 2018 年翻一番。①"龙九味"种植面积 134.7 万亩，创建万亩以上示范区 18 个、10 万亩以上大县 5 个；②板蓝根、刺五加种植面积均达到 30 万亩以上，紫苏、人参、防风种植面积均达到 20 万亩以上；③优质中药材在全国的市场份额不断提高，刺五加占 80% 以上，板蓝根占 50% 以上，防风占 40% 以上，平贝母占 30% 以上；④2020 年新建国家级产业园 1 个、省级产业园 6 个、中药材特色小镇 5 个、种子种苗繁育基地 208 个，认定"定制药园"11 个（荆大成，2021）。

2020 年河北中药材种植总面积稳步发展，承德综合试验站提供的数据显示为 273 万亩。河北省政府新闻办公室报道如下。①着力打造燕山中药材产业带、太行山中药材产业带和冀中平原中药材产区、冀南平原中药材产区、坝上高原中药材产区的"两带三区"种植格局。优势产区种植规模发展到 116 万亩，常年种植品种 120 多个。②已创建千亩以上中药材示范园 396 个、万亩以上现代园区 15 个，10 万亩以上产业大县 5 个。③创建国家级特优区 3 个、省级特优区 11 个。"涉县柴胡"等 14 个产品注册登记了地理标志。④在全国率先成立省级中药材产业技术体系创新团队，省级中药材地方标准数量居全国首位。基本形成了覆盖全省大宗中药材野生抚育、仿野生栽培、绿色防控、配方施肥和林药间作等全链条的标准体系。

2020 年山西新发展中药材 64.7 万亩，总面积约为 330 万亩，估算产量 45 万 t，产值 70 亿元。长治综合试验站、浑源综合试验站提供的信息显示如下。①2020 年新增柴胡 1.86 万亩、山药 4.54 万亩、金银花 5.97 万亩、连翘 5.54 万亩。建成蒙古黄芪、党参、苦参、柴胡等标准化基地 35 个。②发布山西药茶省级区域公用品牌，把药茶作为农产品精深加工十大产业集群发展的着力点、突破口，2020 年山西药茶产值达 5.1 亿元，同比增长 150%；全省药茶加工企业由原来的 110 多家增加到 250 多家，产品共计 50 多种 500 多款，带动约 1 万名农户实现增收。③58 个贫困县均种植中药材面积约为 220 多万亩。"十三五"期间，在贫困地区共建设中药材规范化生产基地约 71 万亩。

山东是中药材生产大省，2020 年种植面积为 385 万亩。山东省政府新闻办公室报道如下。①形成了鲁西南、鲁中、黄河三角洲、鲁东半岛四大药材生产种植区，以及东平湖、南四湖水生药材养殖区。②多年生中药材在地面积达到 180 万亩，种植品种超过 110 个。其中万亩以上种植规模中药材为 23 个，农业总产值约 200 亿元。③金银花、丹参、西洋参、丹皮、山楂等产量均在全国前列。其中金银花近 90 万亩、西洋参 5 万余亩，均是全国最大产区（于明坤 等，2017）。金银花的种植面积占全国的 60% 以上，年产干花 1.8 万 t，是全国最大的金银花生产、加工和集散基地（黄孝新，2015）。

2020 年湖北中药材种植面积为 380 万亩，栽培品种 82 个，产量达到 70 万 t，总产值约 135 亿元。黄冈综合试验站提供的信息显示：①全省形成鄂东南大别山区、鄂西南武陵山区、鄂西北秦巴山区、江汉平原、鄂南幕阜山区、鄂北高岗地区等六大中药材产区，建成县区级中药材种养殖基地 41 个、种植企业（合作社）4 110 家；②形成神农架综合品种、蕲春蕲艾、英山苍术、罗田茯苓、麻城菊花、潜江半夏、利川黄连、巴东玄参、京山乌龟、南漳山茱萸、通城金刚藤等 11 个"一县一品"建设试点；③成立湖北省中药材产业技术体系，设置"六岗四站六基地"，重点围绕蕲艾、菊花等 10 种中药材开展技术研发和示范。

云南把中药材产业确立为打造世界一流"绿色食品牌"重点产业之一，2020 年种植面达 900 万亩，产量 114 万 t，连续 4 年均稳居全国第一。①三七、天麻、重楼、云木香、砂仁等 17 个中药材种植面积均突破 10 万亩，三七、砂仁、石斛、天麻等 10 个中药材的农业产值均超过 10 亿元，三七、灯盏花产量均占全国总量的 90%以上，认证中药材有机产品累计达到 240 个，约占云南省有机产品获证产品总数的 8.81%（彭锡，2021）；②三七、灯盏花、滇重楼、云木香、草果、茯苓、砂仁、石斛、白及、美洲大蠊等 10 个中药材占全国市场供给量的半壁江山（张瑞君 等，2022）。文山三七在"2019 农产品区域公用品牌榜"中影响力指数位列第一。

2020 年贵州中药材种植面积为 711 万亩，产量 207 万 t，产值 224 亿元（杨国军和陈林，2021），同比分别增长 5.87%、7.33%、34.24%。综合贵州日报和贵阳综合试验站的信息显示：①截至 2021 年底，贵州中药材种植规模跃居全国第二，产量产值进入全国前十位，与 2018 年相比，种植面积增长近 1/3，产值增长 105 亿元；②培育了黄平等 25 个 10 万亩以上种植大县，200 亩以上规模化标准化生产基地 1 296 个，47 个单品种种植规模超万亩，37 个单品种产值超亿元，近野生石斛种植面积、产量、产值均位居全国第一，施秉太子参、兴仁薏仁米等获得了全国市场定价权；③2020 年新增"定制药园"建设示范单位 37 家，覆盖 9 个市州，种植面积 20 余万亩，涵盖黄精、铁皮石斛、头花蓼、天麻、太子参、薏苡等 24 个中药材，所有品种实现订单种植。

2020 年四川中药材种植面积 700 余万亩。①形成了广元—凉山州、巴中—宜宾两条南北走向，甘孜—宜宾 1 条东西走向的中药材产业带，产量和产值占据全省 80%以上；②中药材总产值约 173 亿元，白及、黄连、麦冬、金银花、重楼、柴胡、附子、桔梗、栀子、川牛膝、当归、泽泻、丹参、白芷等 18 种中药材产值合计达到 106.05 亿元，为四川省大品种中药材，其中白及、黄连、川明参、天麻、川芎产值均超过 10 亿元；③建成 $300hm^2$ 种子种苗繁育基地，设有 11 个生产基地、1 个双流保种基地和 1 个种子种苗检测中心，能对 100 多品种进行繁育，覆盖 18 种大品种中药材;④已建立 4 个中药资源动态监测平台,形成川药信息网、川药数据库等中药材信息监测服务平台（王燕 等,2020）。

2020 年甘肃中药材种植面积约 480 万亩,较 2016 年新增 44 万亩。①已形成陇南山地亚热带暖温带区、陇中陇东黄土高原温带半干旱区、青藏高原东部高寒阴湿区和河西走廊温带荒漠干旱区四大优势药区;②优势中药材当归、党参、蒙古黄芪、掌叶大黄、板蓝根、半夏等年产量占该品种全国总产量的 50% 以上,近 5 年来当归、党参、蒙古黄芪的平均种植面积分别达到 57.6 万、75.7 万、67.4 万亩,产量分别占全国的 80%、90%、50% 以上,产值超过 200 亿元;③种植面积在 30 万亩以上的县有 4 个、20 万亩以上的县有两个、10 万亩以上的县有 8 个。岷县当归、渭源白条党参、陇西蒙古黄芪、武都红芪、瓜州枸杞等 18 种中药材获得国家原产地标志认证。

1.1.4　"十四五"中药材产业主要趋势

1. 道地药材发展提速,优质中药材需求持续增强

中医药在健康养生和防病治病领域发挥着不可替代的作用,道地药材是我国传统优质药材的代表,发展日益受到重视。一是随着"健康中国"战略的深入实施,人民健康需求发生改变,中药材质量和安全性成为关注的焦点,2021 年国务院办公厅印发《关于加快中医药特色发展的若干政策措施》,提出"实施道地中药材提升工程",是继《全国道地药材生产基地建设规划（2018—2025 年）》后又一有利政策,将使道地药材质量更优。二是我国 2021 年底已进入深度老龄化社会,比预测时间提前了 4 年（张翕,2021）,对老年人慢性病防控和健康促进方面的关注度正在逐步提升,使道地药材需求更旺。三是过去几年新冠疫情在全球蔓延的过程中,中医药一度成为我国抗击新冠疫情的主力军,其卓越的表现使得道地药材更受认可。预计未来优质道地药材的需求会持续增强。

2. 市场供求错位日趋严重,供给侧结构性改革势在必行

中药材生产的供给侧存在着发展不平衡和不充分的问题,供过于求和供需错位现象日趋严重,粮食价格的低迷和乡村振兴的发展,促使中药材种植面积呈现井喷式增长,而中药材供需又缺乏权威统一的信息发布渠道和制度,供需脱节导致跟风种植现象严重。坚持高质量发展是我国经济工作的根本要求,重规模求速度的中药材产业旧模式已不适应目前的发展形势,重质量求效益的新方向是必然选择。中药材产业高质量发展应该以需求为导向进行供给侧结构性改革,真正实现中药材产业的"有序、安全、有效"。在助推乡村振兴的道路上,中药材产业的供给侧结构性改革势在必行。

3. 生态种植成核心生产方式，接续助力乡村振兴

在"不向农田抢地，不与草虫为敌，不惧山高林密，不负山青水绿"的中药生态农业"四不宣言"的指导下，越来越多的中药材正开展生态种植模式的研究与实践，在欠发达地区应用林下种植、拟境栽培、野生抚育等生态种植模式，正在乡村振兴中发挥积极作用，更是"两山理论"的生动实践。2020年《国务院办公厅关于防止耕地"非粮化"稳定粮食生产的意见》（国办发〔2020〕44号）发布后，在森林、草原、宜林荒山荒地荒滩、退耕还林地等区域开展林草中药材生态种植更成为中药材生产的首选模式。同时，陕西、云南、甘肃、福建等地陆续出台深化落实《中共中央国务院关于促进中医药传承创新发展的意见》的举措，明确提出推进中药材生态种植的具体目标。国家中医药管理局在各省设立"道地药材生态种植及质量保障"项目，全国农业技术推广服务中心也要求各省组织实施中药材生态种植技术集成与示范推广。可以预见，生态种植作为中药材的核心生产方式，将会在乡村振兴中大放异彩。

4. 药食同源类持续增长，"替抗"带来重大机遇

2010～2019年，109个"药食两用"品种（含9个试点品种，不含枣和赤小豆）贡献了中药材80.06%的需求增长（贾海彬，2020）。原料中包含药食同源类中药材的产品更加多样化、时尚化，更加迎合年轻人需求，包括咖啡、甜品、饮品、燕麦稀、黑芝麻丸等新品不断。2020年国内中药保健品主要电商平台的销售量达到4.34亿件，销售额229亿元，同比增长94.69%（胡思 等，2021），药食同源产品需求持续增加。

此外，自2020年1月1日起，我国全面停止除中药以外的促生长类药物饲料添加剂的生产和进口，"替抗生素"中药类饲用产品需求势必持续增长。据推算，在未来5～10年，饲用产品对中药资源的需求量将远超过目前人用量（郭盛 等，2020），所涉及中药材的需求量将迎来新的持续增长。

5. 追溯体系建设加快，"互联网＋"浪潮涌现

应用以大数据、物联网、区块链等为核心的"互联网+"信息技术，解决产业内信息不对称的问题，为产业升级转型赋能已成为趋势。2019年商务部等7部门联合印发《关于协同推进肉菜中药材等重要产品信息化追溯体系建设的意见》，2020年《国家药品监督管理局关于促进中药传承创新发展的实施意见》提出"推动相关部门共同开展中药材信息化追溯体系建设"，质量追溯体系建设已成为中药材产业"互联网+"的实践典范。同时，在供需管理、种植监测、仓储管理、质量追溯，以及信息分享等环节都具有广阔的发展空间。中药资源动态监测网、中药

材天地网等一批网络平台，正积极探索种植技术、供需信息等信息发布的新模式和新途径，取得了显著成效。

1.2　中药生态农业的概念和发展历程

生态农业是举世公认的最先进的农业生产模式。中药生态农业不仅丰富了国际生态农业的内涵，更因其独特的生物学特征和区域特征而有望成为国际生态农业最有朝气的领域。2016 年，我国首次颁布《中华人民共和国中医药法》（简称《中医药法》）明确要求"严格管理农药、肥料等农业投入品的使用"。2018 年，"生态文明"首次被写入《中华人民共和国宪法》。2019 年发布的《中共中央 国务院关于促进中医药传承创新发展的意见》明确要求"推行中药材生态种植""严格农药、化肥、植物生长调节剂等使用管理"，为中医药发展"把脉""开方"，更为新时代传承创新发展中医药事业指明方向。2020 年发布的《国务院办公厅关于防止耕地"非粮化"稳定粮食生产的意见》，正好与中药材生态种植的"不向农田抢地"的理念相一致，表明中药生态农业发展符合国家政策方针，是中药农业的必由之路。2021 年，中共中央办公厅、国务院办公厅印发《关于建立健全生态产品价值实现机制的意见》，指出建立健全生态产品价值实现机制，是贯彻落实习近平生态文明思想的重要举措，是践行绿水青山就是金山银山理念的关键路径，对推动经济社会发展全面绿色转型具有重要意义。以上关于生态农业的要求表明中药生态农业发展已成为我国中药农业的国家战略。

下面将重点介绍生态农业、中药生态农业、生态种植、中药生态农业模式、中药材生态种植模式等几个概念，以及中药生态农业的发展历程。

1.2.1　中药生态农业相关的概念

生态农业（ecological agriculture）是以生态学和生态经济学原理为基础，现代科学技术与传统农业技术相结合，以社会效益、经济效益、生态效益为指标，应用生态系统的整体、协调、循环、再生原理，结合系统工程方法设计，通过生态与经济的良性循环农业生产，实现能量的多级利用和物质的循环再生，达到生态和经济发展的循环及经济效益、生态效益和社会效益的统一，使农业资源得到合理使用的新型农业生产技术体系。简单地说，生态农业吸收了传统农业的精华，借鉴现代农业的生产经营方式，以可持续发展为基本指导思想，实现农业经济系统、农村社会系统、自然生态系统的同步优化，促进生态保护和农业资源的可持续利用。

中药生态农业（ecological agriculture of Chinese materia medica）是指应用生态学原理和生态经济规律，以社会、经济、生态综合效益为指标，结合系统工程方法和现代科学技术，因地制宜地设计、布局、生产和管理中药农业生产的发展模式。

生态种植（ecological planting）是指应用生态系统的整体、协调、循环、再生原理，结合系统工程方法，综合考虑社会效益、经济效益和生态效益，充分应用能量的多级利用和物质的循环再生，实现生态与经济良性循环的生态农业种植方式（马世骏，1983）。即生态农业是在宏观层面描述农业的发展模式，而生态种植更强调一种具体的种植方式。对中药生产而言，中药生态农业应是指包含各种药用植物的生产的农业模式；而中药材生态种植则更多是指具体某种药用植物的生产方式。

中药生态农业模式（model of ecological agriculture for Chinese materia medica）是宏观层面对不同类型中药生态农业模式的细分，通常成熟的生态农业模式的结构和功能均已优化。根据生态学的组织层次，生态农业的模式常有区域与景观布局模式、生态系统循环模式和生物多样性利用模式等（骆世明，2009）。

中药材生态种植模式（pattern of ecological planting for a Chinese material medica）是指由适用于某种中药材生态种植的一套完整、相对固定，可在同种或同类中药材生产中复制的技术组成的技术体系（郭兰萍 等，2018）。

1.2.2　生态文明思想对中药生态农业的启示

习近平生态文明思想是习近平新时代中国特色社会主义思想最富原创性的成果之一，是建设美丽中国的行动指南。习近平生态文明思想是对中国传统文化中生态智慧的汲取、对马克思主义生态观的发展、对中国历届主要领导人生态文明思想的继承和创新，其思想内涵由 6 个方面构成："人与自然和谐共生"的自然观、"绿水青山就是金山银山"的绿色发展观、"良好生态环境是最普惠的民生福祉"的民生观、"山水林田湖草是生命共同体"的整体系统观、"最严格制度最严密法治保护生态环境"的法治观、"共谋全球生态文明建设"的全球观。习近平指出，人类发展活动必须尊重自然、顺应自然、保护自然，否则就会遭到大自然的报复。这个规律谁也无法抗拒。习近平生态文明思想是正确处理人与自然关系的思想理念和实践方案，是指导当下中国社会经济活动的根本遵循，也是中国参与全球生态治理和承担相应国际义务的重要方式。

天人合一的整体观、阴阳平衡的健康观和取象比类的思维方式是中医药学关于人与自然环境协调统一的阐释，显示了中医药的生态学特质。近些年来，中药农业生产中所面临的困境源自经济效益优先的发展观，忽视了人与自然的整体性、协调性和系统性的关系，导致产业不可持续的发展甚至倒退。面对这些问题，习近平生态文明思想给出了中国式解决方案。2015 年，国内学者首次提出"中药生态农业"的概念。这正是深学和笃行习近平生态文明思想、传承中医药天人合一的世界观、借鉴中医"整体观"及"治未病"的思路，并融合现代生态与农业等最新发展成果后，走出的一条习近平生态文明思想指导下的中药创新发展之路。

中药生态农业依据生态位原理获得产量及综合收益平衡，依据生物多样性原理进行病虫草害综合防治，利用逆境效应原理提高中药材品质，利用结构稳定原理实现可持续发展。中药生态农业始终坚持种植系统的整体、协调、自我促进等生态种植原则，目标是减少或不使用化学农药、化肥、除草剂等可能造成中药材质量下降及具有一定安全隐患且不利于环境可持续发展的农业投入品，同时禁止在中药材生态种植区域引入或使用转基因生物及其衍生物。因此，中药生态农业的基本特征可概括为"三降、二保、一提"，即降化肥、降农药、降排放，提质量、提生态，保供应，注重发展的可持续性。

中药生态农业是中医药行业深刻领悟和践行习近平生态文明思想的成果，有效化解了中药农业发展中面临的危机。中药生态农业改变了中药农业以往药进粮退、药进林退的不可持续发展策略，大力推动林下种植和充分利用山地、荒坡地开展野生抚育或仿生栽培。遵循药用植物自身的发展规律及生物学特性，因地制宜地合理开发利用土地资源。既满足了中药材对特定生长环境的要求，增加药农的经济收入，也为中药材的可持续发展与资源环境持续利用提供了科学有效的解决方法。

1.2.3　中药生态农业的发展历程

中医药是我国独特的卫生资源、潜力巨大的经济资源、具有原创优势的科技资源、优秀的文化资源和重要的生态资源。当前，中医药振兴发展迎来天时、地利、人和的大好时机。中药材是中医药的物质基础，中药材质量是保障中医临床疗效的关键。在过去，中药材大多依靠野外采集。1996 年我国中药工业总产值为 234 亿元，那时野生的药材基本可以满足需要。目前我国中药工业总产值达到 8 000 亿元左右，完全靠野生已是供不应求。这种情况下，大力发展中药材栽培可以缓解中药材可持续供应的压力，更是对野生药材资源的最好保护。

20 世纪 90 年代以来，全国中药材栽培面积不断增长，从最初的零星种植，到 2019 年的 7 000 万亩以上，中药农业在不到 30 年的时间里，从无到有，取得了超越过去数千年的发展。但与此同时，由于缺乏栽培经验，中药农业模仿作物农业，盲目追求产量，在生产中大肥大水、大量使用农药，甚至盲目使用膨大剂等生长调节剂，不但药材质量和安全无法保障，也给产地生态环境及土壤可持续利用带来极大的挑战。

草木有本心，生态出良药。2004 年，郭兰萍在业内首次提出了"中药资源生态学"的概念，并开始了中药资源生态学研究及中药生态农业的探索（郭兰萍和黄璐琦，2004）。在随后的近 20 年，围绕着栽培中药材的质量和安全问题，郭兰萍在黄璐琦的指导和支持下，带领着更年轻的团队，把 3S [遥感（remote sensing，RS）、地理信息系统（geography information system，GIS）和全球定位系统（global positioning system，GPS）] 技术引入到现代中药材的种植栽培过程中，在国内最早实现了基于质量的中药材生态适宜性区划，探索开展了中药材精细农业栽培、菌根栽培等研究，提出了道地药材形成的"逆境效应"，并在国内最早倡导与开展了中药材生态种植的理论探索和实践。近年来，中药资源生态学的理论体系得到不断完善，中药生态农业逐步成为中药资源生态学的重要内容，以及全球生态农业中最富有活力和前景的新领域。

在 2018 年召开的第二届中国中药资源大会上，郭兰萍提出了"不向农田抢地，不与草虫为敌，不惧山高林密，不负山青水绿"的中药生态农业宣言。该宣言不但用言简意赅的句子描述了生态农业的核心特征及目标，还指明了未来中药生态农业的前进路径和愿景。同年，由郭兰萍研究员牵头的团队获批科技部重点领域创新团队——中药生态农业创新团队，这是继 2012 年黄璐琦获得科技部重点领域创新团队"中药资源可持续利用创新团队"后，我国中药资源领域的第 2 个创新团队。

1. 中药生态农业"拟境栽培"理念的形成

从 20 世纪 80 年代起，我国走上大量施用化肥、农药的化学农业之路。90 年代迅速发展起来的中药农业，不可避免地进入了以化学农业为特征的现代作物农业的生产模式。然而，人们很快就发现中药农业面临着作物农业前所未有的挑战：由于中药材生产具有很强的地域性，且多为多年生的宿根植物，同一药用植物重茬连作会导致中药材发病率剧增，品质下降。而目前已实现人工栽培的药用植物95%以上具有连作障碍，为克服连作障碍而采用不当措施反而造成土壤养分失衡及病虫害频发。生产过程中化肥农药的大量施用，造成土壤农残及重金属的积累，进而使得中药材的农残和重金属含量超标，不仅关系到用药安全，还造成了中药材栽培立地条件及土壤的破坏与污染。

在长期对中药材栽培立地条件及土壤的研究中，人们逐渐认识到化学农业的模式在中药农业中行不通。中药农业具有完全不同于常规作物农业的特点，在生态种植方面具有巨大的优势。因此，郭兰萍提出"中药生态农业"这一概念，即应用生态学原理和生态经济规律，以社会、经济、生态综合效益为指标，结合系统工程方法和现代科学技术，因地制宜地设计、布局、生产和管理中药农业生产的发展模式，并指出从发展趋势来看，生态农业是中药农业的必由之路。

从目前我国中药材种植领域的现状来看，理论和技术相对落后，生态学和系统学意识不强，经营管理较为粗放，重产量而轻质量。一些药农为了提高产量，大量施用农药、化肥及生长调节剂的现象较为普遍，这不仅破坏了中药农业系统，而且造成中药材质量和安全下降，影响中药质量和临床疗效的同时，也有损中医药在国内外的声誉。例如，中医里常用来泻下的掌叶大黄，野生生长需 5～10 年甚至更长，而人工种植过程中，将在高海拔山坡草甸生长的掌叶大黄种植到大田中，并大量施用化肥，造成掌叶大黄生长迅速，个头大、产量高，不到年限采收虽然在产量上能满足采收，但药效却大幅降低；润肺止咳的麦冬，原生境为海拔2 000m 以下的山坡阴湿处、林下或溪旁，现在人工种植于大田，大量施用多效唑、膨大素等生长调节剂后，虽然亩产（干重）可以从 70kg 增加到 200kg，但有效成分含量却普遍降低。

　　显而易见，套用常规作物农业生产模式，把本该生长在自然生境中的中药资源硬性搬到大田去种植，是造成中药材质量下滑的根本原因。由于多数中药材栽培历史较短，缺少相关种植理论和模式，中药材生产本能地模仿作物农业和化学农业栽培模式。老百姓完全没有种药材的经验，用种粮食、种蔬菜、种瓜果的方式种植中药，过分追求产量，造成高产低质。很多药农像种粮食那样将中药材种在田里，为了追求产量，就会增加种植密度，这样更容易让药用植物出现自毒作用（autointoxication）。为了防病除病，药农就会使用农药，生产中大肥大水、大量施用农药，造成土壤恶化、病虫害失控、连作障碍严重。如此这般，恶性循环。

　　其实在生态系统中，生物与环境、生物与生物之间相互影响、相互制约，在一定时期内处于相对稳定的动态平衡状态。生产者与消费者通过捕食、寄生等关系构成食物链和食物网，从而实现能量的传递。人类习惯了以自我为中心，根据自己的可见利益将世上的东西分为有用和无用、害虫和益虫等。实际上，从生态系统整体性角度来看，每个生物都有它独特的生态位，没有绝对的益虫和害虫。瓢虫吃蚜虫时人们都说它是益虫，但如果没有蚜虫时，它就会吃枣花等，此时它是害虫还是益虫？又如，人们一心想着杂草抢了土壤的养分，却不知杂草可以保温保墒，为中药材的幼苗生长提供小环境，增加了土壤微生物的多样性，活化了土壤的矿质元素。所以，郭兰萍团队提出"不向农田抢地，不与草虫为敌"，成活在野外的药材，自然状态下，生长多少年也不会出现以上那些问题，这就是因为一个健康的生态系统会拥有极大的生物多样性。

　　中药材具有独特的品质特征和生长特性，讲究的是自然性、原生态，与主要追求产量的传统农业作物不同，相对于产量，人们更重视中药材的品质。而决定中药材品质的通常是其所含的次生代谢产物。同时，次生代谢产物积累在药用植物与生态环境的关系中充当着重要的角色。所以，如何调控中药材次生代谢产物成为当前中药生态农业关注的热点。

　　道地药材是中医自古公认的优质药材，很多道地药材都生长在交通不发达、经济落后的贫困地区。当地或山高林密、阴暗潮湿；或荒坡野地、土壤贫瘠；或气候极端，不是常年干旱暴晒就是风吹雨打。总之越是在环境恶劣的地方，中药材的品质常常越好。这叫作道地药材的"逆境效应"。所谓"逆境效应"，就像人一样，往往生活条件越好，越容易耽于安逸，不思进取，反而是生活相对困苦、条件相对艰难的人，常常更能激发出奋斗的力量，不断拼搏。植物也是一样，所谓适者生存，要扛住环境带来的不利，植物体内就一定要有一个对抗各种环境胁迫的缓冲体系，次生代谢产物就是这个缓冲体系最重要的组成部分。一定的环境胁迫会增加植物次生代谢产物的积累，从而提高植物对逆境的适应性。

在出现人工栽培中药材之前，草药都是自然生长在林中山间的。古诗中"松下问童子，言师采药去。只在此山中，云深不知处"正是这样一种真实写照。自然条件下，中药材有其特定的生长环境，从而形成了独特的生长规律。由此，郭兰萍团队提出了中药材"拟境栽培"。拟境栽培就是模拟中药材自然生境的栽培方式，即一种药材野生在哪种生境中长得好，就模拟出那种生境让它生长，遵循自然的本来面貌，不施用化肥农药，不刻意除虫除草，讲究"人种天养"与现代农业技术相结合，实现"天地人药合一"的仿生栽培模式。拟境栽培的中药材不受农药和环境污染，植株本身的免疫力和抵御环境胁迫的能力大幅提升，不仅更好地实现了药材健康生长，而且提高了有效成分含量。

"天地人药合一"体现了古人朴素的生态学思想，在这个层次上看，中药生态农业是一个既古老又崭新的领域。当前需要在传承传统科学精髓的基础上，融入现代科学理论和新技术新方法，从而实现传统科学与现代科技的集成创新。

2. 中药生态农业最新进展

"十三五"期间，科技部国家重点研发计划支持了"中药材生态种植技术研究及应用"项目。项目组系统分析了药用植物的生活型、生境及面临的环境胁迫，发现道地药材具有"顺境出产量，逆境出品质"的特征，提出并通过大量实验验证了道地药材形成的"逆境效应"理论，打破了中药材"肥水漫灌"的栽培思路。分析了中药生态农业的特征，首次提出基于"天地人药合一"和"逆境效应"的中药材"拟境栽培"生态种植理论，明确了中药材拟境栽培的概念，拟境栽培是指中药材种植过程中，尽可能模拟药用植物野生生境，尤其是模拟道地药材原始生境，完成药用植物整个生长发育周期的栽培模式。拟境栽培的理论基础是药用植物对特定环境胁迫的长期适应。重点提出了药用植物适应环境胁迫的策略及道地药材拟境栽培的技术内容、难点和关键，其技术内容主要包括：调查药用植物的生活型和原始生境，分析其长期面临的生境特征及环境胁迫因子，明确其生态主导因子和限制因子，并在常规中药材生态适宜性区划的基础上，重点确定其适生的生态环境类型及药用植物生长的小生境；其难点和关键是模拟药用植物野生生境，甚至是道地药材原始生境。提出了中药生态农业服务碳达峰和碳中和的贡献和策略；构建了中药生态农业经济效益评价体系，实现了 30 种中药材的生态种植经济效益评估，发现生态种植较常规种植每亩年均增收 4 000 余元，生态种植的人参、蒙古黄芪、苍术和柴胡的年均收益是常规种植的 7.65 倍、11.96 倍、3.12 倍和 1.61 倍，投入产出比平均下降 57.90%。提出并践行"不向农田抢地，不与草虫为敌，不惧山高林密，不负山青水绿"的中药生态农业宣言。中药生态农业相关理论创新丰富了国际生态农业的内涵和外延，推动中药资源生态学学科的发展和完善。

相关理论研究形成了《中药生态农业与几种相关现代农业及 GAP 的关系》《药用植物适应环境胁迫的策略及道地药材"拟境栽培"》《中药生态农业发展的土地利用策略》《基于区域分布的常见中药材生态种植模式》《基于系统层次的常见中药材生态种植模式及其配套技术》《免耕——中药生态农业可持续发展的核心策略》《中药生态农业中杂草对作物的影响及其生态防控》《基于多个利益相关方的中药生态农业经济效益分析》《林草中药材生态种植现状分析及展望》《中药生态农业服务碳达峰和碳中和的贡献及策略》等 35 篇论文，分别发表在《中国现代中药》和《中国中药杂志》中药生态农业专栏。

在实践应用方面，中药生态农业创新团队率先开展了中药生态农业的研究与实践，开展了以霍山石斛为代表的中药材拟境栽培技术研究与应用。实现了对人参、三七等 50 种大宗常用中药材生态种植的科学布局，提炼形成了不同区域适宜的中药材生态种植模式，系统优化了有机肥配施、生物炭应用、免耕和杂草防控技术。制定并发布了人参、三七等 55 项中药材生态种植技术规范团体标准。组织线上线下培训，累计参与人员超过 450 万人次，组织、指导示范和推广霍山石斛拟境栽培、连翘仿野生种植等模式和技术 200 万亩，形成了良好的经济效益和社会价值，为中药材的高质量发展和乡村振兴提供了思路、方法与技术保障，极大地丰富了国际生态农业的内涵和外延。

1.3　中药生态农业服务碳达峰碳中和的发展优势

1.3.1　农田生态系统在碳达峰和碳中和中的作用

1. 碳达峰和碳中和的概念及其"碳"的来源

温室气体排放是造成全球气候变暖的主要原因。碳达峰和碳中和（简称双碳）是描述特定时间一定区域内温室气体中碳排放状态的两个名词。碳达峰指的是碳排放进入平台期后，进入平稳下降阶段。碳中和是指直接或间接产生的温室气体排放总量，通过植树造林、节能减排等形式，抵消自身产生的 CO_2 排放，实现 CO_2 的"收支相抵"，达到"零排放"。碳中和除了指 CO_2 零排放的状态，也常常被用来代指推动绿色发展的低碳行为。与碳达峰和碳中和密切相关的另外两个词是碳源（carbon source）与碳汇（carbon sink），碳源是指自然界中向大气释放碳的母体，碳汇是指自然界中碳的寄存体。减少 CO_2 排放量的手段，一是碳封存（carbon sequestration），主要增加土壤、森林和海洋等天然碳汇吸收储存空气中的 CO_2；二是碳抵消（carbon offset），通过开发可再生能源和低碳清洁技术，减少 CO_2 排放量。

《京都议定书》明确规定对 6 种温室气体进行削减，包括二氧化碳（CO_2）、甲烷（CH_4）、氧化亚氮（N_2O）、氢氟碳化合物（HFC）、全氟碳化物（PFC）及六氟化硫（SF_6）。农业生态系统中的温室气体，主要由能源消耗等产生的 CO_2，家畜反刍消化的肠道发酵、畜禽粪便和稻田等产生的 CH_4，施用化肥、秸秆还田和动物粪便等产生的 N_2O 等组成（金书秦 等，2021）。虽然 CO_2 的温室效应在所有温室气体中不是最强的，但却是占比最大的，占所有温室气体总量的 65%（World Meteorological Organization，2021）。而且 CO_2 还与其他温室气体的排放有协同关系，即减少 CO_2 排放量的同时也可以减少其他温室气体的排放，因此，当前世界各国将控制 CO_2 的排放作为控制气候变暖的主要手段（Deng and Liang，2017）。在计算碳排放量时通常将其他温室气体折算成二氧化碳当量（CO_2eq，CO_2 equivalence）的数量。根据联合国政府间气候变化专门委员会（Intergovernmental Panel on Climate Change，IPCC）报告，以 CO_2 为基准，1 单位 CO_2 使全球增温潜能值（global warming potential，GWP）为 $1CO_2eq$，1 单位 CH_4 和 N_2O 折合为 CO_2eq 的系数分别是 25 和 298（IPCC，2007）。

2. 农田生态系统在实现"双碳"目标中将发挥巨大作用

1）农田生态系统是重要的碳源

农田生态系统的碳排放是全球碳排放的重要来源之一，约占总排放量的 30%，贡献了全球范围内约 14% 的人为温室气体排放量和 58% 的非人为 CO_2 排放（石岳峰 等，2012）。自然资源部公布的数据显示，2014 年全国温室气体净排放总量为 111.86 亿 t CO_2eq，其中农业排放占比为 7.4%。2018 年中国农业总碳排放量为 8.7 亿 t，种植业碳排放总量为 7 850.39 万 t，其中化肥、农膜、农药、农用柴油、灌溉、翻耕引致的种植业碳排放量依次为 5 246.48 万 t、1 308.58 万 t、815.46 万 t、289.72 万 t、138.03 万 t、52.12 万 t，分别占种植业碳排放总量的 66.83%、16.68%、10.38%、3.69%、1.76%、0.66%（图 1-3）（丁宝根 等，2021）。可见，排放量前 3 位的化肥、农膜和农药投入导致的碳排放占总碳排放量的 94%，而施用化肥导致的碳排放量更高，达总碳排放量的 2/3。因此，采取有效的农艺和农技手段，减少化肥、农膜和农药的使用是农田生态系统减少碳排放的有效手段。

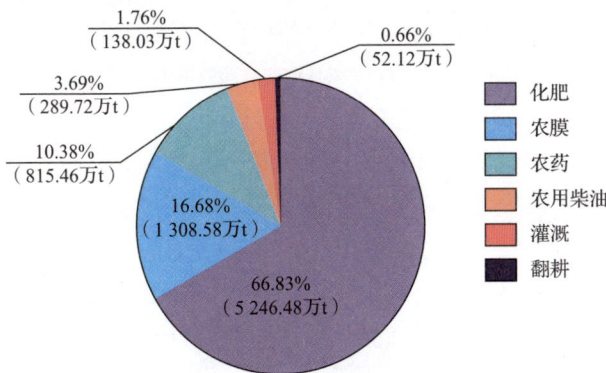

图 1-3　2018 年中国种植业碳排放分布

很长一段时间以来，为了防治病虫害、促进作物增收、增加农产品产量，我国农业一直存在化肥和农药过量施用的问题。2010～2019 年的数据显示，我国化肥的年均施用强度在 400kg/hm^2 左右，显著高于国际公认的化肥施用安全上限的 225kg/hm^2 ［图 1-4（a）］；年均农药施用强度在 13kg/hm^2 左右 ［图 1-4（b）］。虽

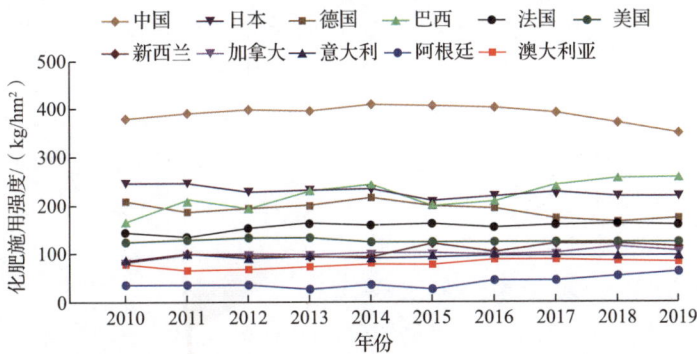

（a）化肥

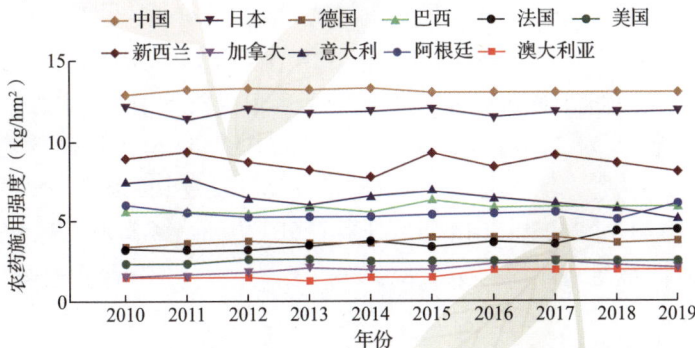

（b）农药

图 1-4　中国与世界其他国家化肥和农药的施用情况

注：数据来源于联合国粮食及农业组织（Food and Agriculture Organization of the United Nations，FAO）数据库。

然近年来化肥、农药施用强度略有下降，但仍均显著高于世界平均水平。2015 年，《中华人民共和国农业部公报》指出，中国农作物亩均化肥施用强度为 21.9kg，远高于世界平均水平（8kg/亩），是美国的 2.6 倍、欧盟的 2.5 倍。2016 年，中国各省农药平均施用强度为 10.4kg/hm^2，比国际警戒线（7kg/hm^2）高出 48.6%（谢邵文 等，2019）。可见，与发达国家的发展经验相比，中国在农业生产中仍有巨大的减排空间。虽然已有的研究结果表明中国碳排放增速已明显放缓（李波 等，2011），但中国的农业仍然处于高消耗、高排放的发展阶段。为此，中国政府于2015 年提出"一控两减三基本"的目标，即：严格控制农业用水总量，把化肥、农药用量减下来，实现畜禽粪便、农作物秸秆、农膜基本资源化利用。旨在保障作物产量和品质的情况下，通过提高"一控两减"技术水平，结合优化农作物生产结构和种植布局，从而不断降低碳排放量。

　　2）农田生态系统是重要的碳汇

　　农业在提供农产品和工业原料的同时，还发挥着供应生态产品的重要功能（杨世琦 等，2008）。因此，农业生态系统也是重要的碳汇。农田系统作为碳汇，主要包括农田土壤碳汇和农作物碳汇两部分。土壤碳汇量是输入土壤的有机物与其通过分解释放的温室气体的差值；农作物碳汇量是用农作物整个生命周期内光合作用所吸收的 CO_2 减去农作物呼吸作用所释放的 CO_2 来表示，即折算农作物干重来表示农作物光合作用所固定的碳量（吴昊玥 等，2021）。陆地生态系统碳储量 80% 以上存储于土壤中，而农田表层土壤有机碳储量约占陆地土壤碳储量的10%，有着巨大的碳储存潜力（徐丽 等，2018），通常农田生态系统的碳源/汇为（0.043±0.010）Pg C/年（赵宁 等，2021）。

　　近年来，以农田生态系统为整体的碳源/汇研究逐渐增多，主要包括对碳吸收量及碳排放量的平衡关系进行估算，并分析其时空变化规律、影响因素等。刘巽浩等（2013）对 1950 年以来的全国农田系统碳流进行分析指出，农田生态系统碳平衡都是固碳＞耗碳，具有净固碳作用。近年来，很多省份针对各自的农业特征进行了农田生态系统的碳汇评价。作为中部产粮大省的河南省，农田生态系统2017 年碳吸收强度为 5.26t/hm^2，碳排放强度为 0.873 6t/hm^2，其农田生态系统处于碳生态盈余的状态，且碳足迹较低，碳足迹效益较高（郭永奇，2021）。田志会和刘瑞涵（2018）对 2005～2014 年京津冀农田生态系统的碳汇、碳源、碳足迹的年际研究表明，碳足迹年均为 161.2 万 hm^2/年，呈现出逐年减少趋势，处于碳生态盈余状态。郝小雨（2021）对北方农业大省黑龙江农田系统的研究发现，该省碳汇能力较强，碳吸收量明显高于碳排放量，二者比例为 19.4∶1，其农田生态系统处于良好的碳生态盈余状态，具有较好的生态屏障作用。可见，农田生态系统虽然会释放大量碳，但同时也因土壤碳汇和农作物碳汇等贮存了大量碳，总体上在碳中和方面发挥了十分积极的作用。正确评价农田生态系统碳汇强度、制订合理的减排策略对提高农田生态系统的碳中和能力具有重要意义。

1.3.2　中药生态农业在实现"双碳"目标中的作用

1. 低碳发展是中药生态农业的显著特征

生态农业的特征是知识更密集，需要利用时空尺度的系统设计和规划，通过实现生物防治、物质能量循环、景观布局等目标，使农业生态系统更具复杂性和稳定性，从而确保环境和中药材的优质安全。中药生态农业"不向农田抢地，不与草虫为敌，不惧山高林密，不负山青水绿"的发展理念完全契合种植业"双碳"的国家发展战略，具有低碳发展的显著特征，具体表现为：中药生态农业追求生态平衡，要求减少或不用化学合成的肥料、农药及生长调节剂，减少环境污染；通过设计形成内部组成与结构较复杂的能自我维持的系统，有较强的自我调节和抵抗外界干扰的能力；合理利用自然资源，重视综合收益，注重农、林、牧、副、渔全面发展；强调间作、套作、轮作等栽培模式，重视农业副产物的循环利用，坚持减少废弃物输出，实现农业系统的循环发展等（郭兰萍 等，2021）。可见，中药生态农业在通过干物质累积固碳增加碳汇的同时，通过减少投入可极大降低碳排放，低碳效果显著，有望在实现"双碳"目标过程中担当重任。

2. 中药生态农业在碳中和中具有巨大的潜力

历经短短 5 年的发展时间，中药生态农业已集成推广了天麻、霍山石斛、乌头等 100 余项中药材种植模式和技术。通过对 30 种不同中药材种植模式的分析发现，生态种植较常规种植每亩年均增收 4 000 余元，其中 25 种种植模式的中药材平均增产 17.58%，生态种植的人参、蒙古黄芪、苍术和柴胡的年均收益是常规种植的 6 倍，投入产出比平均下降 57.90%。中药生态农业如此惊人的发展速度，说明其顺应了时代发展的潮流，是人民群众对用药质量和安全的认可，是药农和药企对经济效益的认可，也是地方政府对发展模式的认可。2020 年生态种植中药材为 500 万亩，相对于 8 822 万亩的总种植面积，中药生态农业还具有巨大的发展空间。2018 年全国森林面积 33 亿亩，其中天然林 21 亿亩、人工林 12 亿亩，森林覆盖率为 22.96%，其中人工林面积居世界首位。预计到 2035 年全国森林覆盖率将达到 26%，林草中药材发展生态种植展现出了更加广阔的前景。因此，快速发展中药生态农业不仅将在乡村振兴中发挥巨大作用，其也必将对碳中和产生深远的影响。

3. 典型中药生态农业模式在碳中和中的作用

1）测土配方施肥技术在碳中和中的作用

中药材生产中，通常选择秸秆还田、堆肥还田、饲料过腹还田等措施将碳转化为土壤有机质而长期储存（张卫建 等，2021）。筛选高固碳作物品种、科学的轮作措施（白保勋 等，2021）及免耕（张雄智 等，2020）等技术手段均能增加农田土壤的碳汇。通过施用有机肥并结合测土配方施肥满足作物养分需求，可以减少化学肥料的投入并增加土壤碳的固定。三七是中药材大品种，在地面积常年达50万亩。由于其经济价值极高，为追求利益最大化，种植户尚未摆脱奢侈施肥的种植习惯，也很少重视氮钾肥平衡施用，三七种植中氮肥（N）习惯施用量为225～450kg/hm^2，钾肥（K$_2$O）习惯施用量为225～450kg/hm^2（韦美丽 等，2008；余前进 等，2015）。欧小宏等（2014）发现与氮钾肥习惯施用量（N：K$_2$O 为 1：1，二年生 300kg/hm^2，三年生 450kg/hm^2）相比，减少氮肥施用量（二年生 150kg/hm^2，三年生 225kg/hm^2）并维持钾肥施用量（N：K$_2$O 为 1：2）可以使三七根腐病发病率降低 19%，存苗率增加 11%，地上部和地下部产量分别增加 3% 和 8%，皂苷含量增加 3%（Ou et al.，2020），该团队制定了云南省地方标准——《三七平衡施肥技术规程》（DB53/T 988—2020），在三七种植过程中实现减施氮肥（10kg/亩），仅氮肥一项可实现每年减施 5 000t。国内外学者就施肥对农田土壤 CO$_2$ 排放的研究表明，施用氮肥比不施肥显著提高土壤 CO$_2$ 的排放。Yao 等（2017）的研究表明，施用氮肥会造成玉米种植土壤 CO$_2$ 释放量增加；王艳群等（2019）研究表明，与习惯施肥相比，每亩减少氮肥施用 4kg，会使小麦季 CO$_2$ 平均排放通量显著降低 8.3%。

2）间套作技术在碳中和中的作用

通过间套作的方式降低病虫害的发生，减少农药的施用和残留；通过林下生态种植的方式，由天然林提供遮阴替代薄膜遮阳网、由伴生植物建立抗病环境、由林下土壤提供养分、通过减少翻耕降低水土流失等方式综合实现低碳产出和高碳储存。Yu 等（2020）研究发现，甘蔗||大豆条带间作比单做具有更大的碳封存潜力和净碳平衡。Zhang 等（2016）研究表明，小麦||玉米间作系统也可以增加土壤碳汇。王艳红等（2020）研究了黄柏与草本药用植物芍药的间套作生态种植模式。这种模式的优势是可以根据不同药材生长时对阳光需求的密度差异和周期性，将喜阳与喜阴、木本与草本、短期与长期的药材进行间套作立体栽培，在不投入任何农用物资的情况下，使作物充分吸收养分，使有限的土地资源得到充分利用，并在中药材种植区增加了物种的生态多样性，维持栽培地的生境平衡和稳定。黄柏与芍药间套作之后，每亩可增加种植芍药 500 株，第 3 年每亩可收益 8 000 元左右。更为重要的是，芍药在种植期间每年可以获得 44.4kg/亩的干物质量，在获

得经济效益的同时实现了农作物碳汇。这种种植模式下，黄柏作为乔木原本就具有较强的固碳能力，套种芍药进一步提高了林药生态系统的固碳能力，由于具有持续的经济收益，使得这种种植模式能够持续发展。此外，芍药花期长，种植区内可形成景观，开展旅游休闲活动有利于生态环境的可持续、多维度发展。

　　3）拟境栽培技术在碳中和中的作用

　　通过在荒漠化、石漠化和沙漠化地区进行道地药材对粮食作物的替代种植，减少频繁收获对土壤的扰动，适应性强的道地乔木、灌木和草本类药材提高植被覆盖的同时减少了对水肥的需求。霍山石斛的设施栽培模式是采用最多的一种种植模式，主要是指大棚覆盖栽培设施，包含可人为调控的石斛栽培装置，如离地苗床、铺设基质的支撑面、遮阳网、供水、控温与供电系统等，需要投入大量的生产物资。而拟境栽培完全模拟其野生状态的生长环境，选取具有适宜温度、湿度、光照条件的水傍山崖石边，将石斛幼苗移栽至山崖石缝中任其自然生长，投入成本最低、用工极少、无须喷水和通风、无病虫害。易善勇等（2021）通过比较设施栽培和拟境栽培的霍山石斛发现，拟境栽培霍山石斛投入产出比为 1∶7.4，设施栽培为 1∶3.7，从经济效益角度看，拟境栽培霍山石斛种植投入产出比最低。拟境栽培因不占用土地和良田、种植后不需投入其他农用物资，以零碳排放成本完成了中药材生产，在生态效益上是其他种植模式无法比拟的。

1.3.3　中药生态农业在服务"双碳"目标中的发展方向

　　1. 加强中药生态农业及双碳理论和方法研究，为低碳高效发展指明方向

　　虽然中药生态农业较常规种植起步晚，其对碳中和的贡献作用及机制尚缺乏研究，但中药生态农业将对碳中和做出巨大贡献是不可否认的，尽快开展机制研究，对促进中国的碳中和进程具有重要意义。从低碳农业的理论基础、内涵、特征、类型划分、排放测算与评价方法等方面系统构建出中药生态农业理论框架体系与研究方法。以减源和增汇为抓手对中药生态农业发展现状进行评估，对典型生态种植模式的运行成效进行科学分析与评价，进而提出中药生态农业的高效低碳发展战略、实施路径与保障体系。获得国内和国际认可的计算模型，既要使中药生态农业完成生产优质药材的根本任务，又要避免低碳概念成为限制其发展的瓶颈。

　　2. 全面推进中药生产由化学农业向生态农业模式转变，提升碳中和贡献率的综合收益

　　全面推进中药生产模式转变，通过减少化学农业种植，扩大中药材生态种植面积，尤其是生态种植在中药农业中的比重，快速推进中药生态农业由生产型向生产、生态和文化等复合功能转变，是从根本上实现中药材低碳生产的关键。应尽快在中药生态农业理论指导下开展全国中药生态农业总体布局，并根据区域特点，制定各地主要的生态农业模式与配套技术，以技术为依托实现中药产量与品质、经济效益与社会影响、碳达峰与碳中和的协调平衡发展，从而实现中药生态农业的健康、持续、自我完善和促进的良性发展，并带来经济效益、生态效益与社会效益的全面提高。

3. 探索建立中药生态农业碳汇补偿机制，为中药生态农业持续健康发展提供保障

在进行科学的碳源与碳汇计算基础上，中药生态农业研究人员应建立中药生态农业碳补偿机制。同时，还应帮助不同地理区域下的政府制定符合当地实际条件的政策，保障中药生态农业系统碳补偿的政府补偿和市场补偿顺利开展，帮助中药生态农业开辟更多的活力渠道，以维持其持续健康发展。

4. 加强中药生态农业及双碳理论的技术培训，持续提升中药生态农业可持续发展能力

加强基层推广技术队伍建设，定期组织推广人员的主题培训与专题讲座，提升技术人员对中药生态农业的认识和专业技能，通过科普和试验示范，使公众和从业者了解中药生态农业在产业、经济、社会发展与碳达峰和碳中和中的突出贡献，使农民有低碳生产的意识，公众养成低碳生产低碳消费的习惯，提升个人与国家全球战略息息相关的使命感与自豪感。

1.4　中药生态农业的发展思路及发展策略

1.4.1　中药生态农业的发展思路

1. 推进生产布局，因地制宜发展道地药材生产

《全国道地药材生产基地建设规划（2018—2025 年）》的细化和落实正在进行，各地中药材生产和布局仍然存在一定的盲目性。建议进一步加快道地药材生产布局。首先，依据《全国道地药材生产基地建设规划（2018—2025 年）》和《道地药材标准汇编》等著作，因地制宜选择品种，并制定出台切实可行的产业优惠和保护政策，避免盲目引种和扩充产区，引导非道地产区逐步退出道地药材生产。同时，利用第四次全国中药资源普查成果，建立中药动态监测网络和种质资源保

护体系，划定野生道地药材资源保护红线区域，进行保护和资源恢复，实现资源的永续利用。其次，建议把中药材生产统计纳入国家常规统计制度中。以中药材主产区为主要区域，以大宗、常用、道地药材为主要对象，建立全国中药材生产统计平台，服务宏观决策和生产规划。再次，加大对种植基地的支持力度，加强示范引导和宣传力度，优先支持中药企业自建基地、专业合作社等有稳定销路的道地药材生产基地，达到在原有基地基础上提质增效，避免人为盲目扩大生产。针对当前部分传统知名道地药材受经济效益影响出现萎缩的情况，开展适度恢复。最后，加强对中药材产业发展的指导，缓解生产分散决策导致的总产量和价格大幅度波动（黄璐琦和王继永，2018），推动建立以优质优价为导向的价格形成机制。

2. 加强种子种苗商品化和"育繁推一体化"建设，推动种业实现"四化一供"

"一粒种子可以改变一个世界"几乎成为全球种业人的共识。正处于起步阶段的中药材种业，需要稳步向现代农作物种业体系看齐，做大做强种业需要做好以下几个方面内容。一是提高种子种苗商品化率。种子种苗存在巨大的市场需求，尤其是大宗常用、药食同源类是未来中药材需求的核心品种。建议重点围绕此类品种进行布局，以单品种树立品牌，稳步拓展种类，提高种子种苗商品化率。二是建设"育繁推一体化"示范基地。育繁推一体化是指育种、扩繁、推广紧密结合、协同发展的模式。建议开展中药材种质资源保护、可持续利用示范区建设，保护产业发展赖以生存的道地药材种质资源，在道地产区布局建设"育繁推一体化"示范基地，配备种子的检测仪器，具备制种、种子加工、质量检测的综合能力，打造稳定的制种能力。三是构建药用植物品种特异性、一致性和稳定性测试指南体系。制定测试指南编制守则，由易到难、分批次逐步制定一批测试指南。积极申请植物新品种权保护，推动中药材纳入非主要农作物登记。四是加强法治建设。尽快出台《中药材种子管理办法》，明确种子的品种登记制度，保护育种者权益，规范生产经营过程，从源头保障中药材质量。总之，未来一段时间内，需要进一步加强扶持，推动市场健康发展，早日实现中药材种业的"四化一供"。

3. 保障种植用药安全，加快推进专用农药登记工作

在登记中药材农药种类上，应以高效、低毒、环境友好为标准，简化审批程序，加快登记进程，解决中药材生产无药可用的问题。一是加强以特色小宗作物用农药登记方式的中药材农药登记管理，进一步加强用药情况调研，形成有害生物目录，完善和细化中药材药效试验群组名录（Guo et al.，2015）；结合生产区划

研究，遵循道地性要求，编制中药材用药登记药效试验区域指南；完善中药材残留试验群组分类，选择常用中药材中残留量高的作为代表中药材。二是农药管理部门可以适当简化中药材农药产品审批过程，对于已在其他农作物上使用的低毒农药产品，如需扩大到中药材上使用，登记主体只需要提供田间药效试验报告、针对中药材的安全性报告，以及在药用部分的残留报告等资料，审查通过即可获产品登记。三是地方政府可根据地方特点设立专项资金，组织中药材用农药产品筛选，筛选一批对本地中药材病虫草害防控有效、对中药材本身安全的农药产品以备登记（戴德江 等，2015；刘刚，2019）。

4. 研究与实践并重，推动中药生态农业理论和技术研究

中药生态农业的产业化虽然有所发展，但还是处于初级水平。接下来要重点开展以下几方面的研究：一是要开展规划研究。明确全国中药生态农业总体布局，制定各地主要中药材的生态农业模式与配套技术，避免由于自然环境和社会经济条件的千差万别而导致发展的不确定性和盲目性。如确定林草中药材生态种植的适宜区域和范围、加强拟境栽培理论研究等。二是推进实用技术和装备研究。加强优良品种选育、生态种植模式、病虫草害综合防控、生物肥料及生物农药开发等技术的研究。同时走适度规模化之路，农机农艺结合，实现移栽、收获等关键环节的机械化。三是推进标准化进程并加强示范。大力推进中药生态农业的标准化，制定符合不同区域中药材生长特点和生产模式的生态种植技术规范，在生产中尤其在欠发达地区加以推广使用，形成别具特色的中药生态农业小镇。四是积极推动中药材生态种植技术纳入农业农村部和地方的农业主推技术名单，并通过政府支持政策的出台，加强生态种植技术立项支持。

5. 加强应用示范，促进中药材流通追溯体系建设

随着全国中药材和饮片质量监管力度的不断加大，中药材原料生产环节的地位不断上升，中药企业和第三方服务平台正不断增加对中药材生产环节的投入，推动了中药材流通追溯体系的建设进程。要实现全产业链的可追溯，加强种植源头的质量管理，实现追溯体系向种植端前移是建设全产业链追溯体系的关键。中药产业具有"链条长、范围广、问题多"的特征性质，实质上是一个药品市场嵌套一个资源市场（类似于农林产品市场），这种产业形态非常独特（杨光 等，2014）。因此，建议一是加强应用示范，兼顾种养、加工、收购、储存、运输、销售等追溯信息的同时，更要关注中药材的药品属性。影响中药材质量的关键要素，如基原准确性、是否使用禁限用农药、是否抢青采收等，也是追溯至关重要的环节。二是政府推动追溯的同时，生产和经营者更应该承担起中药材质量把控的主体责

任，尽快连入全国中药材供应保障平台等已有一体化追溯系统，降低企业系统研发成本，提供各环节的追溯信息，加强风险防范意识。

1.4.2　中药生态农业在践行生态文明思想中的发展策略

1. 尊重"人与自然和谐共生"的自然观，建立中药生态农业理论自信

习近平生态文明思想与中医药"天人合一"思想都是一种整体对待的生态自然观，认为人与自然互为主客体，既强调整体和谐又充分重视二者的差异。习近平生态文明思想是缓解人与自然矛盾、实现人与自然和谐共生的科学指导。深入学习习近平生态文明思想，挖掘古代中国农业以"天人合一"为主导的朴素生态农业思想，深入挖掘生态农业相关的技术理论，融合古代思想文化精髓和现代科学技术，坚定"天地人药合一"的发展理念，形成中药生态农业独特的思想内涵，在"逆境效应"理论指导下，系统推进基于"拟境栽培"的中药生态农业发展。同时，兼顾农业生态环境，实现经济、社会和环境的和谐发展，促进中药生态农业可持续发展。

2. 落实生态文明思想绿色发展观，丰富中药生态农业理论与技术

中药生态农业是在"绿水青山就是金山银山"理论指导下"产业生态化和生态产业化"发展的成果与行业典范。科学的种植理论能够保护生态环境，优良的生态环境造就优质的中药材，优质的中药材能够创造更高的经济价值与社会价值。中药生态农业在生产过程中既生产了优质的生态物质产品，也生产了生态服务产品和生态文化产品，在自然与人、人与社会既开放又紧密衔接的发展过程中，充分体现了中药生态农业在协调统一生态保护与经济发展、多产融合带动共同富裕、高质生态产品保障多元康养需求与健康中国的理论与实践优越性。中药生态农业中野生抚育技术、精细农业耕作技术、定向培育技术、土壤改良技术、测土配方施肥技术、菌根栽培技术、病虫草害绿色防治技术、设施栽培技术等已有深入研究并取得丰硕成果，极大地促进了中药材生态种植模式的推广和应用。当前已创制了一批以霍山石斛仿野生种植、白及拟境栽培、天麻循环栽培和三七"两减"栽培技术为代表的优秀发展案例。常规种植人参投入产出比是生态种植的 4.8倍，苍术为 1.9 倍，可见生态种植也产生了巨大的经济效益。

3. 落实生态文明思想民生观，丰富中药生态农业产品

"生态兴则文明兴，生态衰则文明衰"，党和国家历来将生态环境保护作为摆在首要位置的民心工程和民生工程，着力守护良好生态环境这个最普惠的民生福

祉。中药最早源于自然，当今也仍有一部分药材采摘于自然，保护好生态环境就是在保护我们的"药匣子"、守护民众的健康。中药生态农业的发展特征决定了其不仅是在进行物质产品的生产，同时也是在进行服务产品和文化产品的生产。在生产优质中药材和丰富中药材产品种类的同时，减少了化肥和农药等农业投入品对耕地环境的污染，从而保护了生态多样性和环境质量，创造了更加宜人的生态环境。以吉林省抚松县人参生态种植发展为例，其成为当地生态产业化经营模式的主要构成因素，提升了优质生态产品供给能力，促进了生态产品价值实现和效益提升，该模式也被自然资源部列为生态产品价值实现典型案例。中药生态农业实现了统筹发展生产、保护生态和提高民生协同进步的目的。因此，重视落实生态文明思想民生观，能促进中药生态农业生产出更加丰富优质的医药和生态产品。

4. 落实生态文明思想整体系统观，坚持中药生态农业整体和协调发展

落实生态文明思想整体系统观就是坚持整体协调和循环发展。中药生态农业注重整体、协调和循环发展，将立地环境作为孕育优质中药材的载体，其学科内涵和科学纲领决定了要将保护生态环境置于首位。中药材种类多样，生境多元，广泛分布于农田生态系统甚至整个生态系统中。在中药生态农业发展中注重统筹中药材与"山水林田湖草"的关系，中国中医科学院中药生态农业创新团队通过多年科研攻关，根据中药材的生态位，在不同系统层次上梳理出了我国常见中药材的 5 种基本生态种植模式：生态景观层次上的景观模式、生态系统层次上的循环模式、生物群落层次上的立体模式、生物种群层次上的生物多样性模式和生物个体层次上的良种良法模式，这些都极大地促进了生态农业综合效益的提升（康传志 等，2020）。如锥栗林下种植多花黄精，3 年的总收入是普通锥栗林的 2.78～5.29 倍（刘跃钧 等，2020）；橡胶树林下种植益智后，对杂草抑制率达到 75.2%（程汉亭 等，2014）；拟境栽培霍山石斛总多糖含量是林下栽培和设施栽培的 1.26 和 1.44 倍（易善勇 等，2021）。

5. 坚持生态文明思想法治观，促进中药生态农业长期稳定发展

习近平总书记强调，"在生态环境保护问题上，就是要不能越雷池一步，否则就应该受到惩罚。" 2019 年，我国中药材种植面积接近 7 500 万亩，比 2010 年翻了近 1 倍，中药农业发展过程中侵占耕地种植中药材的"粮改药"趋势、伐林栽药的"药进林退"等违法乱纪行为一度日益突出，地方政府因保护耕地不力和农民因毁林开荒被处罚问题曾屡见报道。中药发展过程中造成的药与粮、药与林、农民与政府、生态保护与经济发展之间的矛盾一度成为制约中药产业持续健康发

展的主要因素。中药生态农业利用药用植物的生态位，大力发展林草中药材生态种植、一地多用，有效防止了耕地"非粮化"和"林草退化"。中药生态农业化解了中药发展中的人与自然、经济发展与生态保护的矛盾，极大地减少了违法乱纪行为，在主观和客观层面树立和强化了民众的生态文明思想法治观。

6. 落实生态文明思想全球观，推动中药生态农业服务碳达峰和碳中和作用

中药生态农业是生态文明思想指导下的环境友好型农业，其构建的"四不宣言"发展理念具有低碳发展的显著特征，完全契合种植业"双碳"的国家发展战略。中药生态农业的主要发展特征决定了其在利用干物质累积固碳、增加碳汇的同时，通过减少投入而极大降低碳排放，低碳效果十分显著。当前中药生态农业通过测土配方施肥、间套作和拟境栽培等技术手段积极投身于碳中和建设。中药生态农业尚处于快速发展阶段，生态种植面积仅为常规种植面积的 5%～10%，相较于 33 亿亩的林地面积，中药材生态种植还有巨大的拓展空间，在助力"双碳"目标达成上还具有巨大的发展潜力。此外，通过建立中药生态农业碳汇补偿机制，还可以更好地发挥中药生态农业的生态功能，并通过生态功能助力经济功能提升。同时，中药生态农业拥有良好的群众参与基础与广泛的应用前景，是提升个人参与生态环境建设和国家全球战略使命感与自豪感的有效途径。因此，发挥中药生态农业在服务碳达峰和碳中和中的作用，是落实生态文明思想全球观的有效抓手。

总之，在习近平生态文明思想的指导下，大力发展中药生态农业，使中药生态农业在继承和发扬古代农业哲学的基础上，融合现代科技，坚持守正创新，不但能突破中药化学农业所面临的困境，更会丰富中药生态农业发展的内涵和外延，形成我国中药农业、生态、经济、社会的良性循环和持续发展，成为落实生态文明思想的典范。

第 2 章

中药生态农业基础知识和特征

2.1 中药生态农业的生态学基础

2.1.1 中药生态农业的生态学原理

中药生态农业的研究对象是药用植物，药用植物作为特殊的农产品，在生产过程中对品质具有特殊的要求，如次生代谢产物的含量需要符合相关药材标准的规定。因此，中药生态农业不能只依赖于普通生态农业的理论方法，而是需要遵循符合自身发展需求的生态学规律。中药资源生态学是一门研究药用动植物的生长发育、分布、产量和质量与其周围环境之间相互作用的应用生态学分支学科。它以现代生态学的理论方法为基础，融合中医药理论对药用动植物的认识，其目标是用生态学的思想解决中药资源研究及生产中特有的生态学问题，而中药生态农业是生产药用植物的重要环节，所以中药生态农业应该遵循中药资源生态学的原理和方法。

中药资源生态学的理论基础主要包括环境与生物的关系、药用生物生理生态、药用生物种群生态、药用生物群落生态、药用生物生态系统生态、药用生物景观生态和药用生物人文生态。

1. 环境与生物的关系

环境与生物之间存在紧密的相互作用关系，包括环境对生物的影响和生物对环境的适应。在中药资源生态学中，一般以中药资源为主体，环境是指围绕着中药资源个体或群体的一切外部因子总和，对中药资源产生直接或间接的影响，如大气环境、土壤环境、温度、降雨等。生物对环境的适应则体现在生物的耐受性、生物节律、物候学、生长型、生态位和植物生长的相关性等方面。生物不只是被动地受环境作用和限制，也通过排泄物、死体、残体等释放能量和物质作用于环境，使环境得到物质补偿，从而保证生物的延续。

生态环境对中药材质量影响的研究是中药资源生态学研究所特有。不同区域的中药材种类、数量、质量都有很大差别，换言之，居群间的种内变异是影响中药材产量和质量的根本原因。这种变异通常是同种生物长期适应不同生境的结果，它充分体现了生态环境对中药材产量和质量的巨大影响。药用动植物的环境适宜性（environment fitness）概念与普通生物的环境适宜性概念并不完全相同。因为药用动植物的活性成分有些是正常发育条件下产生的，有些可能是在胁迫（逆境）条件下产生和积累的，如银杏最适宜的生长发育环境并非黄酮类化合物积累的最适环境，而在次适宜环境下生长的银杏，黄酮类化合物积累较多。由于不少中药材药效成分不明确，或药效的强弱通常取决于许多组分的共同作用，使得中药材质量评价指标体系的建立很困难，也为生态环境对药材质量影响的研究带来了复杂性。这是中药资源生态学研究的重点和热点，关系到中药材栽培种植的质量保证。

2. 药用生物生理生态

药用植物是中药资源的主体，药用生物生理生态学研究的内容包括药用植物的次生代谢、植物生长物质、抗逆生理等。植物次生代谢产物是中药药性的物质基础，次生代谢过程是药用植物在长期进化过程中对生态环境适应的结果，它在药用植物与生境的关系中充当着重要的角色。药用植物关注次生代谢这一特点，使得中药资源生态学研究不仅面临着与初生代谢生理生态研究相同的问题，还要求在次生代谢生理生态的研究方面有所突破。植物生理生态学具有植物生态学与植物生理学双亲起源的特点，它能够对一些生态学现象，以及资源的可持续利用给予机理上的解释。利用生理学的严谨实验，以及生态学的宏观思路研究，从生理机制上探讨植物与环境的关系、物质代谢和能量传递规律，以及植物对不同环境条件的适应性，在一定程度上为开展药用生物生理生态研究提供新思路。

3. 药用生物种群生态

种群生态学是研究植物种群的数量、分布，以及种群与栖息环境中的非生物因素和其他生物种群之间相互作用的科学。长期以来，种群生态学以基础理论研究为主，研究领域涉及种群中的变异、遗传与进化，种群的数量动态、年龄结构与增长模式，种群的空间结构、地理分布与区域种群动态，种群的种内竞争、种间竞争与物种共存，种群的繁殖、生长、衰老、死亡与生活史对策等。

在种群水平上，药用生物种群生态学的理论方法同种群生态学。种群是物种具体的存在单位、繁殖单位和进化单位，任何一个种群在自然界都不能孤立存在，而是与其他物种的种群一起形成群落。中药资源更是如此，不少中药资源都是群落中的非常见种或稀有种，只有少数中药资源如甘草、苦豆子等才是种群的关键种或建群种。因此，种群不仅是构成中药资源物种的基本单位，也是构成群落的基本单位。和栽培作物不同，药用植物既有栽培种，又有野生种，它们有时影响到药材品质，使药材产生质量上的差异，如野生栀子中栀子苷、栀子酸及绿原酸的含量明显高于栽培栀子，而藏红花素的含量则低于栽培种。

植物种群数量对药用植物的产量和品质产生重要的影响。如高密度辽藁本的全年生育期延长，而低密度辽藁本的根长加长、根重加重，只有种植密度为60cm×(25～30)cm 时最佳，其根部产量较好，药材性状符合药典规定的标准（于英 等，2006）。丹参的种植密度不仅影响丹参的成活率而且影响丹参中丹参素和丹参酮的含量，当种植密度为 20cm×25cm 时，丹参素和丹参酮的含量较高（刘文婷 等，2003）。根据植物种群的特点，开展药用植物种群收获理论和技术研究，对药用植物资源可持续利用能力进行科学评估，并提出最大持续产量决策模型，应用于野生药用植物资源的保护性开发和中药生态农业的持续、高效生产，为实现药用植物资源的可持续利用提供理论和技术支撑。

4. 药用生物群落生态

群落是指一定时间内居住在一定空间范围内的生物种群的集合，它包括植物、动物和微生物等各个物种的种群。植物群落生态学主要研究植物群落的结构、功能、形成、发展，以及与所处环境的相互关系。药用生物群落生态学的理论方法基本上遵循植物群落生态学，但由于多数药用生物都不是群落中的建群种或关键种，相反，有不少药用生物为群落中的稀有种，因此药用生物在群落中的地位及群落对药用生物的影响常常是药用生物群落水平研究的特点。

植物群落的分布呈现地带性，遵循着水平地带性（包括纬向地带性和经向地带性）和垂直地带性的分布规律。对于药用植物来说，水平地带性不仅决定药用植物的分布地域性，也决定其品质的形成。药用植物资源的地域性是进行种群繁殖、扩大分布区和提高品种质量的主要因素，也是做好中药区划的重要依据。只有了解中药资源的地域分布差异，才能做到因地制宜，合理布局，在不同地域内发展优势种类。

此外，自然界中物种内部的自毒作用相当普遍，表现为在自然生态系统中引起更新障碍，在人工生态系统中则引起连作障碍。目前，在栽培的药用植物中，根类植物存在着一个突出问题，即绝大多数根类药材忌连作，连作使药材品质和产量均大幅下降。在我国大力开展引种驯化、人工栽培的过程中，药用植物之间、药用植物与其他作物之间合理的种群格局至关重要，植物化感作用（allelopathy）对其影响深刻。

5. 药用生物生态系统生态

生态系统是生物群落与其无机环境相互作用而形成的统一整体。生态系统的范围有大有小，大到生物圈，小到一个池塘或者一块农田，都可以各自成为一个生态系统。生态系统生态学的研究内容包括生态系统类型、生态系统组成成分、生态系统内能量和物质的传递，以及生态系统的自我调节和生态平衡。生态系统是一个多成分的极其复杂的大系统，即按非生物成分和生物有机体因获取能量的方式与所起的作用不同而划分的生产者、消费者、分解者 3 个类群。药用生物是生态系统中的组成部分，而且以植物类药材为主，常处于生态系统中生产者的地位。在生态系统水平上，药用生物生态学研究的理论方法完全参照生态系统生态学。生态系统概念的提出，为观察分析复杂的自然界提供了有力的手段，为解决现代人类所面临的环境污染、人口增长和自然资源的利用与保护等重大问题提供了理论基础。

6. 药用生物景观生态

景观是指由相互作用的生态系统组合而成的异质地表。例如，由森林、农田、河流、居民点等镶嵌组成的整体风景即为景观。景观生态学（landscape ecology）是研究景观的结构、功能及其变化的学问，它是生态学与地学的交叉学科，是在景观水平研究生态系统的空间格局特点及其动态，以及各种不同尺度所带来的生态效应。例如，各种斑块、廊道及其景观水平生物的分布、生态系统的能流和物流、生物的多样性和生态系统的稳定性等。景观生态学对中药资源生态学的启示主要体现在理念上，强调在中药资源的生态研究中，要重视景观层次的规划和设计。药用生物景观层次学研究主要用于中药材栽培中的景观设计，其理论方法同景观生态学。

生态建设与生态规划是中药资源景观生态学研究的热点。景观生态建设是指通过对原有景观要素的优化组合或引入新的组分，调整或构造新的景观格局，以增加景观的异质性和稳定性，从而创造出优于原有景观生态系统的经济效益和生态效益，形成新的高效、和谐的人工-自然景观。生态规划是景观生态建设的重要内容，是按照生态规律和人类利益统一的要求，在因地制宜、合理布局的基础上，通过对资源、环境、交通、产业、技术、人口、管理、资金、市场、效益等生态经济要素的严格生态经济区位分析与综合，来实现自然资源的开发利用、生产力配置、环境整治和总体安排。

7. 药用生物人文生态

人文生态学就是将人类作为生态系统的一个重要组成成分，系统地研究人类活动与生物和非生物之间相互关系的科学，其研究对象是由自然生态系统和人类共同组成的独特人文生态系统，人类是人文生态系统的主体。人文生态学可以分为狭义人文生态学和广义人文生态学两个层次。狭义人文生态学是从人类的整体利益和长远利益出发，为保留一个有利于人类生存和发展的环境而建立的生态伦理和道德，它最终关心的是人类的利益而不是自然本身。狭义生态学的主要研究内容是人类自然活动及其对自然的保护、利用和改造的生态界限，它主张健全法律制度，建立生态伦理道德来规范人类的生态行为，保证人文生态系统的良性循环。广义人文生态学是从所有生命物种的利益和价值出发去保护自然环境，它认为环境是整个地球生物圈，而不局限于人类生存的局部范围。广义人文生态学摆脱了人类中心主义，它关心的是整个生态系统的稳定，目标是让地球上所有的物种最大限度地获得所需生存空间。

人文生态学的研究内容主要包括人类面临的生态学问题、人文生态系统及其发展与演化、人文生态系统的稳态机制、环境质量的人文生态学评价、人文环境污染的生态工程治理及生态产业、人文环境管理、人类对自然环境的保护和利用等。人文生态学在中药资源生态学研究中的应用主要体现在中药资源可持续利用的人文环境管理。中药资源人文生态环境管理，就是正确处理发展经济与维护生态平衡的关系，运用法律、行政、经济、教育、科技等手段来限制人类损害环境质量的行为，并通过对中药资源经济发展全面规划实现资源的可持续利用，达到在发展中药产业促进经济发展的同时实现环境保护的目的。现阶段，人文生态学研究的重要内容是人文生态环境质量的监测，特别是由中药农业引起的人文环境污染监测及其生态工程治理和生态产业的研究。

2.1.2　中药生态农业的相关学科

中药生态农业除遵循上述生态学理论基础外，还与以下学科形成交叉。

（1）理论生态学。基于数学模型的理论推演是理论生态学（theoretical ecology）最重要的工作。与实验生态学受实验仪器的限制很小，以及不考虑研究地域、时空尺度及其他条件的影响相比，理论生态学研究的范围相对宽广，研究的问题也更趋向于普遍性。同时，理论生态学对于生态学研究的思维是一个有益的补充与拓宽。传统生态学，包括生物学基本上采用的是归纳式思维，而理论生态学研究既可以采用归纳式思维，也可以采用演绎式思维，特别是后者，能够加强认识的目的性，提高研究效率。中药资源生态学研究中，借鉴理论生态学的研究方法，通过模型的建立，提取中药资源生态学研究中的共性规律，是提高中药资源生态学理论研究水平的重要途径。

（2）应用生态学。应用生态学（applied ecology）是指将理论生态学研究所得到的基本规律和关系应用到生态保护、生态管理和生态建设的实践中，使人类社会实践符合自然生态规律，使人与自然和谐相处、协调发展。应用生态学的基本研究内容就是对与人类生产、生活密切相关的生态系统的组成、形态、结构、功能、环境，以及它们的变化引起的生态系统生产能力的波动、生态环境的变迁、生态灾害的形成与防范、生态系统管理与调控等方面进行深入探讨，了解生态系统合理、安全的运行机制，以求生态系统处于最佳运行状态，为人类谋求更大的利益。中药资源生态学是应用生态学的一种，应用生态学的研究思路和方法适用于中药资源生态学，同时，其相关分支学科可以为中药资源生态学研究提供指导和借鉴。

（3）化学生态学。化学生态学（chemical ecology）在植物与植物、动物与动物、植物与动物 3 个领域的研究进展，加深了人们对整个生物界，尤其是生态学中种群、群落结构与生态位理论的认识，化学生态学与宏观生态学和微观生态学都有密切关系。对行为生态学和污染生态学等应用基础理论的发展影响也极大。中药资源，特别是植物类药材主要是通过化学方式进行种内及种间的竞争与平衡，而且其化学联系表现得比其他植物更强烈。特别是化感物质及自毒素的分泌，对中药资源的栽培种植影响极大，成为当前中药资源生态学研究的热点领域。

（4）中医药学。中医药学是中医学与中药学的合称，侧重反映中医与中药二者共同发展，密不可分。当今社会把中医学称为生态医学。中药是指在中医理论指导下所使用的天然药物及其加工品。作为中医治病防病的载体，中药学的发展必然烙上了生态学的理念和思想，中医"天人合一"的宇宙观所蕴含的朴素生态学思想，值得思考和借鉴。

（5）其他学科。资源学可为中药资源生态学研究提供资源学研究的最新成果和技术。分子生态学主要提供的是一种研究思路和技术。保护生态学可为中药资源保护提供参考。自然地理学可为中药资源生态学研究提供背景资料及信息等。

2.2　中药生态农业的经济学基础

2.2.1　中药生态农业的生态经济学基础

自从有了人类经济活动，就有了生态经济系统，也就存在着人类社会经济活动（包括生产和生活）的需求与自然生态系统的可能供给之间的矛盾，这是生态经济系统的基本矛盾。它突出表现在两个方面：一是人类社会经济活动需求的增长与生态系统供给有限的矛盾在发展；二是人类社会经济活动的不合理和废弃物排放的不断增长，与生态系统调节能力和净化能力有限的矛盾在发展。中药资源是自然资源的一部分。我国利用生物药物的历史悠久，而中药材的原料主要来自野生动植物。长期以来，对中药资源进行过度采猎，特别是栖息地的破坏，造成中药资源的下降和枯竭，致使许多野生中药资源种类趋于衰退或濒临灭绝，严重制约中药产业的可持续发展。近年来中药资源保护和合理利用方面虽然取得了一定的成效，但当前中药资源可持续利用仍然面临严峻挑战，野生中药资源的保护及其生境修复迫在眉睫。

历史上，中药材栽培一直处于小农经济的种植模式，多数品种种植历史短、规模小，产区局限，栽培技术落后。虽然中药材栽培在一定程度上缓解了野生药用资源的开发和利用，但是在近 200 种家种药材中，大部分品种不同程度地存在着单产低、病虫害严重、品种退化等问题，而且容易遭受自然灾害的影响，往往使一些药材的产量和质量难以稳定发展。中药生态农业通过借鉴合理的农业生态模式，开展农业生态设计，配合各种农业生态技术，利用循环经济等手段，可以提高生态系统的多样性和生态系统稳定性，保证中药材的质量和安全，保证生态环境的持续利用，实现持续优质高效生产。另外，有效地运用生态系统中生物群落的共生原理、多种成分间相互协调和互补的功能原理，以及物质和能量的多层次多途径利用和转化原理，并以一个总体中各组成部分的综合经济效益作为整个基地或整个生态经济系统的经济效益指标，重视相互协调的总生产力，不追求有损总体利益的单项产值，从而建立能合理利用自然资源、保持生态稳定和持续高效的生态经济系统。

2.2.2 中药生态农业节约耕地，增加农民收入

中药材是一种特殊的农产品，在中药材生态种植过程中需要结合中药材自身特性合理规划栽培模式。数据统计显示，超过 70%的药用植物生长在林下、林缘及荒坡地，发展中药材林下种植，不仅能够满足药用植物自身的生境需求，也能够结合我国森林面积不断增长的现状，为合理解决中药材种植占用大面积粮食生产用地的问题提供了科学有效的途径。同时，基于精细耕作的生态农业较大的人力投入，既解决农业剩余劳动力在农业内部就业，又是增加农民收入的有效途径。云南省素有"药材之乡"的称誉，该省在林下大规模种植中药材石斛、天麻、滇重楼、三七等具有当地特色的中药材，2019 年种植面积达到 17.7 万亩，总产值达到 135.8 亿元（张瑞君 等，2022）；如漾濞县依靠独特的地理优势，以林下中药材种植为主要发展模式，2021 年滇重楼、魔芋、滇橄榄、红花等中药材种植面积达到 3 466.67hm^2（沈艳和李娅，2021）；四川省大邑县林下以种植传统中药材

鱼腥草和金银花为主，2018 年时种植规模达到 1 333hm^2，且按每年 66.7hm^2 的速度递增，年产值达 3 亿元（张维祥 等，2018）；江西省上高县在油茶林下种植中药材栀子、金银花、千斤拔、黄精等，发展油茶和中药材的双重收益模式，实现 2017 年中药材产值 8 400 万元（陈忠 等，2018）。可见，发展中药材林下种植，不仅能够实现资源空间的合理开发和利用，而且还能够为当地居民带来更多的经济效益。

山地和荒坡地都是不容易进行农耕管理，土壤比较贫瘠的土地资源，不适宜种植农作物，但对于中药材来讲却是极好的适生环境。而且中药材具有"顺境出产量，逆境出品质"的独特品性，充分利用山地、荒坡地进行中药材野生抚育、拟境栽培、人种天养等生产模式，适当地加以人工干预，不仅可以实现土地资源的有效利用，又可以生产出优质的中药材产品，还可以有效保护野生中药资源，这种生产模式既符合中药资源生态学的基本内涵，又符合中药资源绿色、可持续的发展理念。绿水青山就是金山银山，所以要充分发挥山区的地理环境优势，合理开发林地、山地空间资源，既能促进农民增收，还能够实现资源的可持续利用。

2.2.3　中药生态农业实现增产增效双赢

生态农业是目前国际上最先进的环境友好型农业模式，具有整体性、多样性、高效性、优质性和可持续性的特点。国际上相关学者研究表明，与工业化农业相比，生态农业投资小，产出高，并且无污染，风险小，其经济效益、生态效益和社会效益显著优于化学农业。另外，生态农业在充分用地、立体采光、多层用水、高效用肥、共生互补、生态减灾、循环利用等方面具有巨大的优势，定会实现增产增效的双赢。

首先，生态农业会提高产量。对于生态农业来说，如果管理得当，采用合理的生态种植模式和配套技术，其产量可以与采用化学农业的产量持平，甚至超过采用化学农业的产量。以弘毅生态农场为例，经堆肥、深翻、人工+生物除草、物理+生物法防治病虫害、保墒等措施，实现了粮食增产。2015 年，弘毅生态农场玉米+小麦年产量 17.43t/hm^2、春花生 6.05t/hm^2、夏大豆 3.25t/hm^2，均高于周围村民采用化学农业的粮食产量（蒋高明 等，2017）。

其次，生态农业会增加效益。一是经济效益高，根据生产实践，生态农业的经济效益至少是常规农业经济效益的 3～5 倍；二是社会效益好，生态农业可提供优质、安全、营养、保健的绿色产品、有机产品，深受广大群众喜爱，受到社会各界的欢迎；三是生态效益佳，生态农业重视环境保护，强调生物多样性，强调人与自然和谐共处、协调发展。除此之外，生态农业还会带来较高的投入产出率、高资源利用率、高土地产出率等。

最后，生态农业能提升品质。对于中药材来说，中药生态农业在关注产量的同时，更加注重药材品质。随着生活水平的提高，人们对中药材质量安全的关注度和要求不断提高，优质中药材也越来越受到人们的青睐，并具有较大的市场空间和发展潜力。实际上，相比于常规农业，通过中药材品质提升实现生态农业优质优价会带来更多的收益。对于消费者来说，只有提供优质的中药材，他们才会愿意以更高的价格来购买。因此，随着现代高新技术逐步被应用于生态农业中，通过合理的生态种植模式及配套技术，中药生态农业优质和高收益会越来越凸显。

2.3   中药生态农业的系统工程学基础

2.3.1   中药生态农业建设系统工程的基本思路

在对自然条件、资源状况和社会经济条件等进行调查研究的基础上，分析区域特征，确定对农业生产和社会发展的有利条件和限制因子，关注中药材、环境及二者的相关关系，借鉴国内外生态种植的实践经验，将现代先进的科学技术与实用有效的传统农业技术相结合，合理开发、综合利用农业资源，因地制宜地选择中药生态农业模式及配套技术，并进行推广应用，保证中药材的质量和安全及生态环境的可持续利用。

2.3.2   中药生态农业建设系统工程的根本目的

作为一个生态经济复合系统，中药生态农业将种植生态系统与种植经济系统综合统一起来，可取得最大的生态经济整体效益。作为一种环境友好型农业模式，中药生态农业既体现了中药农业生产的科学配置，又体现了多学科多部门交叉合作的现代产业模式。通过生态与经济的良性循环进行农业生产，实现能量的多级利用和物质的循环再生，达到生态和经济发展的循环及经济效益、生态效益和社会效益的统一，不仅是有效控制中药材栽培土壤污染及连作障碍、确保中药材产量和质量、保障人民用药安全及促进农业的可持续发展的关键，也是保护中药农业立地条件及土壤微生态，减少农残重金属污染，解决农业生态环境恶化，实现经济、社会和环境的和谐发展，促进生态文明的重要组成部分。总之，发展中药生态农业对落实国家中药农业发展部署、转变中药农业发展方式、加强农业生态治理意义深远。

2.3.3　中药生态农业建设系统工程的重点任务

1. 全国中药材生产格局分析及规划

在全国中药资源普查获得大量环境数据的基础上，完成中药材分布区划、产量区划、质量区划；参照大农业规划，分析中药材分布格局，制定我国现代中药农业规划，完成中药材种植分区。

2. 区域中药农业典型特征提取

明确各区域优势特色中药材品种及其生产特点和规律，确认该优势与当地自然生态和社会生态的相关性，分析优势特色中药材品种在中药农业生产和社会发展中的有利条件和限制因子。

3. 各区域典型中药材与根际土壤微生态互作规律及机制研究

在各类农业区划内选择代表中药材，开展典型中药材与根际土壤微生态互作规律研究；并运用土壤宏基因组学、代谢组学等现代技术研究中药材与根际土壤互作机制。

4. 中药材生态种植技术研究

依据各区域中药农业特征及各类典型中药材的生理生态学特性，综合研究品种筛选、栽培物候期、播种密度、养分平衡、测土配方、立体栽培、间作、套作、轮作、中药材与其他农、林、牧、副产业的综合生产等各种实用技术。

5. 中药材生态种植模式的提取及固化

综合考虑土地利用布局、生态系统组分能量流、生物种群结构安排、食物链关系设计、品种选择等因素，在景观、生态系统、群落、种群、个体和基因等不同尺度不同生物层次总结、提炼并固化经济适用、高效低毒的中药生态农业模式，开展大田推广应用。如天然林（人工林）-重楼林下种植模式、西红花-水稻水旱轮作模式、半夏的一种多收生态种植模式、蒙古黄芪-马铃薯-畜牧业生态种养模式等。

6. 中药生态农业理论研究

利用生态系统与生物多样性经济学（the economics of ecosystems and biodiversity，TEEB）原理，分析各种生态农业模式及配套技术对提高中药材产量和质量、降低病虫害发生率、减少中药材生产中化肥和农药施用量，保护生物多样性及生态系统服务功能，提出和完善中药生态农业理论，并指导中药生态农业实践。

2.4　中药生态农业的基本特点

2.4.1　生态农业的特点

与化学农业忽视自然界的整体性、痴迷于单一要素不同，生态农业的核心理念是"道法自然"，认为大自然是个有机整体，其各个组成要素之间的相生相克可以造就一个和谐、平衡的农业环境，而对自然界资源和能量循环运动规律的认识是农业科技的源泉，对大自然规律的认识和运用是农业可持续发展的关键。例如，用丰富的有机质土壤和一定组合的植被固水；用有机肥滋养土壤；用一些植物和禽畜除害虫和杂草；把某些杂草和作物用作天然饲料等都是生态农业的经典做法。这与化学农业通常在农田大规模种植单一作物，大量施肥增加土壤肥力，然后用人工合成农药对付单一害虫和杂草，或制作定向转基因种子对付单一害虫和除草剂的做法完全不同（张孝德，2011）。

需要说明，生态农业并不排斥各种现代化学农业技术和成果，如农业机械、黄板、灭虫灯等，它只是要在农业生产的全过程中体现符合自然界生态规律的总指导原则。有学者认为，生态农业在根本理念上是和工业化农业相对立的，但并不一味排斥后者的所有具体做法和要素。比如，生态农业虽然不认同工业化农业单一作物耕作模式，但同样重视后者规模经营、规模经济的考虑，也鼓励因地制宜地运用不同规模的小农经济和大型农场的经营方式；生态农业反对化肥、农药、激素、转基因等技术及其产品的滥用，但鼓励机械化、电气化和杂交育种等现代科技成果的应用（张孝德，2011）。

生态农业独特的思考及生产方式决定了其诸多特点，与化学农业相比，其具有以下特点（张孝德，2011）。

1. 整体性

生态农业强调发挥农业生态系统的整体功能，以大农业生态系统为着眼点，遵循"整体、协调、循环、再生"的原则，鼓励农、林、牧、副、渔各业和农村一二三产业综合发展，力争使各业之间互惠共存，相得益彰，强调全面规划、调整和优化，旨在提高农业综合生产能力和效率。

2. 多样性

多样性是生态农业系统保持协调平衡、并尽可能实现自我循环、通过吸引-

排斥克服病虫草害的关键。多样性不仅体现在轮作、间作、套作等农业生产模式上，更体现在充分考虑自然条件、资源基础、经济与社会发展水平等情况的基础上，因地制宜地采用多种生态模式、生态工程、生态技术及各类农业装备，扬长避短地应用于农业生态过程中。

3. 高效性

生态农业体现了物质循环和能量多层次综合利用及系列化深加工，实行废弃物资源化利用，降低了农业投入成本，能更好地实现经济增值，从而提高农业效益。

4. 优质性

生态农业遵循作物自身生长发育规律，生态种植过程不使用化学肥料、农药、激素等干扰剂，不仅可以提高农产品的安全性，还可以保护生态环境和促进农村现代化建设。有研究显示，80%的生态农产品营养价值较化学农业高。

5. 持续性

生态农业重视环境与经济的协调发展，反对违反自然的人工干扰，在生产中持续提高生态系统的稳定性和持续性，因此能够保护和改善生态环境，防治污染，维护生态平衡，增强农业发展后劲，从而实现农业的可持续发展（李文华，2011）。

生态农业通过生态集约化提高生态效率，保证环境和食品的优质安全，并为自身景观提供生态服务。其在大范围内的实施不仅需要广义的作物轮作随着饮食习惯的改变而改变，还需要个别农场和不同的农民之间进行整合，更需要结合生物防治、抗病和景观设计等系统进行考虑。通常，生态种植往往还经营着混合农场，谷物和块根作物品种的混合种植有利于收益的稳定，并在一定时间内能更有效地利用资源；作物和用于动物饲料的牧草轮作有助于恢复土壤有机质和土壤氮素，并打破动物和农作物中害虫、疾病、寄生虫的循环；而将作物、家畜甚至园艺有机结合起来，轮作生产的谷物和豆类都用作动物的饲料，将富含营养成分的动物的粪便腐熟后用于农田，这样既保护了环境，又能提高回收率和营养物质在系统中的保留效率。因此，生态农业既不是要当代农业回到技术水平低下的原始农业，也并非不需要投入的常规农业，而是要求农业科技研发遵循自然界整体运行的生态规律，并通过精心设计，真正体现生态科技带来的农业生产利益。

2.4.2　中药生态农业的特点

与生态农业相似，中药生态农业也具有整体性、多样性、高效性、优质性、持续性的特点。同时中药生态农业也具有其延伸的自身特征。例如，中药生态农业的整体性可以包括两个方面：一方面，产业组织追求"天地人药合一"的整体观；另一方面，产业管理实行全链条质量可追溯管理，其中优质性除了不使用化学肥料、农药、植物生长调节剂等干扰剂，提高农产品的安全性以外，更强调关注次生代谢产物的积累规律，重视中药材品质的形成。

1. 研究对象的特点

中药材品类众多，涉及范围广泛，广义的中药材指初步加工处理的中药原料，包括植物类、动物类、矿物类等。狭义而言，中药生态农业所包含的中药材主要是植物类药材。中药生态农业是指利用药用植物的生长发育规律，通过人工培育来获得中药材产品的农业生产活动。从研究对象上讲，中药生态农业还具有如下特点：①种类繁多，栽培药材的种类和产量都有逐渐增大的趋势，目前实现人工栽培的药材约有 300 种；②以多年生为主，且不少药材具有随栽培年限适度增长药效成分积累增多，产量和质量同时提高的特点，如人参、西洋参、黄连、甘草等；③根茎药材居多，大约能占到植物类药材总量的 30%；④群落水平为非关键种或非常见种。除人工生态系统和少数沙生中药材，多数野生的中药资源在群落中为非关键种或非常见种，不少甚至是稀有种，因此农田生态系统群落结构的单一化对其影响还不明确。

2. 研究内容及方法的特点

1）产量与质量并重

中药材的药效学属性决定了其生产上质量与产量并重的特点，甚至对质量的要求超过产量是中药材生产的重要特点，这与林业、农业上主要追求快繁高产的生产目的形成对比，并由此带来了中药生态农业研究在目的、方法及内容上均与普通生态学不同。

2）个体水平更关注次生代谢

中药材药效质量的物质基础主要是些小分子的次生代谢产物，追求质量的特点使得其生态学研究不只关注药材的生长发育，更关注代表着药效属性的次生代谢产物的积累。高度关注次生代谢是中药生态农业最重要的特征。

3）种群水平关注道地药材

从种群生态学的角度出发，个体数量（或密度）、水平与垂直分布样式、适应形态性状、种群动态、生长发育阶段或年龄结构、物种的生活习性行为等均是生态学的重要研究内容。道地药材是优质药材的代名词，环境因素对药材道地性的形成起着决定性的作用，在生物学上表现为特定产地、质优效佳的某一物种的"特定居群"。中药生态农业更关注由于生态因子不同而引起的种群间的质量差异。

4）高度重视逆境效应

在长期研究中发现，环境对道地药材形成的影响表现为逆境效应。中药所含有效成分通常为次生代谢产物，对于植物而言，次生代谢产物是植物保护素，环境胁迫下，植物通过向外界环境释放次生代谢产物来抑制其他植物的生长，以提高自身的竞争能力。环境胁迫（如干旱、严寒、机械伤害、高温、重金属超标等）能刺激植物次生代谢产物的积累，可能更利于中药材品质的形成。作物农业上也有顺境出产量、逆境出品质的说法，因此，中药生态农业具有高度重视逆境效应这一特征。

2.5　药用植物独特的生态学特征

2.5.1　药用植物的生活型

生活型是与一定生境相联系的，主要依外貌特征区分的生物类型。高等植物通常用高矮、大小、形状、分枝等特征，结合植物的年度周期（一年生或多年生）来划分生活型。药用植物的生活型通常包括乔木、大型灌木、小灌木、木质藤本、草质藤本、多年生草本、一年生草本、垫状植物、肉质植物等。

2020 版《中国药典》共收载药用植物 623 种，其生活型或生境分布如下：乔木/大型灌木 124 种，林缘/林下 319 种，山坡地 118 种，岩石/树干 11 种，路旁 122 种，草地 69 种，荒地/沙地 29 种，沼泽地 7 种，水生/溪旁 33 种，田间 15 种。不同生境合计 847 个，同一种药用植物可能分布于多种生境的有 220 种，如大戟适生范围广，可以生长分布在林缘/林下、山坡地、路旁、荒地、草地多种生境下生长；苦参、连翘、卵叶远志、碎米桠、天冬等既适合在林缘/林下生长，也适合在山坡地生长；而有些药用植物的分布区域狭窄，如泽泻、香蒲、昆布、莲、芡等植物只能水生，白及、白术、北苍术、赤芝、茯苓等只能生长在林缘/林下。如图 2-1 所示，生活型是乔木/大型灌木和适合在林缘/林下生长的药用植物占比分别为 14.64% 和 37.66%；适合生长在山坡地及荒地/沙地的药用植物分别占比 13.93% 和 3.42%，也就是说有 69.65% 的药用植物适合生长在林中、林下及土地贫瘠的山坡地、荒地，这为中药材的种植提供了科学的用地策略——中药材林下种植模式（图 2-1）。

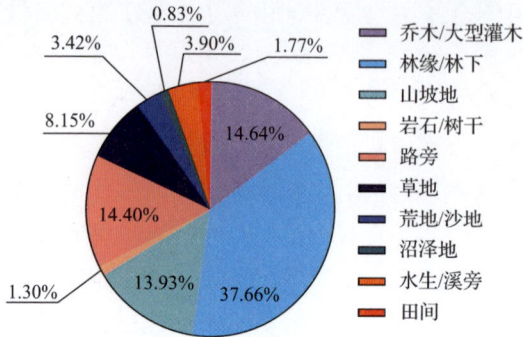

图 2-1　药用植物生活型或生境分布比例图

2.5.2　药用植物的光学特征

　　根据以上药用植物生活型的调查统计发现，超过 1/3 的药用植物是阴生或者半阴生植物。数据显示有 37.66%的药用植物适合生长在林缘或者林下，这些区域由于高大乔木或者灌木的遮蔽作用容易形成凉爽湿润的小环境，不仅可以减弱太阳光直射强度，还可以降低环境温度。光照是调节植物生长发育及形态建成的重要环境因素之一，只有在适宜的光照环境下药用植物才能够正常生长和发育。有研究表明，光照在影响药用植物生长发育的同时也影响药用植物次生代谢产物的产生和积累（李强 等，2017）。当遮阴程度为 70%时，有利于三叶青的生长和药效成分的积累，其产量和总黄酮含量均达到较高值，遮阴程度过高或过低都不利于生物量和总黄酮的积累（胡晓甜 等，2019）。在研究光照强度对苍术挥发油成分含量影响的研究中发现，80%光照强度下苍术生物量和挥发油含量都显著高于全光照组，而且随着光照强度的减弱，生物量及挥发油含量逐渐降低（李强，2018）。另有研究表明，光照甚至和三七的病害发生有关联，当透光度大于 20%时，有利于三七黑斑病和根腐病的发生和蔓延，同时不利于三七的生长发育；而光照强度为 16%左右时适合三七的生长发育（王朝梁和崔秀明，2000）。光照也可以影响药用植物的形态发育，林荫下的海芋块茎长度显著增加，块茎茎围显著降低，外形特征表现为"细长"型，而自然光照下的外形特征却表现为"短粗"型。以上研究表明，光照强度能够对药用植物的生长发育和药效品质产生重要影响，充分证明发展中药材林下种植的重要性（李娟 等，2016）。

2.5.3　药用植物的品质特征

　　郭兰萍等（2018）认为，与普通的农作物生产理念不同，中药材有其独特的品质特征，不能一味地追求产量而忽视了药材本身的药用价值。中药材的药效学属性决定了在药材生产中产量和质量并重的特点，甚至对品质的要求超过对产量的要求。在生产中，中药材的品质优劣取决于有效药用成分的含量，这也是药用植物生态学研究的重要内容。

研究证明中药材顺境出产量、逆境出品质。这里的顺境和逆境是相对于植物的最适生长环境而言，药用植物的最适生长环境和普通作物的最适生长环境在概念上不能完全等同，有些药用植物的有效药用成分/次级代谢产物可能需要在胁迫（逆境）条件下才能产生和积累。逆境胁迫可以是高温、干旱、严寒、机械伤害、重金属超标等，逆境虽然不利于药用植物的生长发育，却能够刺激植物产生和积累更多的次级代谢产物。因此，对于中药材生产过程中遇到的病虫草害，可以通过适当的生态种植方法将病虫害控制在安全线以内，既可以生产优质的中药原材料，又能满足生态种植的要求，达到保护环境的目的。

药用植物具有独特的生境要求，即药材的道地性。然而，生态种植就是一种兼顾资源与环境的可持续发展模式，注重植物与环境的协调统一，完全符合中药材种植的要求。郭兰萍等（2018）结合中药材独特的品质特征、中药农业生产对生境的独特要求，以及中药农业独特的应用和市场特性等 3 个方面分析了中药生态农业在中药材种植业中的独特优势，提出中药生态农业是中药产业可持续发展的必由之路。

2.6　环境胁迫与药用植物次生代谢

环境胁迫是影响植物生长发育的重要因素之一。当受到恶劣环境因素的胁迫时，植物通过向外界环境释放次生代谢产物来抑制其他植物的生长，以提高自身的竞争能力。这些次生代谢产物通常为药用植物的有效成分，即保护素（黄璐琦和郭兰萍，2007）。药用植物在适度的环境胁迫作用下可能具有更优良的品质。研究表明，道地药材在生长过程中常常同时受到多种环境胁迫的共同作用，且在诱导植物次生代谢产物的积累方面起到了关键的作用，如苍术、甘草、三七等（卢颖，2007）。

随着对植物与环境相互作用探索的不断深入，复合胁迫影响植物的研究取得了重要进展，植物抗逆性研究进入一个崭新的阶段。尽管单一胁迫对植物影响的研究进展为复合胁迫的研究提供了许多重要信息，但是近年来的研究表明，这些结果并不能简单的用来推断两种或多种复合胁迫共同作用对植物产生的影响（Suzuki et al.，2014）。植物感受到复合胁迫的刺激后，激活二级信使、植物激素、转录调控因子等信号通路（Gilroy et al.，2014），不同胁迫诱导的多个信号汇集在一起，共同调控基因表达，进而导致植物代谢及表型等改变，对复合胁迫产生特异的响应（Casaretto et al.，2016）。在复合胁迫条件下，药用植物产生的次生代谢产物种类及含量也与单一胁迫不同。药用植物作为植物中特殊的一类，不仅要关注其产量,更要关注其质量(通常表现为次生代谢产物的含量)。因此,药用植物的复合胁迫研究具有重大意义,复合胁迫可能在道地药材的优良性状及品质形成过程中起着独特的作用。

2.6.1 常见的复合胁迫及各因子之间的相互作用

植物的环境胁迫因素包括物理、化学和生物三大类。目前对复合胁迫的研究多集中于高温和盐渍、高温和干旱、盐渍和臭氧、高温和养分胁迫、干旱和养分胁迫、盐分和紫外光 UV-B 辐射、高温和 UV-B 辐射、高光强和高温、Cu、Cd、Zn 等重金属之间的结合,以及病虫害等生物胁迫与非生物胁迫之间的结合等。Mittler 等(2006)创建了"胁迫矩阵"用以描述各类环境胁迫的组合,以及它们对植物生长及代谢的影响,主要表现为协同、拮抗或独立 3 种作用类型。

许多非生物复合胁迫对植物的伤害通常起到协同作用,这些胁迫的共同作用导致了药用植物许多生理条件的改变并造成了更严重的影响。例如,在干旱和高温的协同作用研究方面,金蕊(2016)从生理水平和代谢水平探究了 C_4 植物马齿苋对干旱、高温的单一胁迫及双重胁迫的应答,相较于单一胁迫,干旱和高温复合胁迫对马齿苋造成了更严重的伤害。可能的原因是干旱、高温复合胁迫会导致植物出现不正常的蒸腾失水,植物在通过蒸腾作用失水降低机体温度的同时加速了植物细胞缺水。王莹博等(2018)在高温、干旱复合胁迫对白及光合作用影响的研究中也发现,相较于单一胁迫,复合胁迫导致白及叶片净光合速率(P_n)、气孔导度(G_s)显著下降,更严重地抑制了光系统 II 的活性和固碳过程。此外,许多其他胁迫的共同作用也要比单一胁迫对植物的影响更大,如盐渍和高温胁迫同时存在时,高温胁迫的加剧导致植物蒸腾作用增强,促进了盐在中药材体内的累积;高光照强度也对干旱或低温下的植物造成更大的危害,这是由于低温或可利用 CO_2 不足,抑制了暗反应,植物吸收的高光合能量增强了氧还原,从而产生了大量的活性氧(reactive oxygen species,ROS)(Mittler and Blumwald,2010);重金属参与的复合胁迫可能对植物光合作用造成更严重的影响,植物体内的重金属离子可能与叶绿素合成的几种酶的肽链中富含巯基(-SH)的部分结合,抑制了酶活性,从而阻碍了叶绿素的合成,进而对植物造成更大的伤害。张家洋(2016)研究了重金属离子及盐胁迫对绿金合果芋的影响,发现单独胁迫及复合胁迫对光合色素合成均有抑制作用,复合胁迫对叶绿素 a、b 和类胡萝卜素合成的抑制作用更显著。袁浏欢(2019)研究 Cu、金霉素单一及复合胁迫对旱柳的影响,结果表明,相较于单一胁迫,复合胁迫更显著地抑制了根系活力、抗氧化酶活性、光合作用等。生物与非生物胁迫的组合也多表现为协同作用对植物造成更严重的伤害。例如,有研究者研究拟南芥对生物与非生物胁迫的响应,结果显示在所有单一胁迫条件下植物生长都受到抑制,而在干旱、高温、病毒三重复合胁迫条件下,植物关闭了本应在高温或病毒诱导下打开的气孔，生长受到了更严重的抑制（Prasch and Sonnewald，2013；邱文怡 等，2020）。

但也有研究表明，复合胁迫对植物的伤害小于某种单一胁迫，复合胁迫因子间相互起到拮抗作用。植物胁迫交叉诱导和发展起来的耐受性存在某些共同的生理基础，植物可以通过调节渗透调节物质、活性氧清除系统、诱导和合成胁迫蛋白、植物激素等的变化来增强植物的胁迫交叉耐受性。适度的干旱胁迫可以提高植物对高温、盐碱及冻害等各种胁迫的抗性，盐胁迫也可以提高植物的耐热性。例如，干旱胁迫会导致气孔导度降低，从而增强植物对 O_3 胁迫的耐受性等（高峰 等，2017）；硼（B）也被证明可以拮抗盐胁迫对植物的有害影响，实验表明叶片中的 Na^+ 含量随着 B 的加入而降低，这可能是 B 胁迫抑制了根系生长的结果。此外，某些由重金属离子组成的复合胁迫，可能削弱彼此的毒性对植物造成更小的伤害。王鸿燕等（2011）采用 Pb、Cd 单一胁迫及复合胁迫处理溪荪，与 Pb 和 Cd 单一胁迫相比复合胁迫对溪荪幼苗生长的抑制作用更小，可能的原因是 Cd 对 Pb 的吸收有一定的抑制作用（赵菲佚 等，2002）。也有许多真菌等微生物在复合胁迫中对植物起到促进作用。杨腾（2013）实验表明在干旱胁迫下，内生真菌直立枝顶孢霉（AL16）可诱导苍术可溶性糖、蛋白质、脯氨酸含量增加及 3 种抗氧化酶活性提高；减轻脂质过氧化程度，提高根部和叶部脱落酸的含量，增加根冠比来帮助宿主应对干旱胁迫。张霁等（2011）的研究表明，丛枝菌根（Arbuscular mycorrhizae，AM）真菌也可以促进苍术在高温、干旱胁迫下快速修复细胞膜，提升抗氧化酶活性，进而提高抗逆性，促进苍术植株生长。

复合胁迫间的拮抗或协同作用并不是绝对的，对于不同的植物可能显示出不同的作用效果。邱念伟等（2013）研究结果显示，盐渍和高温的复合胁迫加剧了对菠菜叶片的伤害，然而这种复合胁迫在作用于番茄时，其伤害就小于单一的盐渍胁迫，因为在复合胁迫条件下甘氨酸、甜菜碱和海藻糖等化合物特异性地积累，维持了较低的钠钾比、良好的细胞含水量，保护光系统免受高温胁迫的破坏。

另外，也有研究表明，当植物受到复合胁迫时，不同胁迫的影响存在独立性，即植物一些性状的改变是在其中一种胁迫条件下发生的。例如，研究 Zn、Pb 复合胁迫下蓖麻的实验结果表明，根体积及根系活力对 Zn 胁迫更为敏感，而与 Pb 相关性不显著，但主根长则受 Pb 影响更大（易心钰 等，2017）。对大麦的高温、干旱复合胁迫实验也显示了相似的结果，干旱导致生物量、株高和穗数显著下降，但仅高温单一胁迫对这些性状的影响不显著；相比之下，高温胁迫显著增加了败育穗数，降低了籽粒重，而干旱胁迫对这些性状未见显著影响（陈雪，2015）。可见，复合胁迫对植物起到协同还是拮抗的效果还是依赖于单个胁迫的本质、时间、程度，以及它们之间的相互作用。

2.6.2　复合胁迫对植物次生代谢产物积累的影响

植物次生代谢产物作为一类特殊的化合物通常是中药材的主要药效成分，也是药用植物研究关注的重点，次生代谢产物在植物抵御胁迫方面起着不可或缺的作用。复杂的生境孕育了道地药材品质优良的药用植物表型，复合胁迫在药用植物领域的研究逐渐受到关注。此外，复合胁迫对次生代谢影响的研究还主要是集中在药效明确或防御功能明确的次生代谢产物上。由于次生代谢产物多具有清除活性氧、调节渗透压、吸收紫外辐射等功能，复合胁迫条件下，植物通过诱导次生代谢产物积累的方式来抵御胁迫，多数研究都支持适度的胁迫作用可以提高次生代谢产物的含量，且在复合胁迫条件下许多次生代谢产物产生了不同的响应，因此，复合胁迫在中药材种植中有巨大的应用价值。本文现对几类主要的次生代谢产物与环境间的关系进行概述。

1. 含氮化合物

植物中含有许多从普通氨基酸合成而来的含氮次生代谢产物，包括生物碱、含氰糖苷、芥子油苷、非蛋白质氨基酸等，大部分具有防御功能，其中最主要的是生物碱。某些植物的生物碱合成代谢可对外界非生物胁迫产生响应，增强植物的抗逆性。如在遮阴及水淹的复合胁迫条件下，喜树叶及根中的喜树碱含量相较于单一胁迫会升高2～3倍，表明喜树碱可能在植物抵御复合胁迫过程中起到了的独特作用（鲁守平 等，2006）。高温、干旱复合胁迫条件下，颠茄、金鸡纳树等植物体内生物碱的含量升高也同样证明了生物碱在植物体抵御复合胁迫中起到的作用。

有研究表明，相对于单一胁迫，复合胁迫更有利于次生代谢产物的积累。如单一的 UV-B 辐射降低了植物长春碱的含量，而适度的干旱、UV-B 辐射复合胁迫使长春碱及长春新碱含量显著升高，且高于单一胁迫的作用，可能的原因是 UV-B 辐射、干旱复合胁迫改变了植物氮素分配，氮代谢过程加强，从而提高了次生代谢产物生物碱的含量（张扬欢，2011）；在 UV-B 辐射条件下，适宜浓度的钙盐处理可以促进颠茄的氮代谢，从而使莨菪碱及东莨菪碱含量上升（卢克欢 等，2018）。

2. 萜类化合物

萜类化合物是以异戊二烯单元为基本单位构成的一类化合物，萜类是植物天然产物中最大的一类，多数以各种含氧衍生物（如醇、甾类、酯类及糖苷形式）存在，绝大多数萜类物质受环境的影响，并作为次生代谢产物参与植物的防御反应。例如，苍术挥发油（倍半萜）在居群水平的变异与地理环境变异有关，道地产区茅山高温、降雨和土壤中养分等胁迫可能是影响苍术倍半萜类挥发油组分含量的重要环境因子（包丽琼 等，2021），这些倍半萜类挥发油可能参与了苍术的防御反应。研究表明，一定浓度的混合盐碱胁迫虽然抑制了水飞蓟种子的萌发，但有助于其次生代谢产物水飞蓟素及水飞蓟宾含量的增加（唐晓清 等，2018）。

已有报道中，单一胁迫与复合胁迫条件下，植物萜类物质合成和积累之间的相互作用比较复杂。酸雨影响下，施加低浓度的 Zn、Cd 复合胁迫时，绞股蓝总皂苷含量均高于单一处理及对照组，表现出明显的协同效应（司美茹 等，2011）。杜玮炜等（2009）研究也表明在轻度的干旱、遮阴、养分复合胁迫下相较于单一胁迫可更显著地提高雷公藤中雷公藤红素含量。但也有研究显示木樨科的优良品种'波叶金桂'通过大量合成萜烯类化合物来提高抗旱性，'波叶金桂'通过调控萜烯类化合物合成，以及绿叶挥发物的释放来抵御高温胁迫，但在高温、干旱复合胁迫条件下萜烯类化合物的合成途径受阻，萜烯类释放量逐渐降低（汪俊宇 等，2018）。微生物参与的复合胁迫对次生代谢过程也有影响。有研究表明在高温胁迫下苍术的挥发油含量显著上升，而相较于单一的高温胁迫，加入 AM 真菌提升了挥发油的组分数，平衡了挥发油之间的比例（张霁 等，2011）。

3. 酚类化合物

酚类物质是芳香族环上的氢原子被羟基或功能衍生物取代后生成的化合物，其结构多变，种类繁多，是重要的植物次生代谢产物之一。根据其芳香环上带有碳原子数目的不同可以分为简单酚类、醌类和黄酮类等。酚类化合物在植物应对非生物环境胁迫中起着重要的作用，如在缓解氧化应激方面，它们参与了活性氧的清除过程（Wang et al.，2011）。在干旱、盐渍复合胁迫条件下，藏大麦干旱耐受型 XZ5、XZ16 具有更高含量的黄酮和酚类物质，并因此有更好的活性氧清除能力；恢复正常状态后总酚含量下降，但复合胁迫组总酚含量依然高于单一胁迫组及对照组。由此可知酚类物质在植物抵御复合胁迫过程中起到了重要的作用，可以作为一种胁迫指标（Ahmed et al.，2015）。

也有研究表明，酚类物质可通过络合作用与重金属离子结合形成难溶的络合物，降低重金属的活性，提高植物抗逆性。郭晓音（2009）的研究表明，Cd、Zn 复合胁迫促进了秋茄根、茎、叶中总酚、单宁和缩合单宁类成分的含量增加，且显著高于同一水平 Cd 胁迫组，单宁等多酚物质通过与 Cd 络合降低了植物中重金属的活性，同时清除了 Cd 和 Zn 复合胁迫产生的大量活性氧自由基。在复合胁迫条件下，黄酮类物质对光胁迫的响应更为显著，在适度的 UV-B 辐射和干旱复合胁迫下植物通过总酚、花青素及类黄酮等相关酚类物质的积累吸收紫外光、增强抗旱能力，植物中总酚和类黄酮对干旱无显著响应，而对 UV-B 辐射及复合胁迫处理响应显著（张扬欢，2011）。类似的，研究 UV-B 辐射和盐渍复合胁迫对甘草的影响也得出了类似的结果，花青素和类黄酮仅在 UV-B 辐射和盐渍复合胁迫条件下被诱导，而单一盐渍胁迫对其含量影响不大（卢克欢 等，2018）。越来越多的证据表明，复合胁迫可以特异性诱导次生代谢产物产生和积累，不同次生代谢产物对复合胁迫中的各种胁迫产生的响应较为复杂，值得深入研究。

4. 有机酸

有机酸类物质在植物抵御胁迫时起着重要的作用，植物可以通过合成和积累有机酸，增强细胞膜液化程度、调节渗透平衡、提升活性氧清除能力，提高抵御环境胁迫的能力。研究表明，盐碱复合胁迫会引起甜高粱中有机酸类物质的合成、分泌，抵御 Na^+ 的毒害作用和外界环境高 pH 的侵害（戴凌燕 等，2015）。研究发现三叶鬼针草对 Cd、Pb 复合胁迫的忍耐机制主要为增加体内草酸、苹果酸和柠檬酸的含量，通过这些低分子量有机酸对重金属的螯合，从而达到降低重金属毒害的作用（谌金吾，2013）。在干旱、盐渍、低温等胁迫下，许多有机酸（如脯氨酸）通常作为渗透保护剂，起到调整植物细胞蛋白和渗透压的作用，进而维持细胞膜的稳定。但是，有研究表明脯氨酸在拟南芥植株中积累是对干旱的响应，而不是对高温胁迫或干旱、高温复合胁迫的响应，在高温、干旱复合胁迫条件下蔗糖会代替脯氨酸积累起到渗透保护作用，以保护过度活跃和敏感的线粒体免受潜在毒性吡咯-5-羧酸盐积累的影响（Mittler et al.，2006）。此外，Cvikrova 等（2013）的研究表明，脯氨酸可能通过调节多胺生物合成而参与烟草免受干旱、高温复合胁迫的影响。

除脯氨酸、草酸、苹果酸之外，氨基酸类物质不仅可以作为蛋白质合成的底物，还可以促进植物从胁迫中迅速恢复正常代谢及渗透压平衡。金蕊（2016）对马齿苋的研究表明，高温、干旱复合胁迫过程中马齿苋中有大量氨基酸积累，包括谷氨酰胺、鸟氨酸、酪氨酸、缬氨酸和色氨酸等。这些结果表明，在有机酸的响应水平上，复合胁迫相对于单一胁迫的作用存在一些特殊性。

2.6.3　复合胁迫影响药用植物次生代谢及生理响应的机制

在复合胁迫条件下，植物通过复杂的信号通路网络调控次生代谢产物的生物合成，通常在基因表达、激素和抗氧化系统的应答等水平产生复杂的适应性机制。

1. 基因表达对次生代谢产物的调控及对复合胁迫的响应

复合胁迫通过调节次生代谢途径中关键酶活性和基因表达量来调控次生代谢产物生物合成，其过程涉及多种合成酶、信号分子和相互作用因子。次生代谢产物的主要合成途径包括以下 4 种：主要合成醌类的乙酸-丙二酸途径；合成木质素、香豆素等的莽草酸途径；合成生物碱的氨基酸途径；主要合成萜类、甾体的类异戊二烯途径。

研究盐渍和干旱单一胁迫及复合胁迫对藏大麦酚类化合物代谢过程的影响发现，黄酮合成通路上的谷胱甘肽 S 转移酶（glutathione S-transferase，GST）活性和 *GST1* 基因的转录水平仅在干旱和盐渍复合胁迫条件下被诱导上升（Ji et al.，2010）；多酚氧化酶（polyphenol oxidase，PPO）活性在单一胁迫及复合胁迫条件下均有增加，其具有氧化和减少酚类化合物等有毒物质的能力，而这些有毒物质通常是在盐胁迫下积累的，*PPO* 基因可以诱导植物抵御不同环境的胁迫，尤其是应对水分胁迫。而肉桂醇脱氢酶（cinnamyl alcohol dehydrogenase，CAD）活性仅在干旱和盐渍复合胁迫条件下上调，*CAD* 基因转录水平上升表明肉桂醇合成能力加强，并被认为是一种植物木质化的特异性标记。植物在受到环境胁迫条件下木质素的生物合成有助于提高植物酚类化合物和碳水化合物的代谢水平。在干旱和盐渍复合胁迫条件下，抗性品种相较于野生型有更高的莽草酸脱氢酶（*shikimate dehydrogenase*，*SKDH*）、*CAD* 基因转录水平，表明这些基因可能在抵御胁迫中起到了重要的作用。苯丙氨酸解氨酶（phenylalnine ammonialyase，PAL）会激活苯丙氨酸合成途径的后续反应，从而产生特定的苯丙衍生物，如苯酚和黄酮类化合物。*PAL* 表达的增加可能与干旱和盐渍复合胁迫条件下的特定蛋白合成有关。此外，重金属胁迫实验也得到了类似的结果，在 Cd 和 Zn 的复合胁迫条件下秋茄根中 SKDH、CAD 和 PPO 活性相较于单一胁迫显著增强，表明在 Cd 和 Zn 复合胁迫下 SKDH、CAD、PPO 诱导了木质素和酚类生物合成，参与清除过量的 ROS，进而提高对 Cd、Zn 胁迫的耐受性（Chen et al.，2019b）。

大量研究表明，Ca^{2+} 在逆境条件下参与植物次生代谢的调控，可以激活某些植物次生代谢途径中关键酶的活性。卢克欢等（2018）的研究表明，UV-B 辐射胁迫可使托品烷类生物碱合成途径中 3 个关键酶腐胺 *N*-甲基转移酶（putrescine N-methyltransferase，PMT）、托品酮还原酶 I（tropinone reductase I，TRI）和莨菪碱 6β-羟基化酶（hyoscyamine 6β-hydroxylase，H6H）编码基因中 *TRI* 基因表达上调，但是 *PMT*、*H6H* 基因表达下调，经外源 Ca^{2+} 处理后，*PMT*、*TRI* 和 *H6H* 基因的表达量均有不同程度的上调，从而有利于莨菪碱和东莨菪碱的积累。说明 UV-B 辐射和外源 Ca^{2+} 复合胁迫可以通过提高 *PMT*、*TRI*、*H6H* 3 个基因的相对表达量来提高莨菪碱与东莨菪碱的合成。类似的，研究表明在盐胁迫下经外源硝普钠 SNP（sodium nitroprusside）处理，植物铵态氮含量显著降低，硝态氮、游离氨基酸、可溶性蛋白质含量和氮代谢关键酶谷氨酰胺合成酶（glutamine synthetase，GS）、谷氨酸脱氢酶（glutamate dehydrogenase，GDH）和硝酸还原酶（nitrate reductase，NR）活性显著升高，次生代谢途径中的前体氨基酸及多胺含量均有不同程度的上升；盐渍和外源 SNP 复合胁迫相较于单一胁迫可有效提高颠茄次生代谢途径中的关键酶基因 *PMT*、*TRI*、*H6H* 的表达量，从而使莨菪碱和东莨菪碱产量增加。

3-羟基-3-甲基戊二酸单酰辅酶 A 还原酶（3-hydroxy-3-methyl glutaryl coenzyme A reductase，HMGR）、1-脱氧木酮糖-5-磷酸还原酶（1-deoxy-D-xylulose 5-phosphate reductoisomerase，DXR）和脂氧合酶（lipoxygenase，LOX）的活性调控着萜烯类化合物的合成，在防御反应中发挥重要应激防御作用。汪俊宇等（2018）通过高温、干旱复合胁迫处理'波叶金桂'的研究表明，在单一胁迫及复合胁迫条件下萜烯类生物合成关键酶 HMGR、DXR 的活性表现出先上升后下降，而适度复合胁迫下 LOX 相较于单一胁迫有较高的活性，在重度复合胁迫条件下萜烯类化合物的合成途径受阻导致次生代谢产物含量降低。

以上结果阐明了复合胁迫调控次生代谢产物合成的机制，复合胁迫通过影响次生代谢途径的关键酶活性及基因的表达来调控次生代谢产物的含量。同时，次生代谢相关的合成酶本身也具有良好的抗逆活性，如活性氧清除等。部分酶偏码基因仅在复合胁迫下被特异性上调或对胁迫具有偏好性，显示出复合胁迫对于药用植物次生代谢研究的重要意义。

在复合胁迫条件下，植物通常整合不同的信号通路及分子调控网络等来响应复合胁迫，为了深入分析这种系统性的响应机制，需要联合多组学方法分析。随着转录组测序等分子生物技术的不断发展，大量的研究报道了复合胁迫对植物分子水平的影响，表明受到单一胁迫及其复合胁迫作用的植物往往会产生不同的基因转录物，引起基因差异化表达。如拟南芥在干旱、高温单一胁迫及复合胁迫下的转录组研究表明，相较于单一胁迫，复合胁迫下植株有包括编码热激蛋白（heat shock protein，HSP）、MYB（v-myb avian myeloblastosis viral oncogene homolog）转录因子、蛋白激酶、活性氧清除酶、脂质生物合成酶及淀粉酶等 770 多种基因差异化表达。刘丹等（2017）的研究表明，相较于单一胁迫，红砂在干旱和 UV-B 辐射复合胁迫作用下，特异性地诱导了 356 个基因表达上调和 248 个基因表达下调，复合胁迫下 GO（gene ontology，基因注释）功能注释特异性显著富集的 6 项条目中，其中两项与光合作用相关（固碳作用和光系统 II），还有 3 项与植物抗逆的次生代谢相关（四吡咯代谢过程、四吡咯生物合成过程和含卟啉化合物代谢过程），表明相对于单一胁迫，复合胁迫对光合过程和次生代谢过程影响更加显著，从差异表达的基因数量也可以体现植物对复合胁迫响应的复杂性（Prasch and Sonnewald，2013）。为了了解植物对生物和非生物复合胁迫的响应机制，研究者用拟南芥开发了一种干旱、高温及病毒等多因子复合胁迫实验系统。利用多组学的研究方法发现，有 11 个基因在所有胁迫中均差异表达，23 个基因在三重复合胁迫下被特异性调控；此外，病毒侵染后出现的防御基因表达增强现象在遭受高温和干旱胁迫后被消除。上述结果表明，非生物胁迫改变了植物响应病毒的特异性信号网络，导致植物防御系统失活和对病毒的敏感性提升。

另有研究发现抗坏血酸过氧化物酶 1（aseorbate peroxidase1，APX1）编码基因是拟南芥植株对干旱和高温复合胁迫耐受性的特异性基因，当 *apx1* 缺失突变体受到复合胁迫作用时，其对复合胁迫的敏感性明显高于野生型，表明胞质中 APX 蛋白在植物适应干旱和高温复合胁迫过程中起关键作用（Koussevitzky et al.，2008）。此外，通过干旱和短时间高温复合胁迫处理大麦的实验结果表明，作为其他蛋白的保护机制，热激蛋白 HSP70、HSP90 等分子伴侣大量表达，而单一胁迫无法诱导这些蛋白的特异性表达。在干旱和高温复合胁迫下的表达水平总体上也大于单一胁迫下的表达水平（Ashoub et al.，2015）。以上结果表明，植物在转录水平上对复合胁迫及单一胁迫的响应存在着差异，同时，单个基因的特异性响应也在植物抵御复合胁迫的过程中起到了重要的作用。

2. 生理生化水平的应答

1）植物激素

常作为信号转导物质的植物激素如脱落酸（abscisic acid，ABA）、水杨酸（salicylic acid，SA）、茉莉酸（jasmonic acid，JA）等，在植物应答复合胁迫的过程中起到了重要的作用。近年来 ABA 的作用成为非生物胁迫响应研究中的热点，在高温、低温、干旱、盐渍等多种胁迫条件下，ABA 含量都会显著增加，ABA 作为一种胁迫激素或信号转导物质来调节植物对环境胁迫的适应性，有研究表明 ABA 是交叉适应的作用物质之一（Ma et al.，2018）。ABA 可以通过提高 RD22（responsive to dehydration 22）、RD29A（responsive to dehydration 29 A）、COR15A（cold regulated gene 15 A）、P5CS（delta1-pyrroline-5-carboxylate synthase，P5CS）等编码基因的表达来增强对干旱和高温的耐受性（Xiong and Yang，2003）。Zandalinas 和 Mittler（2022）研究拟南芥在高温、干旱复合胁迫下的响应表明，在复合胁迫条件下，ABA 缺失突变体在气孔关闭的过程中，叶片中 H_2O_2 含量较高，结果提示 H_2O_2 是促进野生型和 ABA 缺失突变体气孔关闭的重要信号转导物质，ABA 在调节 *APX1* 和 *MBF1C*（*multiprotein-bridging factor 1C*）含量中起到关键作用；Suzuki 等（2014）的研究表明，相较于单一胁迫，拟南芥 ABA 缺失突变体在复合胁迫下受到了更严重的伤害，ABA 可能通过调控相关基因表达或调节气孔开闭等来应答复合胁迫。JA 也是植物耐受复合胁迫的关键信号转导物质，对 JA 缺失突变体 *aos* 进行不同条件的处理发现，与对照和单一胁迫组相比，高温和高光强复合胁迫会导致更高比例的叶片损伤及死亡，且植株存活率仅有 49%，远低于野生型复合胁迫处理组的 75%。此外，ABA 和 SA 缺失突变体 *aba2* 和 *sid2* 在同等条件下的表型与对照并无显著性差异，表明 JA 响应通路是植物耐受高光强和高温胁迫的关键途径（Balfagón et al.，2019）。张朝明（2017）的研究表明，在高温和高光强的复合胁迫下，SA 通过提高抗氧化酶活性，降低了过氧化损伤，保护了光系统Ⅱ，缓解了胁迫对小麦的伤害。Gupta 等（2017）研究发现，在干旱及丁香假单胞菌单一胁迫条件下，ABA 和 SA 在拟南芥抵御胁迫过程中起到了重要调控作用，而在复合胁迫条件下，JA 和 SA 代替了 ABA 响应复合胁迫的作用。

　　此外，植物可以通过协调内源激素以增强抵御复合胁迫的能力，如相较于每种胁迫单独作用，在土壤紧实和淹水复合胁迫下生长素（auxin）IAA/ABA、赤霉素（gibberellin）GA/ABA、玉米素（zeatin）ZR/ABA 比值显著降低，而 IAA/ZR 比值升高，使植物在胁迫下表现出适应性（刘美娟 等，2021）。

　　2）抗氧化系统

　　植物在遭受环境胁迫时，会大量产生自由基和活性氧，引发膜质过氧化作用而使细胞膜受到损伤，影响植物生长（贾鑫，2016）。植物通过形成一整套防御机制来应对活性氧的损伤，其中抗氧化酶保护系统是植物适应胁迫的重要生理机制，超氧化物歧化酶（superoxide dismutase，SOD）、过氧化氢酶（catalase，CAT）、过氧化物酶（peroxidase，POD）是抗氧化酶系统中控制植物体内活性氧积累最主要的酶。近年来的研究表明，活性氧响应转录组表达升高是复合胁迫适应机制的关键因素，较高的抗氧化能力与植物的复合胁迫耐受有密切的关系。刘海涛等（2019）研究混合盐、羧基化多壁碳纳米管单一胁迫及复合胁迫下水稻响应规律，结果显示羧基化多壁碳纳米管单一胁迫对叶片活性氧影响不明显，而复合胁迫组则大量诱导了 O_2^- 和 H_2O_2 积累，活性氧作为信号分子诱导了各部分抗氧化酶（CAT、SOD、POD）浓度升高。有的复合胁迫在对植物造成伤害的同时也严重破坏了抗氧化酶系统。许娜等（2014）研究了 Pb 和 Cd 单一胁迫及复合胁迫下鱼腥草对逆境的响应规律，结果显示，与单一胁迫相比复合胁迫显著降低了 SOD 和 POD 的活性，体现在 Pb 和 Cd 交互作用加重了鱼腥草的重金属毒害。此外，李黎等（2017）的研究表明，抗氧化酶系统在不同单一胁迫及其复合胁迫条件下也存在特异性，干旱胁迫诱导 CAT、谷胱甘肽过氧化物酶（glutathione peroxidase，GPX）的产生，高温胁迫促使 APX 和硫氧还蛋白过氧化物酶（thioredoxin peroxidase，TPX）的含量提升，而干旱、高温的复合胁迫特异性地诱导了交替氧化酶（alternative oxidase，AOX）、谷胱甘肽还原酶（glutathione reductase，GR）和 GST 的大量产生。

　　非酶类抗氧化物在植物抵御复合胁迫的过程中也起到了重要的作用。还原型抗坏血酸（ascorbic acid，AsA）、还原型谷胱甘肽（glutathione，GSH）是 AsA-GSH 循环中重要的抗氧化剂，它们主要通过清除植物体内积累的活性氧及自由基提高植物的抗逆性（吕新民 等，2016）。王金缘等（2018）研究表明，相较于单一胁迫，水稻在干旱和盐渍复合胁迫条件下通过提高 AsA 和 GSH 的含量来增强植物对环境胁迫的抗性。此外，低浓度的 Mg、Zn、Se、As 等矿物质也能起到很好的抗氧化作用，Srivastava 等（2009）研究了 As 和 Se 的单一胁迫及复合胁迫对蜈蚣草的作用，发现 Se 可以作为一种抗氧化剂，抑制蜈蚣草体内的脂质过氧化反应，增加巯基和谷胱甘肽的含量，从而减轻 As 对蜈蚣草的毒害。

　　综上所述，植物在受到胁迫的过程中往往会形成一整套复杂的机制来抵抗胁迫的作用。感受胁迫后，植物首先通过激素、活性氧、Ca^{2+} 等信号分子进行信号转导，进而调控关键抗逆基因的表达，然后导致功能蛋白、酶、代谢产物等抗逆物质的大量产生或植物表型的改变，多途径共同响应胁迫的作用。复合胁迫对植物的影响具有的复杂性和特殊性，仅通过单一胁迫处理往往难以推断，复合对植物影响胁迫的特殊性也在于其作用于植物后可诱导植物基因特异性表达，进而产生独特的适应性。

第3章
中药生态农业的常规技术

3.1　中药材野生抚育技术

3.1.1　中药材野生抚育的概念

中药材野生抚育是根据动植物药材生长特性及对生态环境条件的要求，在其原生或相类似的环境中，人为或自然增加种群数量，使其资源量达到能为人们采集利用，并能继续保持群落平衡的一种药材生产方式。中药材野生抚育包括药用植物和药用动物野生抚育，其中药用植物野生抚育也称半野生栽培。

中药材野生抚育是一种新兴的中药材生态产业模式，是环境友好型中药资源再生技术，在药材生产方面有着很好的发展前景，能够提供近乎无污染、不变性的绿色药材，人力参与少，与普通的农业生产差别大，有效解决了如下矛盾：①药材采集与资源更新的矛盾；②野生药材供应短缺与需求不断增加的矛盾；③药材生产与生态环境保护的矛盾；④当前利益与长远利益的矛盾。中药材野生抚育能较好保护珍稀濒危药材，促进中药资源的可持续利用。

3.1.2　中药材野生抚育的特征

中药材野生抚育具有如下特征。①具有明显的经济学特点。抚育的目的是增加目标药材种群数量，给人类提供可采集利用的中药资源，由此区别于单纯的生物多样性保护、自然保护区建设或植被恢复。②中药材野生抚育的场地是动植物原生环境，不同于在退耕还林等人工林下栽培中药材。③野生抚育种群数量增加可以在种群遭到破坏或没有遭到破坏的基础上进行，而植被恢复指已遭到破坏的植被重新生长和恢复。④野生抚育种群数量的增加方式有两种，一是人工栽植，二是创造条件，令原有野生种群自然繁殖更新。⑤野生抚育增加了目标药材种群的数量，改变了群落中各物种的数量组成，但群落的基本特性未改变（陈士林 等，2004）。

3.1.3　中药材野生抚育的基本方式

中药材野生抚育的基本方式有封禁、人工管理、人工补种、仿野生栽培等。在生产实践中，因药材种类、药材所处的自然社会经济环境及技术研究状况不同，采用其中的一种或多种方法。

封禁指以封闭抚育区域、禁止采挖为基本手段，促进目标药材种群的扩繁。即把野生目标药材分布较为集中的地域通过各种措施封禁起来，借助药材的天然下种或萌芽增加种群密度。封禁的措施有划定区域、采用公示牌标示、人工看护、围封等各种方式。

人工管理指在封禁基础上，对野生中药材种群及其所在的生物群落或生长环境施加人为管理，创造有利条件，促进中药材种群生长和繁殖。

人工补种指在封禁基础上，根据野生药材的繁殖方式和繁殖方法，在中药材原生地人工栽种种苗或播种，人为增加药材种群数量。

仿野生栽培指在基本没有野生目标药材分布的原生环境或相类似的天然环境中，完全采用人工种植的方式，培育和繁殖目标药材种群。仿野生栽培时，中药材在近乎野生的环境中生长，不同于中药材的间作或套作。

3.1.4　中药材野生抚育研究技术体系

中药材野生抚育是一项系统工程技术，采用了中药资源学、生态学、药用植物栽培学、道地药材学等学科的原理和方法，是多学科交叉的新兴研究领域。

1. 野生抚育的基础研究

1）资源学研究

资源学研究为中药材是否适合野生抚育及抚育基地确定提供依据。主要研究内容有药材资源储量、可采收量，药材质量与种质、产地、气候、土壤、地理地貌等的关系，资源合理采收期及可持续采集方法等。核心是药材的道地性研究，即以准确定量的数据揭示药材道地性成因，为野生抚育基地确定提供准确依据。

2）生物学研究

生物学研究主要研究原生环境中野生中药材生活史、繁殖特性、种群更新机制、收获器官生长发育规律等。掌握原生环境中药材生长发育的基本特性，是确定药材野生抚育方法的基础，是野生抚育的前提和关键。

3）生态学研究

抚育中药材种群处于复杂生物群落中，种群的繁殖、生长发育和种群更新时刻受到其他生物种群及各种生态因子的影响。野生抚育生态学研究主要涉及以下几个方面。①生态因子与抚育种群关系研究。生态因子有温度、光、水、气、坡向、坡度、海拔、土壤等，其中光、温度、水及土壤因子是研究重点。②种群生态研究。包括种群数量的时空动态、数量调节、生活史对策、种内与种间关系等。③药材种群所处生物群落生态研究。研究内容包括群落的组成与结构、群落的动态与控制等。

2. 抚育方法学研究

抚育方法学研究是中药材野生抚育研究的核心。抚育方法主要包括以下几个方面：①针对抚育药材的资源学、生物学和生态学基本特性，应用中药材栽培学方法和手段，确定野生抚育的基本方式；②抚育药材种群增加的繁殖方法；③种群生长过程的管理方法；④合适药材采挖方法；⑤种群可持续更新方法；⑥生物群落动态平衡保持方法；⑦生态环境保护方法等。

3. 抚育基地管理学研究

野生抚育药材基地建设不仅涉及抚育药材生长管理，还涉及生态环境保护、当地群众采挖野生药材习惯的管理、药材集约化采挖等，是一项包含经济、生态和社会因素在内的系统工程。为此，需要加强基地管理机制等方面的研究，以保证基地顺利运转，达到抚育目的。

3.1.5　中药材野生抚育的意义与优势

1. 提供高品质的道地野生中药材

野生抚育中药材在原生环境中生长，人为干预少，不易发生病虫害，远离污染源，产品为近乎天然的野生药材，道地性好。

2. 能较好保护珍稀濒危药材，促进中药资源可持续利用

物种保护的主要措施有"就地保护"和"迁地保护"。就地保护是物种保护最为有力和最为有效的保护方法，它不仅保持了物种正常的生长发育、物种在原生环境下的生存能力及种内遗传变异度，还保护了包括物种、种群和群落的整个生态环境。野生抚育是药用植物资源迁地保护、就地保护及栽培三者的有机结合。通过合适的药材采挖方法，种群自然繁殖或及时补种，实现了抚育药材种群的可持续更新，较好地保护了珍稀濒危药材及其生物多样性。

3. 有效保护中药资源生长的生态环境

野生抚育模式下中药材采挖和生产是在生物群落动态平衡的基础上进行，野生抚育基地药材所有权专有化克服了野生药材滥采滥挖对生态环境的严重破坏，实现了药材生产与生态环境保护的协调发展。

4. 有效节约耕地，以低投入获高回报

野生抚育不占用耕地，只在补种和中药材生长过程中实施最低限度的人为干预，充分利用了药材的自然生长特性，大幅降低了人工管理费用。

3.1.6　中药材野生抚育的生理生态学方法研究

中药材野生抚育的生理生态学不是全面的植物生理生态学研究，而是从抚育的目的出发针对性地进行抚育基地选址、优良品种选育、种群密度优化、数据模型产量预测及采收期确定等方面的研究。

1. 基地选址

"生理生态特性决定其演替状况和生境选择"的假说说明了药用植物野生抚育的基地选择对抚育的成功至关重要，它是药用植物生长所依赖的基础环境。植物生态型是道地药材形成的生物学实质，所以基地选址主要应从气候生态学、群落生态学、土壤生态学等方向进行研究。对分布区进行跟踪调查，对符合药用植物增长型的种群进行环境因子的监测，以研究多种因子对植物生理功能的影响，找出关键限制因子，从而筛选出符合条件的基地。

2. 优良品种选育

品种选育有两种方式：优良种质筛选和杂交育种。目前中药材品种选育主要还是停留在优良种质筛选上，虽然选择育种在中药材新品种选育中取得了一些成功，但大多数中药材自身生长周期长，育种过程烦琐，同时品种选育过程中存在品种退化的问题。因此，在中药产业化进程中杂交培育优良品种就更为显得意义重大。

3. 种群密度优化

合理调节种群密度是野生抚育产业化中一个重要的内容，药用植物野生抚育不是普通的人工栽培，涉及面积大、植物种类多、关系复杂，它以目标药用植物的总量求发展，因此在种群密度的调查与跟踪上不可能进行全面的普查，可以运用样方调查和数据测量，结合数学模型预测种群的动态变化。根据药用植物本身的特点，综合目前几种模型，将平均单株基部面积（S）和植株平均高度（H）应用于种群不同立地条件下不同发育阶段的密度调节模型，可知药用植物种群密度调节规律，其计算公式为 $N=\exp(a_1 H^{b_1}\ln^2 S + a_2 H^{b_2}\ln^2 S + a_3 H^{b_3})$。式中，$N$ 表示种群密度（株/hm^2）；S 为平均单株基部面积（cm^2）；H 为植株平均高度（cm）；a_1、a_2、a_3、b_1、b_2、b_3 为待定参数。

3.1.7　中药材野生抚育的应用范围

与中药材栽培和野生药材采集相比，中药材野生抚育存在独特优势，代表了药材生产的一个新方向。但在考虑是否采用野生抚育生产药材时应注意以下几点：①野生抚育技术研究需有一定基础；②采用自然繁殖或人工补种可以较快增加种群数量；③抚育措施能明显增加药材产量或提高药材质量；④抚育措施现实可行；⑤能有效控制抚育基地药材的采挖。

据此，野生抚育较适合如下种类的药材：①目前人们对其生长发育特性和生态条件认识尚不深入、生长条件较苛刻、种植（养殖）成本相对较高的野生药材，如川贝母、雪莲、冬虫夏草等；②人工栽培后药材性状和质量会发生明显改变的药材，如防风、黄芩（枯芩）、人参等；③野生资源分布较集中、通过抚育能迅速收到成效的药材，如连翘、龙血树等。

3.2　中药材仿生栽培技术

3.2.1　中药材仿生栽培的概念

仿生农业是现代农业的重要改革，当前世界各国对这方面的研究方兴未艾。仿生栽培（bionic cultivation）是指利用田间工程技术模仿生物结构和功能进行再创造，模仿生物自然规律栽培植物的一种方法。这种栽培方法是在对植物的生理、生态特性均有深入了解的基础上，模拟植物个体内在的生长发育规律，以及植物与外界环境的生态关系进行的栽培。中药材仿生栽培是指根据药用植物生长发育习性及其对生态环境的要求，吸取传统农业的精华，运用系统工程方法再现药用植物与外界环境的生态关系，来进行的中药材集约化生产与管理。

中药材仿生栽培的目标是根据药用植物生理和生态特性，主要从田间生态工程技术着手，采用现代农业生产技术，在不违背自然规律的基础上，通过仿生栽培，优化生态环境，改善药用植物的生理状况，促进生产系统物质和能量的转化，以提高生产力，达到最佳效果，并以此克服一些气象灾害，减轻中药材栽培上的短期行为对药材生长所造成的影响，保证药材的质量和产量，使药材的品质和疗效达到或接近野生药材的水平，从而显著提高生产效益，实现中药资源的可持续利用和中药农业的持续稳定发展。采用现代农业生产种植技术，模拟野生药用植物群落的自然生态系统，开展中药材的仿生栽培，是中药材规范化栽培的一种新模式，在中药农业上日益受到重视。

3.2.2　中药材仿生栽培的基本特征

中药材仿生栽培是一种生态种植模式，同传统中药材生产相比，中药材仿生栽培具有地域性、安全性和效益性等基本特征。

1. 地域性

中药材仿生栽培的地域性在生产中主要表现为中药材的"道地性"。适生地的选择是决定中药材仿生栽培成功的最重要的一个因子。"诸药所生，皆有其境界"（《本草经集注》），中药材中的"道地"观念贯穿于中药材生产的全过程，道地产地是公认的药材优生地。因此，中药材仿生栽培必须选择在道地产区或与道地产区生态特征近似的地区，并且生产较为集中，采收加工技术比较讲究，适合在有一定栽培技术基础的地区进行栽培。只有对一个地区的这些特性进行全面的调查和分析以后，考虑到自然条件的适合性、技术条件的可行性和社会与经济条件的合理性，因地制宜，才能建立起最佳的中药材仿生栽培方式。

2. 安全性

安全性主要包括以下 5 个方面。①进行中药材仿生栽培的基地须选在大气、水质、土壤无污染地区，其周围一定范围内没有各种污染源，并远离工矿业生产区、大城市、主要交通干线等区域，以保证中药材生产具有良好的生态环境质量。②进行中药材仿生栽培时，主要通过施用有机肥来提高土壤肥力，改善土壤结构，减少化肥施用量；并通过物理和生物防治方法来防治病虫、杂草，减少农药和除草剂的使用，从而避免药材受重金属、农药残留和微生物等有毒成分污染。③进行中药材仿生栽培时，通过优化生态环境，调节药用植物的生理状况，促进其有效成分形成，从而使药材的品质和疗效达到或接近野生药材的水平，保证临床用药的安全有效。④实行中药材仿生栽培可保持基地药材生产力不易受外界因素变动而频繁变化，保证药材质量和产量的稳定，从而促进中药临床用药的稳定性。⑤实行中药材仿生栽培是清洁生产，减少人为活动对生态环境的破坏，促进生态系统的良性循环，保证了生态环境的安全。

3. 效益性

首先，实行中药材仿生栽培可为中药产业发展提供优质的原材料，使中药材生产比从事其他产业有更高的经济效益或是地方产业的重要补充或产业链环节，成为中药材种植产区的重要的经济支柱，并在一定程度上带动当地旅游、出口创汇等行业的发展，经济效益显著。其次，中药材仿生栽培是一种生态种植模式，它是在遵循自然规律和经济规律的前提下，全面规划，整体协调生产系统内部各生产要素之间的平衡，注重生产系统结构的优化、能量物质高效率运转和输入输出平衡，并通过各项生态效率的提高，克服系统功能的失调、阻滞、内耗与浪费，实现中药材生产的优质、高效、低耗和良性循环，促进中药资源的可持续利用，生态效益显著。最后，实行中药材仿生栽培有利于中药材道地产区地方农业产业结构的调整，有利于农民增收和农村劳动力再利用，有利于道地产区传统文化和产业的继承与发展，因此社会效益也非常显著。即中药材仿生栽培注重社会、经济和环境的整体同步可持续发展，即在保证环境不遭破坏和自然资源永续利用的基础上，使中药材生产能得到健康、稳步、协调的发展，最终实现生态效益、社会效益和经济效益的统一。

3.2.3　中药材仿生栽培的基本生产原理

中药材仿生栽培是利用田间工程技术模仿药用植物生长发育习性和对生态环境的要求进行再创造的过程。要实现中药材的仿生栽培，提高药材的质量和产量，必须要注意以下基本生产原理。

1. 整体效应原理

仿生学的基本研究方法使它在生物学研究中表现出一个突出的特点，就是整体性（杜家纬，2004；邓爱华，2004）。从仿生学的整体来看，它把生物看成是一个能与内外环境进行联系和控制的复杂系统。它的任务就是研究复杂系统内各部分之间的相互关系，以及整个系统的行为和状态。生物最基本的特征就是生物的自我更新和自我复制，它们与外界的联系是密不可分的。生物从环境中获得物质和能量，才能进行生长和繁殖；生物从环境中接受信息，不断地调整和综合，才能适应和进化。长期的进化过程使生物获得结构和功能的统一、局部与整体的协调与统一。

中药材仿生栽培就是要研究中药材生物体与外界刺激（生态环境）之间的定量关系，从而对整个栽培生产系统的结构进行优化设计，利用系统各组分之间的相互作用及反馈机制进行调控，使总体功能得到最大限度的发挥，从而提高整个生产系统的生产力及其稳定性。即着重于数量关系的统一性，才能进行模拟。为达到此目的，采用任何局部的方法都不能获得满意的效果。因此，中药材仿生栽培必须着重于整体效应。

2. 生态位原理

生态位（ecological niche）是指生物在生物群落或生态系统中的作用和地位，以及与栖息、食物、天敌等多环境因子的关系。每个物种都有自己独特的生态位，借以跟其他物种做出区别。在自然条件下，各种生物种群在生态系统中都有理想的生态位，随着生态演替的进行，生物种群数目的增多，生态位丰富并逐渐达到饱和，有利于系统的稳定。而在中药材栽培基地的生态系统中，由于人为措施，其田间生物种群单一，存在许多空白生态位，容易被杂草、病虫及有害生物侵入占据，因此需要人为填补和调整。

中药材仿生栽培就是要利用生态位原理，使田间生产系统中生态位充实和功能高效，从而增强栽培系统的稳定性，提高整个生产系统的生产力。中药材仿生栽培要注意以下两个方面：一方面在中药材田间生产系统中要把中药材适宜的伴生生物（包括植物、动物和微生物）引入到生态系统，以填补空白生态位；另一方面是尽量在中药材田间生产系统中使不同物种占据不同的生态位，防止生态位重叠造成的竞争互克，使各种生物相安而居，各占自己特有的生态位，如立体种植、种养结合等。

3. 生态幅原理

美国生态学家谢尔福德（Shelford）于 1913 年提出耐受性定律（Shelford's law of tolerance），即任何一种生态因子对每一种生物都有一个耐受性范围，范围有最大限度和最小限度（或称"阈值"），如果当一个或几个生态因子的质或量，低于或高于生物的生存所能忍受的临界限度时，生物的生长发育和繁殖就会受到限制，甚至引起死亡。其中，这种接近或超过耐受性上下限的生态因子称作限制因子。且低于某种生物需要量的任何特定因子，是决定该种植物生存和分布的根本因素，即符合李比希最小因子定律（Liebig's law of the minimum）。但对生物起作用的诸多因子是非等价的，其中必有一到两种是起主要作用的主导因子。每一个物种对各个生态因子适应范围的大小即生态幅（ecological amplitude）（曹凑贵，2006）。在生态幅中有一最适区，在最适区内生物体的生理状态最佳，生长发育良好，繁殖率最高，数量最多。但自然界中生物往往不处于最适环境中，这是因为生物间的相互作用（如竞争）妨碍它们利用最适的环境条件。生态幅反映了生物对环境因素的适应能力，它是由生物体遗传性决定，并受环境因子影响。通过自然驯化或人为驯化，生物对各生态因子的耐受性可变，使适宜生存范围向上、下限发生移动，形成新的最适度去适应环境的变化。这种驯化过程通过生理调节实现，即通过酶系统调整，改变了生物的代谢速率，从而扩大生物对生态因子的耐受范围，提高对环境的适应性。应当注意，这种内稳态只是扩大了生物生态幅的适应范围，并不能完全摆脱环境的限制。

进行中药材仿生栽培时要充分考虑生物生态幅原理，弄清中药材生长发育和品质成分形成的限制因子，并遵循最小因子定律，不违背各种自然规律，利用各种田间工程技术调节生产系统中各生态因子在药用植物的适宜生态幅内，协调各限制因子，以促进药材的生长发育，提高药材质量和产量。药材品质的形成是基因型与环境之间相互作用的产物，可用公式表示：表型=基因型+环境饰变，其中表型是指药材可观察到的结构和功能特性的总和，包括药材性状、组织结构、有效成分含量及疗效等。不少研究证实逆境会促进植物次生代谢产物的积累和释放。而中药材的药效成分通常都是次生代谢产生的小分子化合物，如酚类物质（黄酮、酚酸等）、生物碱、萜类等。因此，药用植物积累次生代谢产物所需的适宜生境与其生长发育的适宜生境可能并不一致，甚至相反，即药用植物生态适宜性概念与普通生物的生态适宜性概念并不完全相同。为此，黄璐琦和郭兰萍（2007）明确提出逆境能促进道地药材的形成，并进一步指出道地药材的这种"逆境效应"，可能导致其道地产区在物理空间上位于其整个分布区的边缘，并由此产生"边缘效应"。因此，在中药材仿生栽培时，我们还需根据药用植物有效成分次生代谢的生理生态基础，利用各种田间工程技术适当制造一些"生态逆境"来对药用植物进行人为驯化，调整其生态幅，从而促进药效成分的形成，提高药材质量。

4. 生物种群相生相克原理

任何一个生物和同种的其他个体，或和异种的个体之间，以及和所在的自然环境之间，必然有着生存竞争。就植物而言主要是指个体之间为获得水分、养分和阳光等进行的竞争。同时，植物之间还存在着化学方面的相互作用，即化感作用（allelopathy）。自然生态系统中的多种生物种群在其长期进化过程中，形成对自然环境条件特有的适应性，并形成相互依存、相互制约的稳定平衡。但在中药材栽培时，由于人为措施造成物种相对比较单一，而大多数物种存在着专业化利用各种生物种群的相生相克现象，因此需组建合理高效的复合系统（如立体种植、间作和混作等），从而在有限的空间、时间内容纳更多的生物种，生产出更多的产品。

药用植物与其他植物的根本区别在于它们含有特定的生理活性物质，而这些物质又往往是植物的次生代谢产物，并分布在药用植物的各个器官，如根、茎、叶、花、果实、种子等，这一特点与植物能产生化感作用是一致的，所以药用植物更易产生化感物质，从而发生化感作用，而且产生的化感物质对中药材产量和质量的影响更为强烈（周洁 等，2007）。同时，中药材栽培在追求药材质量的同时，可能会进一步加剧植物化感作用。

中药材仿生栽培时，药用植物之间、药用植物与其他生物之间合理的种群格局是至关重要的。可采用农学上普遍运用的多熟制种植（间作、套作、混作、复种）及立体种植等种植方式，利用不同物种间的竞争互补关系来建立合理的群体结构，实现中药材高效生产的目的。同时，利用生物种间的相克作用，通过在田间种植绿肥或伴生植物及使用生物农药和仿生农药，可有效控制田间病虫草害。另外，我们还需运用现代生态学理论，研究中药材生产中的化感作用与连作障碍问题，采用轮作、混作、休养、晒田（夏晒、冬冻）、灌水、换土、合理施肥、接种内生真菌等物理和生物技术手段，促进药用植物的生长发育，提高药材质量和产量。

3.2.4　中药材仿生栽培的形式及具体措施

植物生理学是合理中药农业的基础，而环境生态是开展中药农业的条件。因此，中药材仿生栽培应包括生理仿生和生态仿生两个方面。

1.　生理仿生

生理仿生指模拟药用植物的生长发育与形态建成、物质与能量代谢、信息传递与信号转导和有效成分形成与累积规律进行的栽培。

根据药用植物的生长发育与形态建成规律进行的生理仿生措施有：模拟药用植物种子发芽特性，采用人工催芽技术提高植物种子的发芽率；采用点播、条播和人工集约育苗移栽（包括苗床育苗、穴盘育苗和营养钵育苗）等农艺与工程技术措施来培育壮苗，提高种子繁殖系数，增加药用植物种群；采用切块、分株、扦插和嫁接等无性繁殖技术，缩短植物生长发育周期，提早开花结果；根据植物细胞全能性的规律，采用组织培养技术来提高珍稀药用植物的扩繁率，培养脱毒苗来恢复药用植物的优良品性；根据实生复壮规律进行药用植物实生复壮；根据药用植物雌、雄异株生理特性，人为调配田间的雌、雄株比例和采用人工授粉的农艺方法，提高药用植物成果率和结实率。

根据药用植物的物质与能量代谢规律进行的生理仿生措施有：根据药用植物水分代谢规律，采用滴灌、喷灌等工程技术进行灌水；根据药用植物光照需求规律，采用套作、间作和盖膜、搭棚、遮阴、覆网等农艺与工程技术措施，调节药用植物生长的光强、光质和光照长短；根据药用植物营养生理特性，增施有机肥，适度、合理施用化肥和 CO_2 肥，提高药用植物质量与产量。

根据药用植物的信息传递与信号转导和有效成分形成与累积规律进行的生理仿生措施有：根据药用植物养分分配规律，采用控水促根和整枝、剪叶、打顶等农艺措施，促进植株药用部位的生长发育和有效成分的累积；模拟药用植物体内内源激素及其发生规律，开发和应用生长调节物质等；根据一些药用植物寄生的特性，采用人工接种在寄主上进行栽培；根据一些药用植物与内生真菌共生和互生的特性，采用人工接种微生物的办法以促进植物生长和有效成分的合成累积。另外，一个稳定的物种，其代谢类型、生理过程和生物学性状是相互协调和相对稳定的，防止条件剧变，稳定药用植物的生理状态，也是一种生理仿生。

2. 生态仿生

生态仿生是指运用生态工程技术和现代农业科学技术再现药用植物与外界环境的生态关系进行的栽培。具体措施有：模拟药用植物生长发育环境，实行生产区划、适地适作、土壤改良、山地深翻熟化、涝洼地深沟高畦；模拟种子越冬进行低温处理或沙藏，采取人工调控光温和喷施激素等物理和化学手段打破种子休眠，提高难发芽药用植物种子的繁殖系数；模拟植物下层自然发育更新，进行荫棚育苗；利用大棚、温室等设施创造较合适的气候条件进行药用植物的保护地栽培；模拟土壤团粒结构和功能，施用土壤团粒结构促进剂，或进行沙土掺黏土或黏土掺沙；模拟土壤胶体成分和功能，增施有机质或土壤吸水剂等，这些都称为生态仿生。

在自然界，植物和其他生物一样，都不是单独存在的，而是分布在一定生物群落中。在群落中，各种生物之间，以及生物与外界环境之间存在相互协调和适应的关系，并且随着个体发育周期的变化而变化。如果对某些植物种类集中栽培，形成单一植物，它们不仅会加大种内竞争，也会因失去原来在群落中的种间协调而产生严重的病虫害。采用生物共生互惠及立体布局技术，模拟药用植物自然群落的结构和组成，创造相应的人工群落，进行综合经营、合理密植、覆盖免耕、生草栽培、建防护林、作物间套轮作等，也称为生态仿生。

模拟和利用生态系统中生物间相生相克的关系进行药用植物栽培也属仿生栽培，如采用花期放蜂、人工辅助授粉来提高药用植物结实率；采用土壤施用活体微生物肥料、接种根瘤菌或 AM 真菌来提高药用植物养分利用率；采用有害生物的综合治理技术，进行田间释放害虫天敌、使用生物仿生农药、作物间套轮作、不同耕作方法等措施来进行药用植物病虫草害防治。

合理选择种植伴生植物来防杂草、防病虫害和增加土壤养分也属仿生栽培。伴生植物是指经过特殊挑选的具有某种相生相克性状的植物，其本身不以收获为目的。豆科植物中增加种植野生植物天芥菜，不仅减少了杂草，同时还减少了病虫害。另外，在田间实行豆科作物、绿肥作物、油菜等与药材间套轮作也属生态仿生，其不仅可补充生态系统的空白生态位，防止病虫和杂草，还可以改良土壤、提高土壤肥力，实现营养元素和能量的自我维持，减少化肥、农药、除草剂等化学品的投入，促进生态系统物质与能量的良性循环和再生。

3.2.5 中药材仿生栽培的基本步骤

中药材仿生栽培是建立在特定药用植物和生态环境及一定的生产、工程技术水平和经济物质条件基础之上的。因此，药用植物的仿生栽培不可能存在一个到处可通用的栽培模式。要根据不同的药用植物种类、不同区域的生态环境条件和不同的生产力水平，采用不同的措施和方法。但各种中药材开展其仿生栽培一般要遵循以下基本操作步骤。

1. 文献资料调研

全面了解选定药用植物的已研究资料，通过文献资料检索，将所获得资料按植物学、本草学、生药学、植物化学、药理学、资源学、生态学、栽培学、开发利用及民间使用和生产经验等分别归纳整理，并写出该种药用植物的综述报告，作为对该中药材进行仿生栽培的基础背景资料。

2. 产地生态环境和物种生物学特性研究

调研选定对象的野生资源分布区及其生长有优势优质种群的原生环境的自然生境条件，其中包括海拔、地形、地势、坡度、坡向、土壤、气候（包括田间小气候），以及生物群落等详细生态环境情况。并对原生环境中药用植物的生物学特性进行调研，其中包括植物类型（乔木、灌木、草本、木本），光照、水分需求特性，植物生活史、物候期和繁殖特性，以及寄生物种和共生微生物，田间病虫害种类等。同时，对该药用植物的不同种、亚种、变种和生态型、化学型进行调查和评价。在上述调研和资料收集的基础上写出研究报告，为制定药用植物仿生栽培的技术方案提供依据。

3. 药用植物的生理学基础研究

对药用植物野外分布的优势优质种群开展定点跟踪调查，从而对药用植物的生理学基础进行研究，包括药用植物的基本生物器官结构与功能、不同部位干物质累积与分配规律、水分代谢规律、矿质营养吸收与分配规律、光合特性、生殖规律、药用部位的生长发育规律和药用成分的合成与累积规律等。在此基础上，进一步研究各种生态环境因子对药用植物生理功能和药用成分累积的影响，找出药用植物生长发育和品质成分形成的关键限制因子。并在同前人研究结果进行比较的基础上写出研究报告，进一步为制定药用植物仿生栽培种植模式提供技术支撑。

4. 生产基地的选址

在前面文献资料收集和实地调研的基础上，采用传统技术与 3S 空间技术相结合的方法对中药材适生产地进行区划。并在药材区划的区域内，以地理位置、地况、气候、土壤、水文、植被等生态环境因子和市场需求与效益（经济效益、社会效益、生态效益）为基本条件，以区域内的水利、交通、社会生产力与经济发展水平等为辅助条件，遵循可操作性原则，进行中药材仿生栽培种植基地的选址。

5. 制定栽培技术方案

在前面工作的基础上，进一步参阅农作学、园艺学、设施农业学、植物生理学、生态学、植物保护学、肥料学、药用植物学、药用植物栽培学、植物化学和管理学等各专业学科的相关知识，结合种植基地的自然和社会条件，因地制宜、注重实效，设计并制定该种药用植物仿生栽培的具体技术方案（包括基地规划、种植制度、选地整地、播种与育苗移栽、田间管理、施肥、水分管理、病虫害防治、采收与加工等）与实施方案。

6. 基地建设和栽培技术的实施与完善

根据上述药用植物仿生栽培的技术方案，开展种植基地的建设，建立药材田间复合生态系统，实施各栽培技术方案，验证并记录栽培技术方案各步骤的实施效果，并根据田间实施效果对栽培技术方案进行不断补充、修改和完善。同时，从药材质量、产量及经济和生态等几个方面进行中药材仿生栽培的效益分析，制定药材生产的质量标准，并撰写栽培技术总结报告。

7. 操作规程的制定

根据上述 6 个操作步骤，制定出中药材仿生栽培的标准操作规程（standard operating procedure，SOP），其基本内容包括药材基本生物学特性、药材基本生理学特性、种植基地选择与建设、种质资源鉴定、种子种苗质量标准及各项仿生栽培技术措施（包括种植制度、选地与整地、种苗繁育、播种、田间管理、施肥、水分管理、病虫害防治）、采收加工和药材生产质量标准。

3.2.6 中药材仿生栽培的实践情况

中药材仿生栽培是一种新的规范化种植模式，在中药材的人工种植和生产上日益受到重视，并已在一些中药材栽培上得到运用。

1. 林下参栽培

人参的传统种植方式多为伐林栽参。伐林栽参虽缓解了市场对人参的需求，但由于改变了人参生长的森林环境，再加上不科学地施用化肥、喷洒农药等，致使人参外观形状和内在成分发生很大变化，药力削弱，失去原有的功效。而且人参忌连作，传统种植方式也对生态造成了破坏，致使森林资源减少，水土流失严重。如何在保护野山参和森林资源的前提下，培育与野山参质量相近的栽培人参成为当务之急。为此，人们根据野山参的生长发育习性和对生态环境的要求发明了林下培育人参的人参仿生栽培模式，并制定了林下参仿生栽培的规范化生产操作规程。林下培育人参是一种高效复合生态经济系统模式，边育林边养参，缓解了参、林争地的矛盾，有效地控制和减少了伐林种参的面积，保护了森林资源，且能生产出具有野生人参特点的无污染、高价值的高档商品人参，从而缓解了高经济效益人参种植业与高生态效益的林业之间的矛盾，这种方式对于促进森林资源的可持续发展和人参产业的发展具有重要的意义。

2. 石斛活树附生栽培、岩壁仿生栽培和林下覆石栽培

石斛为我国常用大宗中药材，其中铁皮石斛、霍山石斛等石斛比较名贵，连年大量采挖已导致铁皮石斛、霍山石斛野生资源濒危。为保护开发铁皮石斛、霍山石斛资源，现已实现铁皮石斛、霍山石斛设施栽培。为进一步提高人工栽培铁皮石斛和霍山石斛的质量，现在安徽、浙江、福建、江西、云南等省份，根据铁皮石斛生理特性和种植区域生态环境条件，分别开展了铁皮石斛活树附生栽培、岩壁仿生栽培和霍山石斛林下覆石栽培和岩石贴壁栽培等仿生栽培模式，均获得成功并在适宜区域进行推广应用，人工栽培的铁皮石斛和霍山石斛在品质、产量、药效等方面接近或超过自然生长的野生资源，取得了良好的经济效益、生态效益和社会效益。

3.2.7　中药材仿生栽培应注意事项

中药材仿生栽培是一种多学科紧密结合的生态栽培模式。为了在中药材生产中更好地应用和实施这一栽培模式，我们还需要注意如下事项。

1. 生产基地选建

生产基地建设是中药材仿生栽培管理经营系统的核心，要求生产基地建设体现资源的合理布局和生产力合理配置，生态的合理保护和社会效益、经济效益的显著提高。基地建设要注意如下几个方面。①遵循生态经济的可持续发展。中药材仿生栽培生产基地建设必须要协调好发展与环境的关系，合理利用各类自然资源，达到既促进社会经济发展、又注意对生态环境和自然资源的保护的目的，创建一个高效的生产基地。②遵循生态学原理。以生态工程作为技术手段，探索和搞好药材与农作物间套作、药材与林木混交种植、药材与药材混种等多种立体种植经营模式，对生产基地生态系统进行整体优化，合理地利用土地、光能、空气、水肥和热能等自然资源，实现药材生产系统的整体、协调、循环、再生。③遵循最优效益原则。要建设生态产业基地，实现经济效益、社会效益和生态效益的统一。

2. 中药材种质资源

种质资源是中药材生产的源头，是优质中药材形成的物质基础，故种质的优

劣对中药材的质量和产量有决定性的作用。一方面，选用耐逆性和适应性较强、质量和产量又比较理想的品种，是实现中药材仿生栽培的关键因子之一。开展中药材仿生栽培必须要收集不同种质资源，进行生长发育性状比较和质量与产量研究，进而选出优质、适产、抗病虫害、抗逆境的种质进行种植和良种选育。另一方面，在中药材生产中还要注意优质中药材种质资源的保存与种子种苗的提纯复壮工作，要防止种质混杂、品种退化与变异及种质散失。

3. 施肥

进行中药材仿生栽培时，主要通过施用有机肥来提高土壤肥力，改善土壤结构，并可结合药用植物的需肥特点、田间土壤肥力状况、肥料的性质及气候因子等因素，适度、合理补充化学肥料。生产上有机肥的种类比较多，在中药材仿生栽培时应尽量选用饼肥、厩肥、堆肥、秸秆、绿肥等肥料，避免选用人粪尿、畜禽粪便、污泥和垃圾，防止带入重金属和病菌污染。特别推荐在中药材仿生栽培生产系统中种植绿肥，其不仅可改良土壤、培肥地力，还可填补田间生态系统的生态位，减少田间杂草和病虫害。另外，在施用化学肥料时，应该控制施用氮肥，合理施用磷钾肥，适当施用中微量元素，并实行配方施肥和精准施肥。

4. 病虫害防治

进行中药材仿生栽培时，药用植物病虫害的防治应采取综合防治的策略。即从生物与环境的整体观点出发，本着预防为主的指导思想和安全、有效、经济、简便的原则，因地制宜，合理运用农业、生物、化学、物理的方法及其他有效的生态手段，把病虫害危害控制在经济阈值以下，以达到提高经济效益、生态效益和社会效益的目的。另外，在施用农药时应首选生物农药或仿生农药，如 Bt 乳剂、杀虫素、尼效灵（10%烟碱乳油）、苦参素等，防止药材和环境的农药污染。

5. 内生菌

药用植物的生长环境不仅包括外部环境，也包括植物本身的体内环境，即植物体内的内生菌和 pH 等。植物内生菌是指那些在其生活史的一定阶段或全部阶段生活于健康植物各种组织和器官内部的真菌或细菌，被感染的宿主植物（至少是暂时）不表现出外在病症，可通过组织学方法或从严格表面消毒的植物组织中分离或从植物组织内直接扩增出微生物 DNA（deoxyribonucleic acid，脱氧核糖核酸）的方法来内生。植物内生真菌可促进药用植物有效成分的生成或积累，促进植物生长发育，并提高植物对生物胁迫或非生物胁迫的抵抗力。实行中药材仿生栽培时也要注意保护药用植物体内微环境，促进植物内生菌繁殖和生长，从而促进药用植物生长和品质的形成。

3.3　土壤改良技术

土壤改良是利用土壤学与相关学科知识、保护与改善不良土壤质量的过程。当前土壤退化是一个全球性环境问题，近 30 年来已引起众多国际组织、国家相关政策制定部门、研究机构及公众的广泛关注。土壤退化是指在各种自然因素和人为因素共同影响下发生的土壤生产力、环境调控潜力和可持续发展能力的下降甚至消失的过程。土壤退化类型包括土壤侵蚀、土壤沙化、土壤盐化、土壤污染、土壤性质恶化和耕地的非农业占用等六大类。我国土壤退化的总面积达 460 万 km^2，占全国土地总面积的 40%，是全球退化土壤总面积的 1/4。药用植物在我国广泛分布和种植，其栽培土壤几乎涵盖我国所有的土壤类型，受自然因素与人为活动的影响，药用植物栽培土壤利用与破坏的矛盾日益严重，对中药生态农业的可持续发展造成了严重影响。

土壤退化导致的环境危害众多，主要表现有：陆地生态系统稳定性降低；自然景观及人类生存环境破坏；诱发区域乃至全球的土被破坏、水系萎缩、森林衰亡和气候恶化；水土流失严重，自然灾害频繁，特大洪水危害加剧；土地贫瘠化，土壤生产力和肥力降低；化肥施用量不断增加，环境污染加剧；农业生产成本上升；人地矛盾突出，生存环境恶化，食品安全和人类健康受到严重威胁。

我国土壤退化的面积广、强度大、类型多、速度快，对土壤改良技术的需求十分迫切。土壤改良技术是指研究排除各种不利因素、防治土壤退化和提高土壤肥力并创造良好土壤环境条件的应用技术体系。土壤改良技术的目的是保护土壤的功能、改善土壤的质量。土壤改良技术涉及的内容十分广泛，涵盖土壤学、植物营养学、农业生物学、作物栽培学、农田水利学、农业气象学、农业工程学、生态学等现代科学的各种相关理论、方法和技术的综合运用。

针对中药生态农业中土壤的可持续利用，本章节对于土壤改良技术的介绍包括土壤养分管理技术、土壤侵蚀评估与水土保持技术、我国主要土壤类型的改良利用技术、土壤污染的治理与修复技术 4 个部分。

3.3.1　土壤养分管理技术

在我国古代，人们在农业生产实践中就已经认识到了调控并供应土壤养分对于农作物生产的重要性。在 20 世纪 50 年代以前，我国对土壤养分的投入几乎全部来自有机肥，后来，随着施用化肥在现代农业发展中成为最常见的促进土壤养分提高的措施，50 年代后的化肥施用量稳步增加。针对中药生态农业中土壤养分管理技术，本章节重点介绍土壤培肥技术和有机肥的积制与施用技术。

1. 土壤培肥技术

土壤培肥技术的目的是保证作物在生长过程中具有良好的土壤条件。大量的田间试验表明，作物吸收的养分多数来自土壤而非直接来自肥料。要获得稳定的农作物产量，必须保证土壤的肥沃。肥沃的土壤一般具有良好的土体构造和肥沃的耕作层，并根据作物的需要，对土壤肥力进行调节。

良好的土体构造是肥沃土壤的基本前提，为了创建良好的土体构造，土体必须具有适宜的质地层次和水文层次，此外，水分往往起着沟通土体中不同层次之间肥力关系的作用。深厚的耕作层有利于根系的伸展，扩大根系的吸收养分范围，增强抗旱防涝能力，为作物生长提供重要的条件，施用有机肥、精耕细作、合理轮作是常用的技术。耕作可以改变土壤孔隙度和土壤结构，从而调节土壤肥力。

2. 有机肥的积制与施用技术

有机肥的积制是由于有机肥难以被直接利用，需要积制腐熟和进行必要的无害化处理后才能施用。有机肥的腐熟过程包括矿质化和腐殖化两种，有机肥腐熟条件包括碳氮比、水分条件、空气条件、温度条件和 pH 等的控制，有机肥的无害化处理则包括物理方法（如暴晒、高温）、化学方法（如添加化学试剂）和生物方法［如接菌、EM（effective microorganisms）堆腐］3 类。

有机肥施用技术的注意事项包括：施用量不可过多，防止作物贪青晚熟；需配合施用适量的石灰，消除有机酸和有毒物质；需配合增施速效性氮肥，防止氮肥不足；不能与碱性肥料混合；需要深翻入土，防止肥力损失；注意与化学肥料配合施用。针对不同类型的有机肥（如人粪尿、厩肥、堆肥、沤肥、沼气池肥和饼肥等）采用不同的施用技术。

3.3.2　土壤侵蚀评估与水土保持技术

在农业生产中，通常将土壤侵蚀和水土流失等同。土壤侵蚀是土壤面临的较严重的威胁，包括水力侵蚀、风力侵蚀等类型。土壤侵蚀破坏土地资源，使土壤肥力下降，可以抬高河床、淤积水库，导致生态环境恶化，影响水资源的分配。针对土壤侵蚀的土壤改良技术包括土壤侵蚀评估和水土保持技术。

1. 土壤侵蚀评估

土壤侵蚀评估是一个较为复杂的问题，土壤侵蚀模数（每平方公里土地每年的土壤侵蚀量）是土壤侵蚀最重要的一个指标。影响土壤侵蚀的因素分为 3 类：

能量因素（降水、重力、径流、坡度）、抗蚀因素（土壤理化性质）和保土因素（植被覆盖、土地利用强度、土地管理）。

2. 水土保持技术

水土保持的主要措施分为耕作措施、工程措施和生物措施三大类。水土保持的范围很广，在农田、荒山、荒地都需要开展水土保持措施。水土保持耕作措施包括 3 个方面：一是改变小地形，二是增加地面覆盖（如作物残茬覆盖），三是大力推广免耕和作物间作等措施。水土保持工程措施包括修筑梯田、治理侵蚀沟谷和开展坡面保土工程等。水土保持生物措施包括封山育林、荒坡造林、护沟造林和牧草水土保持等。

3.3.3　我国主要土壤类型的改良利用技术

我国地域广阔，土壤类型众多，特点各不相同，不同类型的土壤其改良利用技术也各不相同，以下对我国主要土壤的改良利用技术分地域进行介绍。

1. 东北平原黑土改良利用

东北平原黑土疏松肥沃，有机质含量丰富，是我国重要的农业生产土壤类型。但黑土存在水土流失严重、土壤肥力各因素不协调、受自然灾害影响严重 3 个问题。改良黑土的原则是保土、保水、保肥，把改土、治水和植树造林结合起来。

2. 华北平原土壤改良利用

华北平原土壤主要面临旱、涝、碱三害威胁，土壤改良的基本途径也是针对这三害开展灌溉、排水、造林、平地、改土、施肥等措施，改善土壤条件。针对该地区土壤养分含量不平衡、有机质较少的特点，因地制宜采取深耕深松、改良耕性、种植绿肥、增施磷肥等措施，加强土壤培肥。

3. 长江中下游平原土壤改良利用

长江中下游平原土壤面临的主要问题是存在季节性的干旱、渍涝，土壤养分含量低、可耕性不佳等。常采用的土壤改良利用措施包括排水、灌溉、土壤培肥、合理轮作等措施。

4. 黄土高原土壤改良利用

黄土高原降水量不足，土壤肥力差，土壤结构不佳，土壤保水能力不足。该地区土壤的改良利用措施包括土、水、林综合治理和全面发展，以保土为主，通过深翻、改土和施肥，加厚活土层，提高土壤蓄水能力。

5. 江南红壤改良利用

江南红壤地区水热条件优越，但是土壤风化强烈，水土流失严重，淋溶作用强，土壤呈酸性，保肥能力差，土质黏重，土壤结构不佳。红壤的改良利用措施包括保持水土、增施有机肥、施用磷肥和石灰、配合施用氮肥等。

6. 云贵高原黄壤改良利用

云贵高原黄壤化学风化强烈，黏粒较多，可耕性不佳，土壤结构较差，对水汽的调节能力很低。黄壤的改良利用措施包括修水利造梯田、深耕晒垡、客土掺沙、施用石灰、合理种植、施有机肥等。

7. 盐碱土改良利用

盐碱土的改良利用措施包括把改土和治水相结合、把排水和灌溉相结合。排水是重点措施，要治理骨干河道，健全排水系统，配套水利工程，严控地下水位，在有条件的地区，采用冲洗措施改良盐碱地，也可通过化学改良措施治理盐碱地。

8. 紫色土改良利用

紫色土肥力较高，但存在水土流失严重、抗灾能力差、养分不均衡的问题，其治理措施包括平整土地实现坡地梯田化、积极发展农田水利修建小型水库、加强植树造林涵养水源、深耕培土、加厚活土层等措施。

9. 风沙土改良利用

风沙土多位于西北干旱地区，缺水是主要矛盾，是最大的农业限制性因素。没有水就没有农业，也就无所谓土壤。风沙土的土层厚度很薄，风化强度低，成土作用弱，并存在盐碱化的风险。风沙土的改良利用措施包括加强薄层土壤的开发利用、结合防沙治沙工程开展土壤改良利用、合理规划用水等。风沙土地区土壤改良利用，关键是综合区域的规划和自然条件，合理调配水资源，发展节水灌溉技术，以水为中心，以水定"绿"，同时把水、土、林、草结合起来，进行综合治理。

3.3.4 土壤污染的治理与修复技术

土壤污染是指人类活动产生的污染物进入土壤并积累到一定程度、引起土壤质量恶化的现象。目前，我国农业用地土壤污染的主要来源是农药和化肥的过度施用。土壤本身具有一定的自然净化能力，进入土壤的污染物在植物根系、土壤微生物、土壤动物、土壤胶体等的作用下，经过一系列物理、化学和生物过程，污染物浓度降低、活性下降的过程，即土壤的自净作用。土壤自净过程的作用机理是土壤污染的治理与修复技术的理论基础。土壤污染修复技术近年来发展很快，按照土壤自净过程作用机理的不同，主要可以分为物理修复技术、化学修复技术、生物修复技术 3 类。

1. 物理修复技术

物理修复技术包括物理分离修复技术、气相抽提技术、热处理技术、电化学修复技术等。物理分离修复技术主要应用于污染土壤中无机污染物的修复，依据土壤和污染物物理性质的差异，采用离心分离、磁性分选、浮选等措施进行修复。气相抽提技术是指利用物理方法降低土壤空隙的蒸汽压，把土壤污染物转化为蒸汽从而去除的修复技术，适用于挥发性有机化合物的治理。热处理技术是指通过加热去除土壤有机污染物的修复技术，适用于挥发性、半挥发性有机污染物、农药等的治理。电化学修复技术是指利用土壤污染物的电迁移、电渗析、电泳和酸性迁移等电动力学过程进行修复的技术。

2. 化学修复技术

化学修复技术包括化学淋洗修复技术、原位化学还原技术、溶剂浸提修复技术、土壤性能化学改良修复技术等。化学淋洗修复技术是通过重力作用推动清洗液、溶解污染物、并将液体排除的一种修复技术，适用于各种类型污染物的治理，如重金属、放射性元素、有机物等。原位化学还原技术是指对地下水构建化学活性反应区域或反应墙进行地下水修复的技术。溶剂浸提修复技术是利用溶剂将有害化学物质从污染土壤中提取并去除的技术，可以有效处理油脂类物质。土壤性能化学改良修复技术是指对于土壤污染程度较轻的土壤，施加化学改良剂和吸附剂，如石灰、磷酸盐、硫黄、炉渣、黏土矿物等，修复重金属和有机物污染的土壤。

3. 生物修复技术

生物修复技术是指以生物为主体治理土壤污染的技术，也被称为生物恢复、生物清除、生物净化等。生物修复技术一般分为植物修复技术、动物修复技术和微生物修复技术 3 类。植物修复技术通过植物来清除土壤环境中的污染物，主要技术有植物提取、植物稳定、植物挥发、根系过滤与根际降解等。动物修复技术是指利用土生动物，包括蚯蚓和鼠类等，采食吸收富集土壤中的残留农药和其他污染物质，并通过其自身的代谢作用，降解这些污染物质。微生物修复技术是指利用土壤中土著微生物的代谢活动，或者引入人工培养的功能性微生物降解并最终消除土壤中污染物的生物修复技术。

3.4　病虫草害绿色防控技术

3.4.1　基本概念

病虫草害绿色防控以保护农作物、减少化学农药施用为目标，协调使用生态调控、生物防治、物理防治、科学用药等绿色防控技术控制农作物病虫危害的农业措施。实施有害生物绿色防控可达到保护生物多样性、降低病虫草害暴发频率的目的，同时它也是促进标准化生产、提升农产品质量安全水平的必然要求，是保护生态环境的有效途径。

3.4.2　基本原则

病虫草害绿色防控遵循优化技术、保障安全和多元推广的原则，不断集成创新生态调控、生物防治、物理防治、科学用药等关键技术，不断提高实用性和可操作性，促进节本增效和可持续发展；减少农药施用量，降低对农药的依赖，保障农产品质量安全；建立政府-农合组织-龙头企业-农户的多元推广机制。

3.4.3　关键技术

1.　田间调查和预测预报

进行田间调查是为了掌握病虫草害发生的时期、发生数量、对农作物的危害程度及防控效果和防治效益等。通过调查，获得准确的数据资料，经过分析，做出正确判断，为制定绿色防治工作的策略和措施提供依据，也为制定防治规划及长期预测预报提供参考。

有害生物预测预报是根据有害生物发生发展规律和影响因素的监测，结合历史资料进行分析研究，对未来有害生物发展趋势和流行程度做出定性或定量估计的过程。预测预报的意义在于增加防治的成功率，降低风险度，服务于决策和防治工作。根据准确的病情和虫情预测，可以及早做好各项防治准备工作，也可以更合理地综合运用各种防治技术，提高防控效果，同时减少不必要的防治费用和农药所带来的环境污染。

2.　生态调控技术

生态调控是从整体的角度，依据经济生态学原则，选择任何种类的单一或组合防治措施，不断改善和优化综合治理系统的结构与功能，使其安全、健康、高效、低耗、稳定、可持续，同时将有害生物数量控制在经济阈值水平以下。

有害生物生态调控技术主要采用人工调节环境、食物链加环增效等方法，协调药用植物与有害生物之间、药用植物与有益生物之间、环境与生物之间的相互关系，达到保益灭害、提高效益、保护环境的目的。实施生态治理策略，实质上是在农业防治、物理防治、生物防治等传统防治的基础上，实施全程人为调控、环境监测、规范操作、信息管理的生态调控策略。选择适合中药材生长的海拔、气候、水肥等条件的地块，积极保护基地周围的植被，建立防护林带或缓冲带，开展林下栽培、仿野生栽培等技术。

3. 农田生物多样性的应用

农田生物多样性主要指农田生态系统中的农作物、杂草、动物、微生物等生物，它们是生物多样性的重要组成部分，同时受到地理环境、人类活动、社会经济等因素的影响。农田生态系统是以农作物为核心，人为地对自然生态系统进行改造而建立起来的生态系统。利用农田生物多样性，调控作物—有害生物—天敌之间的关系，可以对有害生物起到有效的调控作用，其手段包括利用作物品种多样性、农田物种多样性、种植诱集作物和调节作物生境。

药用植物栽培过程中，不连作，套作害虫忌避、天敌喜好、能肥地的矮生作物或杂草，提高园内的生物多样性，为天敌创建栖息之所，发挥其自然控害的作用，创造良好的多样性生境。

4. 植物健康栽培技术

植物健康栽培技术通过改进耕作栽培技术，调节有害生物、寄主及环境之间的关系，创造有利于作物生长、不利于有害生物发生的环境条件，将有害生物种群数量控制在经济阈值以下。通过科学的栽培技术和管理措施，培育健壮植物，增强植物抗逆和自身补偿能力，以达到稳产高产、优质高效、生态友好的目的。

药用植物健康栽培要使用无病虫种苗，切断病虫害传播途径，采取科学的栽培管理方法，合理轮作倒茬、间作、套作，加强栽培管理，保持田园卫生。

5. 抗性品种选育和利用

抗病育种是以选育对某些病虫害具有抵抗能力的优良品种为主要目标的育种工作，对于农业的可持续发展和农产品安全有重要作用。在长期的相互作用中，寄主植物和有害生物相互适应，协同进化，任何一方的每个基因都只有在另一方相应基因的作用下，才能被鉴定出来。抗性品种的选育可以通过引种、杂交育种、远缘杂交、诱变育种等方式。

药用植物选择抗性品种可以从源头上控制中药材病虫害的发生。全国多地种植的中药材品种资源丰富，应根据不同区域、不同品种间的抗性表现，选择适合本地种植的抗性品种，也可以在当地研究种子贮藏和育苗技术，形成一体化的良种繁供体系，减少种子调运费用和风险，降低中药材的种植成本。

6. 生物防治技术

生物防治是一种利用生物或其代谢产物来控制有害生物种群、减轻其危害程度的方法。有害生物种类很多，在植物保护范围内涉及植物病害致病微生物、害虫、杂草、鼠类等多种类型，传统的生物防治主要根据生物间简单的相生相克关系，利用有益生物控制有害生物，达到生物防治的目的。随着科学的发展，现代生物防治已不再局限于利用生物之间简单的相克作用，而是包括各种具有相互制约关系的生物之间，以及生物之间在氧气、水分、营养物质、生存空间等各个方面的竞争作用。生物防治安全性高，能够维持生态稳定，具有可持续防控作用，并且对环境友好，技术整合性好，对其他防控措施不产生干扰。

生物防治利用生物及其代谢产物控制病原体，防治植物病虫害。主要有以虫治虫、以螨治螨、以菌治虫、以菌治菌等方式。例如，用捕食螨防治红蜘蛛，用绿僵菌防治白蚁和蝗虫等。

7. 理化诱控技术

利用昆虫趋光、趋化性等原理，研发频振式诱虫灯、投射式诱虫灯等"光诱"产品；研发性诱剂和昆虫信息素迷向散发器等"性诱"产品，黄板、蓝板及其他色板与性诱剂组合的"色诱"产品；研发诱食剂等诱集害虫的"食诱"产品。

8. 驱害避害技术

利用物理隔离、颜色负趋性等原理，开发适用不同害虫的系列防虫网产品和银灰色地膜等驱害避害技术产品，利用生物的生理现象，开发以预防害虫为目的的驱避植物应用技术。例如，果园常用的趋避植物有蒲公英、鱼腥草、三白草、韭菜、洋葱、一串红、除虫菊、番茄、花椒、芝麻、金盏花等。

3.4.4　有害生物绿色防控的未来趋势

有害生物绿色防治应用面积逐年扩大，推广模式不断创新。但与防治任务相比，技术和推广模式均存在一些问题。一是农民认识不足，技术认知度不够，在生产过程中应用绿色防治技术的主观能动性不强。二是相关技术体系不够完善，关键技术与产品不配套，不能满足多种有害生物同时防治的需要。三是政策的支持力度不够。由于种种原因，目前有害生物绿色防治还存在资金支持不足、推广应用面积较小、示范展示区点多面小、不成规模等问题（王梅，2017）。

有害生物绿色防治是一项多阶段决策过程。它属于"公共植保"的范畴，是

"绿色植保"的具体体现，是农产品安全的基础，具有社会公益性。在植保部门相关人员的引导下，开展有害生物绿色防治技术示范与推广工作，应做到政府主导、多部门协作和全社会参与。一是强化绿色防治示范推广建设，大力开展绿色防治技术培训。二是优化配套各种有效绿色防治关键技术，强化绿色防治技术体系示范推广模式创新。三是强化政府政策扶持，加大资金投入（王梅，2017）。

综上所述，有害生物绿色防控的未来趋势如下：①强化有害生物绿色防控技术体系集成创新意识，大力开展有害生物绿色防控技术体系的集成创新工作，优化配套各种有效的有害生物绿色防控关键技术；②强化有害生物绿色防控技术体系示范推广模式创新；③争取对有害生物绿色防控技术体系示范推广的投入；④强化对有害生物绿色防控技术体系示范推广能力建设，大力开展多层次、全范围的有害生物绿色防控技术培训。

3.5　基于 3S 的精细化种植技术

目前，利用无线传感网络（wireless sensor network，WSN）技术获取的农田环境参数数据和卫星遥感技术获取的植被长势信息在农业生产中均得到了较为广泛的应用，但将卫星遥感技术与无线传感网络技术融合起来，开展道地药材生长全程监测的有关研究和应用还未见文献报道。融合无线传感网络与卫星遥感技术，获取时空连续的中药材长势和农田生态环境参数，可以为道地药材的种植管理决策提供可靠的科学数据服务，推动我国道地药材的规模化、标准化和信息化，具有巨大的经济效益和社会效益。

中药材规模化精细化种植是近年来在绿色农产品的基础上发展起来的一门跨学科新兴综合技术，通过采样分析或受控实验开展相关环境因子，包括水分、温度、光照、季节、海拔等因素对中药材生长发育和药效成分影响的研究，以制定最佳中药材品质和产量的农艺措施，或进行最佳栽培区域的选择。通过 3S 和自动化技术的综合应用，按照不同的生产区域，利用传感器，准确、及时、完整和动态地获得栽培环境或措施对药材生长和品质的影响。在此基础上，按照田间每一块操作单元上的具体条件，相应调整投入物资和施肥量，从而迅速做出恰当的管理决策，达到减少投入、增加收入和改善环境质量的目的。这种农业上的先进技……道地药材规模化精细化种植中鲜有出现。发达国家氮肥当季平均利用率可达……磷肥当季平均利用率一般为 10%～30%，钾肥当季平均利用率为……氮、磷、钾当季平均利用率分别为 35.0%、19.5% 和 47.5%，……种植的施肥方式是药农根据自己的经验施肥，很容易……是不合理的传统施肥配方，导致肥料中某种养分含量高而引起过量施肥，其结果是浪费肥料资源、影响产量、污染环境，同时也导致中药材营养失衡、品质下降。

3.5.1　长势管理技术

1. 原理

中药植株长势与气候条件、田间施肥、灌溉等管理情况密切相关，高光谱遥感影像像元的光谱信息变化反映了植株长势的差异。利用同一地区的时序遥感影像，可以记录中药材不同阶段的生长状况。

航空光谱成像技术是在连续光谱范围内（350～2 500nm）以 3～15nm 为采样间隔对地表成像的遥感监测技术。

植株长势是指植株生长发育过程中的形态相，其强弱一般通过观测植株的叶面积、叶色、叶倾角、株高和茎粗等形态特征进行衡量。长势监测主要对植株的生长状况和与生长状况密切相关的因子（如叶面积指数、生物量等）进行监测。

叶面积指数（leaf area index，LAI）是与长势的个体特征、群体特征有关的综合指数，叶面积指数是决定植物光合作用速率的重要因子，叶面积指数越大，作物截获的光合有效辐射就越多，光合作用就越强。

生物量、太阳光合有效辐射也是植株长势的指标，和叶面积指数一样，它们和遥感影像中的红波段和近红外波段的反射率及其组合都有较好的相关性。其中归一化植被指数（normalized difference vegetation index，NDVI）在作物生长的一定阶段内与 LAI 呈明显正相关关系。NDVI 值可以作为判定作物长势良莠的一种度量指标，用当年 NDVI 与常年 NDVI 进行比较，基于 NDVI 的差异程度大小，判断当年作物长势优劣。

对于高光谱遥感影像，在植株生长初期，随着植株的生长，叶片气孔数量增加，叶片表面散射能力增强，近红外波段反射率逐渐升高，叶绿素吸收能力增强，红波段的反射率逐渐降低。在植株生长末期，茎叶由绿色变为黄色，叶绿素含量减少，相应的红波段的反射率会升高，叶片气孔相对收缩，散发的热量降低，近红外波段的反射率将会降低。利用这些变化明显波段的线性和非线性组合能很好地反映植株的生长过程。将这些值以时间为横坐标进行排列，形成植株生长的动态迹线，可以较直观地反映植株从播种、出苗、抽穗到成熟的变化过程。

植株长势监测主要是监测植株的生长状况信息，一般从两个方面进行监测：一是作物生长的实时监测，主要是通过年际间遥感影像所反映的作物生长状况信息的对比，同时综合物候、农业气象等信息来提取植株长势信息；二是植株生长趋势分析，主要通过分析时序遥感影像生成植株生长过程曲线，比较当年与历年典型曲线间的差异，对当年作物长势进行评价。

2. 应用

高分辨率卫星遥感影像由于波段较少、回访周期较长、易受云雨影响，只能获得空间连续但时间不连续的道地药材监测信息；低空无人机观测平台搭载成像光谱仪，可以机动灵活地连续动态监测目标地块道地药材生长信息；地面无线传感网络可以获取时间连续但空间不连续的点位道地药材长势和环境参数信息。依赖单一平台观测难以满足道地药材长势与环境的实时、动态监测需求，缺乏利用遥感连续监测道地药材长势与环境参数的技术方法，尤其亟待建立结合遥感和专家知识的不同光谱通道长势诊断与环境参数的转换模型，实现时空连续的道地药材生长全程精准监测。

因此，综合考虑道地药材的结构特性和生长差异情况，可以将地面无线传感网络得到的时间连续监测点信息、遥感辐射传输模型、低空成像光谱数据、高分遥感数据进行耦合，得到模拟结果。研究不同尺度遥感参数反演的尺度效应机理，建立药材长势与环境参数的传感数据、低空成像光谱数据与高分辨率遥感反演结果的尺度转换模型。通过尺度转换模型，可以将传感器测量数据与遥感数据进行相互验证。

以遥感模拟模型为纽带，利用获取的冠层群体的道地药材与农田生态参数，模拟地面冠层的遥感波谱数据，并与卫星遥感及地面同步测量波谱进行真实性检验。针对道地药材生物量、LAI、冠层氮素含量、地表气温、空气湿度、光合有效辐射（photosynthetically active radiation，PAR）、光合有效辐射吸收比率（fraction of photosynthetically active radiation，FPAR）、土壤温度、土壤水分等长势与环境参数的连续、动态的卫星、低空平台监测信息，利用长势与环境参数的地面无线传感网络连续观测数据，开展遥感瞬间定量信息的时空耦合和模型同化研究，引进国际先进和通用的动态过程模型，主要包括动态过程模型、道地药材专家知识模型等，发展集合卡尔曼滤波（kalman filtering）、扩展卡尔曼滤波（extended kalman filter，EKF）和变分同化（variational assimilation，VA）等算法，开展无线传感网络观测数据和动态过程模型、药材生长模型模拟数据与遥感数据的同化技术研究，将对提高道地药材长势与环境参数遥感监测质量，扩展观测区域和时间范围，补充未观测变量等具有很高的利用价值，并结合道地药材专家知识模型，提供中药材水肥药的动态诊断与决策信息，并进一步用于产量和品质的预测、栽培系统的优化。

3.5.2 土壤管理技术

传统的农业生产常把一个地块当成均质、统一的单元来处理，即使地块内的土壤类型、地形特征及前期的管理方式存在着显著的差异，但在生产上的投入却一成不变，致使地块的某些区域施肥不足或过高，这不但造成了肥料的浪费，也对生态环境构成了威胁，导致生产效率和经济效益的低下。同时，传统土壤参数测定存在采样点稀疏、代表性和精细度不够等问题，而现代精准农业是应用信息等高新技术改造现代农业技术的成功典范，其含义是实行分区管理，按田间每一操作单元的具体条件，精细准确地调整各项土壤和作物管理措施，将土壤参数与遥感数据相结合，可以用较少的土壤参数数据，结合遥感数据，得到实时、高精度的面状数据。最大限度地优化使用各项农业投入，以获取最高产量和最大经济效益，同时保护农业生态环境，保护土地等农业自然资源。

中药材播种后，整个生长过程中田间的水分、温度、养分管理对药材品质具有重要作用，在品种、环境条件等一致的情况下，同一地块内部不同的水肥水平会对道地药材品质产生较大的影响。3S 技术可以实现对位置的精准定位，从而实现准确施肥，精准灌溉。因此，采用 3S 技术因地制宜地根据道地药材种植单元的具体情况，精细准确地调整肥水的管理措施，是药材调优栽培、品质预测的关键和前提。

1. 土壤中水分管理

土壤含水量是地球水分平衡的一个重要组成部分，是研究农业干旱及作物干旱的重要指标。旱涝灾害一直是我国农业发展的重要影响因子之一，旱涝灾害给国民经济的发展带来了极大损失，大范围的土壤水分监测一直是各级政府部门关心的问题。常规的土壤水分测量方法有烘干称重法和中子仪法，但这些方法存在取点位置及布局受限的问题，观测的代表性通常较差，且无法实现大范围的实时动态监测。而遥感影像作为地表地物光谱信息的一种载体，扩大了人们的视觉领域，提高了人们认识世界、认识自然的本领。卫星遥感具有视野广、周期快、动态条件强的特点，为实现大范围的土壤水分状况监测提供了一种全新监测方法（王晓云 等，2002）。GIS 和 GPS 技术具有高效的空间数据管理和灵活的空间数据综合分析能力。基于卫星遥感数据反演的农田环境监测产品，根据药材种植最优水分标准等级或统计特征分布，生成水分、养分调节空间分布图。将 3S 技术有机结合，既可保证 GIS 具有高效稳定的信息源和 GPS 对信息快速、精确的定位能力等特点，又可以对遥感信息进行实时处理、科学管理和综合分析，3S 技术可以改善分析精度，使应用达到一个新水平。因此，利用卫星遥感技术可实现对节水灌溉系统的精准调控。

2. 土壤中养分管理

精确农业土壤养分管理及自动变量施肥技术的最基础路线和原则，是在充分了解土壤养分变异情况的条件下，因地制宜地根据田间每一操作单元的具体情况，精细准确地调整各种养分的投入量。精准土壤养分管理技术体系的形成应根据当地的农业生产条件及土壤养分的空间变异程度而定，土壤养分管理单元的划分可以根据土壤养分的空间变异状况并结合一些明显的地物特征来进行，原则是在条件允许的情况下尽可能地减小管理单元，并使单元内的土壤肥力状况尽可能趋于一致，因地制宜地发展适宜的精准农业施肥技术。土壤中养分信息（如土壤基础供氮量、土壤总供氮量）对中药植株发育和长势有密切关系，利用先验知识和种植经验可以获得土壤基础养分与中药材长势之间的联系。

在充分了解国际精准农业发展的理论基础和技术原则的基础上，结合我国具体情况，从养分管理和施肥技术入手，研究发展适合我国国情的精准农业技术体系。在充分了解土壤养分状况和肥料效益的时空变化和变异规律的基础上，建立适用于不同经营规模和不同种植条件的土壤养分信息系统和土壤/作物体系内养分管理系统，形成适合不同经营规模的精准农业变量平衡施肥技术体系。

3S 技术中的 GPS 技术会针对不同的地区、土壤差别和土壤中的养分结构进行分析，从而实现对微量元素与有机肥的科学配比。在此环节中，GPS 还需要借助土地参数采样器，对采集的植物生态环境等参数进行获取，并根据 GPS 中心控制基站所反馈的内容，让相关农业专家进行植物分析，最终进行精准有效地施肥（黄蓉，2018）。

3.5.3　病虫害预测技术

受生产条件和科技水平的限制，目前人们主要通过实地目测手查的方法观察病虫害的发生和危害程度，包括目测、挖取植株根茎观测、捕捉虫蛾等办法。植株受到病虫害侵扰后，其细胞活性、含水量、叶绿素含量等发生变化，在反射光谱上与正常植株有差异，可采用遥感技术开展病虫害预测。详细方法如下。

1. 数据准备及预处理

所需准备的数据有栽培区边界矢量文件、栽培区以往同期和现势高分辨率遥感影像（TM / HJ-1A / HJ-1B 等）、当前监测中药材品种的常见病虫害专家经验知识。

所需进行的预处理包括遥感影像数据的预处理和先验知识库的建立等。

1）遥感影像预处理

遥感影像预处理包括辐射定标、大气校正、几何校正、影像裁剪。

辐射定标：根据不同传感器的辐射校正参数，将影像的灰度值 DN（digital number）转化为表观辐亮度。

大气校正：选取适当大气校正模型及参数，将表观辐亮度转化为地表反射率。

几何校正：通过地面控制点的选取，以质量较好的栽培区历史影像为基准，对现势影像进行几何精校正，均方根误差（root mean square error，RMSE）应小于 0.1 像元。

影像裁剪：利用准备数据中的研究区的边界矢量文件裁剪出研究区的影像。

2）健康栽培中药材本底影像库建立

收集健康生长年份的栽培中药材分布区历史遥感影像，经过预处理后入库，建立健康栽培中药材本底影像库。

3）病虫害知识库建立

调查各栽培中药材品种常见的病虫害类型、多发期、表现特征，建立病虫害知识库，以支持目视分析确定光谱变化特征。

2. 光谱对比分析

一般病虫害引起的光谱变化规律是：近红外波段反射率明显降低，陡坡效应明显削弱甚至消失，可见光红波段的光谱反射率高于正常植物，绿光区的小反射峰位置逐渐向红光区漂移。目视判读确定现势影像上的可疑点，分别采集若干健康历史影像和现势影像上中药材的光谱，对比分析其光谱变化特征，并从常用监测评价模型中选取相应的模型。

3. 监测模型选取

由于植被光谱受到植被本身、环境条件、大气状况等多种因素的影响，往往具有明显的地域性和时效性，在应用中应结合当地植被的特点，合理选择植被指数，提高监测预报的精度。常用植被指数计算方法如下。

1）比值植被指数（ratio vegetation index，RVI）

由于可见光红波段（red，R）与近红外波段（near infrared，NIR）对绿色植物的光谱响应十分不同，二者简单的数值比能充分表达两个灰度值之间的差异。RVI 可表达为

$$RVI = \frac{DN_{NIR}}{DN_R} \qquad (3-1)$$

式中，DN_{NIR} 和 DN_R 分别为近红外波段和可见光红波段的灰度值。

对于绿色健康植被，其叶绿素引起的红光吸收和叶肉组织引起的近红外强反射，使其 DN_R 与 DN_{NIR} 值有较大的差异，RVI 值高。当植被受胁迫时，则这种特

殊的光谱响应不明显，RVI 值低。杨建国等（2001）设计地面调查试验采集受蚜虫侵害的小麦光谱，计算 RVI，同步获取百株蚜量。多时相数据对比发现有蚜虫分布的区域的 RVI 小于无蚜虫分布的区域。

2）归一化植被指数（NDVI）

NDVI 被定义为近红外波段与可见光红波段灰度值之差和这两个波段灰度值之和的比值。NDVI 可表达为

$$NDVI = \frac{DN_{NIR} - DN_R}{DN_{NIR} + DN_R} \tag{3-2}$$

式中，DN_{NIR} 和 DN_R 分别为近红外波段和可见光红波段的灰度值。

NDVI 是植被遥感中应用最为广泛的植被指数，是植被生长状态及植被覆盖度的最佳指示因子。许多研究表明，NDVI 与 LAI、植株生物量、植被覆盖度、光合作用等植被参数有关，可以用于监测受病虫害胁迫而表现出生长状态不如周围健康生长植株的植物。

3）土壤调整植被指数（soil-ajusted vegetation index，SAVI）

其表达式为

$$SAVI = \left(\frac{DN_{NIR} - DN_R}{DN_{NIR} + DN_R + L} \right)(1 + L) \tag{3-3}$$

式中，DN_{NIR} 和 DN_R 分别为近红外波段和可见光红波段的灰度值；L 为一个土壤调节系数。L 随植被浓度而变化，因此引入一个以对植被量的先验知识为基础的常数作为 L 的调整值，它由实际区域条件所决定，用来减小植被指数对不同土壤反射变化的敏感性。大量研究表明，SAVI 降低了土壤背景的影响，改善了植被指数与 LAI 的线性关系。

4）差值植被指数（difference vegetation index，DVI）

$$DVI = DN_{NIR} - DN_R \tag{3-4}$$

式中，DN_{NIR} 和 DN_R 分别为近红外波段和可见光红波段的灰度值。

5）重归一化植被指数（renormalized difference vegetation index，RDVI）

$$RDVI = (NDVI - DVI)^{1/2} \tag{3-5}$$

式中，NDVI 为归一化植被指数；DVI 为差值植被指数。

6）三角植被指数（triangular vegetation index，TVI）

$$TVI = 0.5 \times [120(R_{NIR} - R_{Green}) - 200(R_{Red} - R_{Green})] \tag{3-6}$$

式中，R_{NIR} 为 750nm；R_{Green} 为 550nm；R_{Red} 为 670nm。

7）绿度植被指数（greenness vegetation index，GVI）

K-T（Kauth-Thomas）变换（又称缨帽变换）后表示绿度的分量。通过 K-T 变换可使植被与土壤的光谱特性分离。

8）垂直植被指数（perpendicular vegetation index，PVI）

在 R-NIR 的二维坐标系内，植被像元到土壤亮度线的垂直距离。其表达式为

$$PVI = (S_R - V_R)^2 + (S_{NIR} - V_{NIR})^{1/2} \tag{3-7}$$

式中，S 为土壤反射率；V 为植被反射率。PVI 较好地消除了土壤背景的影响，对大气的敏感度小于其他植被指数。

4. 病虫害可能分布区划定

根据上述选取的植被指数监测模型对应的公式，分别计算得到两个时期的植被指数 V_1 和 V_2，通过 ArcGIS 栅格计算器计算得到两个时期差值 $\Delta V = V_2 - V_1$。ΔV 值越低的区域受病虫害胁迫的可能性越高，做 ΔV 的累计直方图，取 0.6 处作为阈值，ΔV 小于该阈值的区域即可能的病虫害分布区。据此从植被指数差值图初步得到可能的病虫害分布区。

5. 野外实地调查

将可能的病虫害分布区按照植被指数差值 ΔV 高低等分为 5 个等级，在各级内以影像像元为抽样单元分别进行随机抽样，均抽取 5～10 个样本，样点数目多少视区域大小而定。

结合 3S 技术实地调查各个样点的实际病虫害情况，记录各样点是否受病虫害胁迫、受胁迫特征、受胁迫程度、病虫害类型，若发现新的病虫害类型则回到室内后须录入到先验病虫害知识库中。在记录的同时用 ASD 光谱仪或 EXO TECH-100 四波段辐射计分别采集健康生长和受病虫害胁迫的中药材的冠层光谱。

6. 监测模型修正

回到室内后查看并对比野外采集的健康生长和受病虫害胁迫的栽培中药材的冠层光谱，最终确定该病虫害类型引起的光谱变化特征，如果需要则对选取的监测模型进行修正，使其更符合监测需要。

7. 病虫害胁迫可能性推测

利用上述样点调查结果，调整植被指数，建立病虫害胁迫程度与植被指数差值的逻辑回归模型，受胁迫则为 1，不受胁迫则为 0。

将植被指数差值图代入上述回归模型中，重新得到栽培区的受病虫害胁迫可能性空间分布图。可根据需要划定阈值，得到最终需实地考察采取相应措施的区域，如按面积比例划定前 20%或是直接划定可能性值大于一定阈值的区域。

3.5.4　产量预测技术

以现有成熟的中药材单产估算方法模型为基础，将遥感信息和其他非遥感信息作为参数，依据一定的原理和方法构建新的遥感估算模型。遥感估算模型可以分为以下 4 种模式：产量-遥感光谱指数统计相关模式、潜在-胁迫产量模式、产量构成三要素模式和作物干物质量-产量模式。

目前综合大气、土壤、农作物遗传特征和田间管理等因素的作物生长模拟模型已经在农业中广泛建立起来，对栽培药材自身的遗传特征的研究也在深入中，通过数学物理方法和计算机技术摸清中药材生长过程和土壤水分平衡两个过程，从单点的尺度上解释和再现药材生长发育全过程，可以实现对中药材资源量和品质的预测。目前 GIS 技术已经广泛应用到各行业，使获得耦合中药材生长模型和GIS 系统多尺度下（如基地、县域等级等）的生长模型成为可能。

基于单株的农作物生长模型已经成为农业中模拟产量和品质的重要手段之一，预测的精度也达到约 87.5%。对栽培中药材的生长机理和遗传特征的研究使建立具有较强机理性、系统性和通用性的单株中药材生长模型成为可能。

在国外，基于土壤-植被-大气连续体中热量和水分的供应、消耗和平衡过程的作用机制已经广泛地应用到作物生长模型中，国内也逐渐重视和规范对栽培中药材的培育工作，标准化种植规范的进一步推广，为研究中药品质（有效成分含量）在生长过程模型中的形成机制提供了良好条件。

20 世纪 90 年代以来，GIS 技术在空间分析和系统集成方面发挥了巨大的优势，把 GIS 空间分析功能耦合进来，能够实现生长模型从单点尺度扩展到多尺度区域（基地、县域等级等），为实现区域内中药材长势监测与产量、品质预测提供了更便利的条件。

3.5.5　品质预测技术

中药材品质遥感监测预报主要包括统计法、遥感模型与生长模型链接法、综合法等。

统计法是通过最小二乘法、逐步回归法、神经网络法等数理统计方法建立遥感数据与植株品质的统计模型。遥感模型与生长模型链接法是通过高光谱遥感影像与植株冠层叶绿素、氮素之间的反演模型，与生长模型链接，实现对品质的监测。综合法是对植株品质的影响因子进行筛选和排序，根据先验知识和地面试验建立品质预测模型。

中药材的内在质量表现在有效成分的含量高低，当药用植物所处的外界环境条件发生了变化，其体内的次生代谢活动就会受到影响，从而使次生代谢成分的量发生变化，结果影响到药材的内在质量。受生态环境的影响，同种药用植物产地不同其所含各种化学成分的比例常有很大差别。因此，建立有效成分和气候因素之间的定性分析方程，根据道地药材有效成分积累和分配及生长中心的转移规律，可在道地药材栽培生产中进行道地药材质量预测。

光照不仅能通过影响药用植物的生长发育，决定着药材产量高低，还能显著影响药用植物体内的次生代谢活动，使其有效成分的含量发生变化，进而决定着药材的内在质量。大量的试验结果已经证实，多数药用植物体内的有效成分含量在光照充分时会有明显增加，但是对于含有生物碱的部分药用植物来讲，生长在不同的光照条件之下时，体内的生物碱含量趋势并不完全相同。一般情况下，光照增加可以提高生物碱的含量，如马铃薯块茎暴露在光照条件下时，可以合成与积累甾体类糖苷生物碱，而存放在黑暗中时，就不能形成这些生物碱。然而，有些药用植物体内生物碱含量在受到光照照射时，不仅不能提高，反而有所降低，如黑暗下蓖麻植株中的蓖麻碱的含量，就比在全光照下生长的植株有显著提高（张永清和李岩坤，1991）。总之，在进行中药材种植时，为了促进有效成分的合成与积累，提高或保证中药材的内在质量，对于不同的药用植物需要采取不同的措施，控制不同的光照条件。

生长在不同温度下的药用植物体内有效成分的种类与含量，具有一定的差异。一般说来，适宜的温度有利于药用植物体内无氮物质（如糖和淀粉等）的合成，而较高的温度有利于生物碱、蛋白质等含氮物质的合成。生长在南方的一些药用植物生物碱的含量丰富，而当它们生长在温度较低的北方时，其生物碱的含量就会很少。在温暖气候条件下，欧乌头根中含有的乌头碱具有一定的毒性，但在寒冷低温条件下生长时，它就变为无毒（陈瑛，1990）。

水分对于药用植物的正常生长发育是不可缺少的，但对于一般药用植物来讲，生长环境中过多的水分对于其体内有效成分的合成与积累是不利的。如麻黄在雨季时体内生物碱的含量会急剧下降，而在干燥的秋季其体内生物碱的含量却会上升到最高值（程景林和于庆珍，2008）。生长在水饱和度达90%的土壤中的烟草植株，只能产生微量的生物碱，而生长在土壤水饱和度为30%的情况下，烟草植株体内的生物碱的含量最高（石俊雄 等，2008）。

3.6　定向培育技术

植物品种的选育方式包括常规种和非常规育种。常规育种包括系统选育、杂交育种等；非常规种包括染色体倍性育种、诱变育种、分子标记辅助育种、转基因育种等。与一般植物相比，药用植物品种选育面临的挑战更多，在选育的过程中须充分考虑药用部位、药用成分，以及道地性等特殊因素（华国栋 等，

2008）。因此，在已经形成并应用的育种模式中，亟须完善一套针对药用植物特殊性的快速定向培育模式。

迄今为止，药用植物常规育种在优良品种选育上发挥了重大作用。常规育种主要依赖表型性状的选择，但由于可供筛选的亲本性状（特别是数量性状）具有数量少、难以获取，选育时间长、育种方向难以控制等缺点，使表型性状在植物育种中的应用受到限制，一个优良品种的培育往往需要花费几年甚至十几年的时间。

随着科学技术的不断发展，现代分子生物学技术可以加快药用植物的育种进程，缩短育种周期，有计划、有目的地创造出极其丰富的遗传变异类型，使目前常规育种技术难以实现和不敢想象的新品种培育成为可能，同时使育种时间大幅缩短，育种目标的准确性大幅提高。分子标记辅助育种（molecular mark assisted selection，MAS）以遗传学为理论基础，并综合应用生态、生理、生化、病理和生物统计等多种学科知识，利用分子标记与决定目标性状的基因紧密连锁的特点，通过检测分子标记，即可检测到目的基因的存在，达到选择目标性状的目的，具有缩短育种时间、降低盲目性、表现为"中性"、不受环境条件干扰，以及能更准确地选择复杂性状等优点。国内外育种工作者利用分子标记辅助育种方法做了很多有益的尝试，并以此改良或育成了不少品种，其中一些已开始在生产上应用。因此，在开展药用植物常规育种学研究的同时，还应该加快现代分子育种学技术和手段的研究进展，加快药用植物优良品种的定向选育工作。

在实际工作中，分子标记辅助育种的技术主要按以下几个步骤进行。

3.6.1　药用植物种质资源收集保存与评价

药用植物种质资源是进行药用植物品种定向选育的物质基础。药用植物种质资源包括所有的野生分布居群和各种栽培居群（现有品种、杂交种、人工群体等）。定向培育中优良基因的来源主要从现有种质资源中获得，依赖基因突变是次要的，因为自然突变或者人工诱发的突变，比起现有种质资源所蕴藏的丰富基因库要少得多，且突变是不定向的，多为隐性的有害突变，所以定向选育工作主要依靠现有的种质资源，在现有基因库中去筛选。保存和研究种质资源是药用植物定向选育的关键，拥有的种质资源越丰富，研究越深入，在育种工作中就越有针对性和预见性。

因此，在药用植物定向培育中，收集和保存种质资源是育种的基础，要充分挖掘、收集、保护和利用宝贵的种质资源，建立全国性或区划性药用植物种质资源基因库，充分发挥我国资源丰富、种类繁多的优势，提高育种成效。

药用植物种质资源的收集和保存可以从以下几个方面进行。

1. 野生抚育更新

野生药用植物资源，特别是珍稀濒危的野生药用植物资源应加强抚育更新研究，重点保护，以便永续利用。在该物种的原产地设立自然保护地，保护该物种的野生居群不受破坏，维持该物种的种群动态平衡。

2. 种子贮藏保存

广泛收集药用植物种子，建立药用植物种子基因库，进行种子的室内保存。保存的种子应选发育健全、生理成熟、未喷药剂或熏蒸的种子，储存在干燥、黑暗、低温的环境中以便长期维持种子的生命力。

3. 苗圃栽培保存

对不宜用种子贮藏方法保存的药用植物，如细辛、贝母、天麻、延胡索等种子在贮藏时易丧失发芽力，宜进行苗圃栽培保存，建立药用植物种质资源苗圃，收集不同产地、不同生态型的药用植物居群资源。

4. 标本及 DNA 保存

对所收集的不同产地、不同生态型的野生药用植物居群，以及栽培药用植物居群须留标本作为凭证，消毒灭菌后保存于干燥的环境中；并提取对应样品的DNA 备用，保存于-20℃冰箱。

5. 药用植物种质资源遗传多样性数据库建设

对所有收集和保存的药用植物种质资源的性状指标进行统计，获得以下指标：形态性状指标、丰产性指标、抗逆性指标、内含物指标、特殊优良性状等。获取所有收集和保存的药用植物种质资源的基因组数据。将基因组数据与优选指标结合进行组学及生物统计学研究。

3.6.2 DNA 分子标记开发

在药用植物优良品种品系选育过程中，DNA 分子标记技术正日益显示出其优势。与形态标记相比，DNA 分子标记具有以下多种优点：①直接以遗传物质 DNA 的形式表现，在生物体的不同组织和发育时期均可检测到，受季节和环境的影响较小；②数量多、分布广，遍及整个基因组；③多态性高，自然存在着许多等位变异，不需要专门创造特殊的遗传材料；④表现为"中性"，即不影响目标性状的表达，与不良性状无必然的连锁；⑤有许多分子标记表现为共显性，能够鉴别出作物品种或品系的纯合基因型与杂合基因型，为育种利用提供极大的便利。

　　药用植物的野生群体或栽培群体中均存在着许多种内多样性的变异类型，其中可能蕴藏着丰富的已知的或未知的有益基因，如控制高产、抗病、抗逆等优良性状的基因和控制有效成分代谢途径和代谢速度的基因。通过收集、鉴定、比较和评价这些宝贵的变异类型，分析这些变异类型的遗传分化程度、规律及遗传多样性水平，筛选出优良居群特有的 DNA 分子标记对药用植物定向培育有重要意义。随着测序成本的降低，已经陆续在药用植物中开展了转录组、全基因组测序，这些序列信息提供了大量分子标记，有利于高密度遗传图谱和物理图谱的构建，高密度图谱加速了分子标记与优良性状之间的连锁研究，提高了选育的效率。

　　分子标记可以划分为四大类：第一类分子标记以 RFLP 为代表，是以 Southern 杂交为核心的分子标记技术；第二类分子标记是以 SSR 和 AFLP 为代表的基于聚合酶链式反应（polymerase chain reaction，PCR）的分子标记技术；第三类分子标记是基于 SNP 的 DNA 分子标记技术；第四类分子标记为基于全基因组学的 DNA 高变区多态性序列分子标记技术。历史上曾经使用过的分子标记见表 3-1。

表 3-1　分子标记总结表

分子标记名称	分子标记英文名称及缩写
限制性片段长度多态性	restriction fragment length polymorphism，RFLP
随机扩增多态性 DNA	random amplified polymorphic DNA，RAPD
随机扩增微卫星多态性	random amplified microsatellite polymorphism，RAMP
简单序列长度多态性	simple sequence length polymorphism，SSLP
简单重复序列区间	inter-simple sequence repeat，ISSR
随机引物 PCR	arbitrarily primed polymerase chain reaction，AP-PCR
DNA 扩增指纹	DNA amplification fingerprinting，DAF
简单序列重复	simple sequence repeat，SSR
序列标记位点	sequence-tagged site，STS
序列特异性扩增区域	sequence-characterized amplified region，SCAR
单链构象多态性	single-strand conformation polymorphism，SSCP
双脱氧化指纹法	dideoxy fingerprints，ddF
扩增片段长度多态性	amplified fragment length polymorphism，AFLP
酶切扩增多态性序列	cleaved amplified polymorphic sequence，CAPS
单核苷酸多态性	single nucleotide polymorphism，SNP
DNA 高变区多态性序列	DNA hypervariable region（HVR）polymorphic sequence

3.6.3　结合 DNA 分子标记辅助鉴定的方法进行药用植物定向培育

采用分子标记辅助选择技术直接利用与品质相关的有利基因，筛选与目标基因紧密连锁的特有分子标记，利用该标记对供试亲本进行分离和纯化，达到稳定的一致性，从而提高育种效率。辅助选择可以在植物发育的任何阶段进行，而且不受基因表达和环境因素的影响；共显性标记可区分纯合基因型和杂合基因型，所以能在分离世代的早期进行选择；对一些表型鉴定困难的性状（如抗病性、抗逆性等）也可进行基因型鉴定。分子标记辅助育种也可聚合多个控制不同性状的基因以提高育种效率（吴昊 等，2014）。基因聚合是将多个有利基因通过选育途径聚合到一个品种中，这些基因可以控制相同的性状，也可控制不同的性状，基因聚合突破了回交育种改良个别性状的局限，使品种在多个性状上同时得到改良，产生更具有实用价值的育种材料。

3.6.4　药用植物定向培育技术的发展前景和要求

尽管药用植物定向培育技术的应用进展很快，前景也十分诱人，但还有许多基础理论研究和技术上的问题尚未解决，尤其是药用植物遗传基础方面的研究还十分薄弱，有关药用植物有效成分的生物合成和遗传调控机理的研究还需要进一步深入。对药用植物品种选育的要求如下。

1. 加强种质资源研究

种质资源是品种选育的物质基础，其中核心种质是资源保护及品种选育的重点。中药资源丰富的生物多样性及遗传多样性为中药材优良品种选育提供了的优异的种质资源。在对中药资源进行种质资源调查、收集和保存的基础上，建立中药资源濒危药物预警系统，有重点地对现有资源进行濒危等级划分，并重点收集道地药材的野生种质资源，构建中药资源的核心种质库。同时运用遗传学、生物学、化学、中药学、中药资源学等相关学科的技术方法，对中药种质资源进行鉴定，并建立规范化的中药种质资源的评价体系，从稳定性、整齐性、适应性和特异性等方面对种质资源进行评价。这不但是保护中药种质资源的必由之路，也是中药材品种选育的基础工作。由中国中医科学院牵头，全国 50 多家中医药研究单位共同承担的国家科技基础条件平台项目"霍山石斛种质资源研究"（项目编号：2004DKA30410）和"药用植物种质资源标准化整理、整合及共享试点"（项目编号：2005DKA21004）已经开展了相关研究工作。

2. 把握品种选育目标

中药品种选育要兼顾产量、质量、抗逆性、不同药用部位等多重要求，其中不少特性在品种选育中不能兼顾，有些甚至相反。因此，中药品种选育的目标应根据需要来确定。如对于多数中药材通常选择高产优质的品种或类型；以提取有效成分为目的的中药材通常选择成分含量高的品种或类型；花类中药材通常选花多、药用部位集中、便于机械化采收的品种或类型；种子、果实类中药材通常选果大、粒重、产量高的品种或类型；生长周期长的中药材则通常选早熟品种或类型。

3. 重视道地药材及野生品

道地药材是优质中药材的代表，其质量、产量、抗逆性等指标都符合中药优良品种的要求；而野生品，特别是野生亲缘植物或古老地方种，常具有独特优良性状和抵御自然灾害的特性，是人类的宝贵财富和中药材品种改良的源泉。因此中药品种选育要高度重视从道地药材及中药野生品中发掘优良品种。

4. 重视数量性状研究

越来越多的研究表明，中药资源在不同居群间及同一居群的不同个体间均存在很大差异。黄璐琦（2006）指出，中药资源在产量、质量、性状等方面都表现为由多基因控制的连续变异。多基因表达极易受环境影响，这既是中药材在栽培过程中极易发生品种退化的原因，也为中药材品种选育增加了难度。中药材在品种选育过程中，要把表型方差和环境方差分离出来，并判断出选择群体各性状的变异程度，从而使选择具有可预见性。

5. 建立健全品种选育机制

长期以来，中药材品种选育处于自发自主、自生自灭的状态中，在人才技术培养、资金保障、基地建设、品种鉴定、良种推广等环节都缺少有序性。考虑中药材品种选育的复杂性、艰苦性和迫切性，国家和地方应及时地给予积极的指导和扶持。例如，国家通过制定优惠政策和鼓励措施，鼓励更多的科研院校、中药企事业单位积极参与优良品种或新品种的研究选育工作，支持品种选育基地的建立，建立健全品种鉴定机构及相关法规（中药材品种认定及管理办法、中药材种子种苗管理办法等），开展品种鉴定，并支持良种推广等。其中，建立国家级的中药材品种和优良品种审定机构是关键。只有建立优良品种的监管体系，加快中药材品种标准的制定，才能及时对中药材新品种进行评审鉴定，对优质新品种实行注册证书管理，从而使品种选育的各项工作走向良性循环。

6. 加强优良品种推广

优良品种只有在农业生产中推广应用才会有生命力，也才能得到进一步的驯化或选育。针对中药材良种推广差的现状加强以下几个方面的工作：首先，原种持有者应主动加强对中药材优良品种的宣传普及，提高药农对优良品种的认知程度，从而实现中药材优良品种的优质优价；其次，由于良种选育及推广需要周期，原种持有者需要不断地进行品种选育来维持原种的优良品种，并扩繁一定数量的子一代种产品供生产上应用，为了获得充足的原种，原育种单位必须建立原种扩繁基地；最后，国家也应及时地给予政策法规，甚至资金支持，以维护原种培育者的利益及确保生产的可持续进行。唯有如此，才能真正培育出有生产利用价值的中药材优良品种（华国栋 等，2008）。

第4章
中药生态农业中的科学施肥

4.1　生产中氮肥施用及其对中药材产量和质量的影响

中药材在生长过程中需要包括 N、P、K、Mn、Zn 等在内的多种营养元素，其中氮元素是目前为止中药材种植中研究最为深入的一类营养元素。在中药材种植过程中自 20 世纪 60 年代以来开始施用化肥，氮肥是生产中施用频率最高的化肥。因此，本部分主要以氮为重点介绍了肥料对包括中药及生态系统在内的中药生态农业的影响及机理，并展开介绍了中药生态农业中科学施肥的要点。

普遍认为施用氮肥可提升中药材产量，因此在中药材栽培中普遍存在严重的偏施、过量施氮的现象。只有科学施用氮肥才能达到提升作物产量和质量的目的。近年来的研究发现，过量施氮不仅不能提高中药材产量，甚至还会降低其产量和品质。

一直以来，对药用植物施氮的研究大多集中在施氮对某种中药材的产量及一种或几种药效成分含量的影响方面。然而，施氮对中药材产量及质量的影响究竟是什么，施氮对中药材产量及质量的调控机理是什么鲜有研究报道。为此，本节在总结了近 20 年来我国配方施肥研究中施氮情况的基础上，分析了施氮对中药材产量和质量的影响及调控机理，旨在为科学、合理地对药用植物施氮提供参考。

4.1.1　药用植物施氮研究现状

合理的施氮浓度、优化的施氮技术一直是中药农业科研工作者研究的热点，更是药农种植中药材时最关心的问题之一。近 20 年来，我国关于中药材配方施肥的研究逐渐兴起。这些研究以提高药效成分、产量等为目标，通过田间及盆栽试验、采用三因素饱和-D 二次最优设计、正交设计等方法，在全国各地设置不同浓度、配比的施肥方案并统计中药材产量、次生代谢产物、挥发油等含量，通过模型拟合出不同中药材品种在各产地的最佳施氮浓度。

目前，国际上普遍采用的科学施肥技术为测土配方施肥，即根据植物需肥规律、土壤供肥性能及肥料效应进行科学施肥。为了更好地了解药用植物的需肥性，避免中药材种植者盲目施氮或照搬当地农作物的施氮技术，为中药材的配方施肥提供基础数据，以"中药材 施氮"及"药用植物 施氮"为关键词查阅了 1998～2019 年关于中药材种植中施氮研究的相关文献，总结了不同地区、不同中药材最佳氮肥、磷肥、钾肥施用浓度等有关信息（表 4-1）及不同地区土壤肥力程度信息（表 4-2）。需要说明的是，由于氮、磷、钾之间具有协同效应，氮肥与磷肥、钾肥的合理配施能够促进中药材高产，因此关于药用植物施氮技术研究中，大部分同时涉及氮肥、磷肥、钾肥的配比。本节统计了施氮研究中有关氮肥、磷肥、钾肥的配比，旨在为广大中药材种植者和相关研究人员提供更有实用价值的参考信息。

　　药用植物施氮研究通常以不同浓度组合的氮肥、磷肥、钾肥为处理，并比较各处理的中药材产量、药效成分含量，表 4-1 中建议施氮浓度为固定值的研究是在不同氮肥、磷肥、肥浓度处理组中，筛选出中药材产量或药效成分含量最高的浓度处理作为建议施肥浓度。建议施氮浓度为一个区间的研究是根据不同施肥浓度处理组的中药材产量、药效成分含量等数据，先拟合出氮肥、磷肥、钾肥浓度与中药材产量、药效成分含量等之间关系的肥料效应方程，再以一定范围的中药材产量、药效成分含量为目标，代入肥料效应方程得出建议施肥浓度范围。

　　表 4-1 中共总结了 57 篇文献中中药材氮肥、磷肥、钾肥的建议施用浓度，以不同入药部位进行整理，涉及中药材品种 47 个。其中多数研究报道了建议施用纯氮的浓度，其他研究报道的是建议施用的尿素浓度。为方便比较，建议施用尿素浓度按其中的氮百分比含量折合成建议施用纯氮浓度，对于没有报道尿素中纯氮百分比的研究，按照 46%的纯氮含量（大部分研究中尿素的含氮量为 46%）进行折算。此外，由于对厚朴、何首乌、山银花的研究针对的是盆栽苗或单株植物，无法与其他研究的施氮浓度单位统一，分析时未包括此 3 篇文献。结果表明，以上研究中尿素为中药材种植过程中最常用的氮肥产品，对表 4-1 中药用植物建议施氮浓度进行了分析，发现以不同部位入药的药用植物建议施氮浓度之间并没有显著差异 [单因素方差分析（analysis of variance，ANOVA），$F=0.299$，$P=0.963$]。但不同中药材品种的建议施氮浓度呈现较大差别，为 0～1 035.55kg/hm^2，建议施氮浓度最低的品种为三七，最高的品种为南板蓝。建议施氮浓度为 100～199kg/hm^{2}的研究文献最多，占研究总数的 37.04%（甘草、藿香、丹参等）；其次为 200～299kg/hm^2，占研究文献总数的 25.93%（川芎、穿心莲、蒺藜等）；再次为 0～99kg/hm^2，占研究文献总数的 14.81%（蒙古黄芪、瓦布贝母、益母草、山银花、金银花等）；仅有 1 篇研究文献建议施氮浓度高于 700kg/hm^2（图 4-1）。不同中药材需氮量的差异可能主要与以下因素有关。①施肥前土壤的肥力程度。在所有

表 4-1　1998～2019 年中药材氮肥、磷肥、钾肥的建议施用量

中药材	入药部位	氮肥/（kg/hm²）	磷肥/（kg/hm²）	钾肥/（kg/hm²）	位置	年份
蒙古黄芪	根	尿素 90.03～103.57（氮含量 46.4%≈41.77～48.06）	过磷酸钙 70.12～156.21	硫酸钾 96.14～167.57	陕西	2017
蒙古黄芪	根	氮 95.71～98.45	五氧化二磷 124.76～134.07	氧化钾 77.27～97.43	陕西	2016
蒙古黄芪	根	氮 225.00	五氧化二磷 150.00	氧化钾 79.41	陕西	2015
蒙古黄芪	根	尿素 78.90（氮含量 46.4%≈36.61）	过磷酸钙 99.10	硫酸钾 65.00	北京	2017
根茎冰草	根	氮 281.10	磷 749.90	钾 153.50	内蒙古	2016
紫菀	根	尿素 322.35～630.45（氮含量 46%≈148.28～290.01）	过磷酸钙 742.95～986.25	硫酸钾 395.10～644.55	云南	2015
何首乌	根	0.00～2.32（g/盆）	五氧化二磷 4.32（g/盆）	氧化钾 6.00（g/盆）	贵州	2012
桔梗（二年生）	根	氮 102.44～129.86	五氧化二磷 81.96～114.36	氧化钾 126.00～172.32	陕西	2012
三岛柴胡（一年生）	根	氮 93.30	五氧化二磷 0.00	氧化钾 121.50	山东	2010
三岛柴胡（二年生）	根	氮 186.60	五氧化二磷 546.20	氧化钾 0.00	山东	2010
三岛柴胡	根	氮 207.00	五氧化二磷 72.00	氧化钾 234.00	河北	1999
北柴胡	根	尿素 167.00～246.00（未说明氮含量≈76.82～113.16）	过磷酸钙 451.00～529.00	硫酸钾 224.00～269.00	陕西	2005
怀牛膝	根	氮 261.42	五氧化二磷 96.01	氧化钾 220.01	河南	2008
南板蓝	根	氮 931.96～1 035.55	五氧化二磷 140.80～172.80	氧化钾 388.80～432.00	贵州	2007

续表

中药材	入药部位	氮肥/（kg/hm²）	磷肥/（kg/hm²）	钾肥/（kg/hm²）	位置	年份
板蓝根	根	尿素 869.00（氮含量 46%≈399.74）	过磷酸钙 1 428.60	硫酸钾 0.00	江苏	2007
党参	根	氮 155.00	五氧化二磷 250.00	氧化钾 60.00	甘肃	1999
滇重楼	根茎	氮 517.50	五氧化二磷 270.00	氧化钾 0.00	云南	2016
甘草	根茎	氮 171.00	五氧化二磷 292.50	氧化钾 49.50	甘肃	2014
川芎	根茎	氮 201.00～206.00	过磷酸钙 458.00～522.00	硫酸钾 362.00～388.00	四川	2014
山药	根茎	尿素 988.00（氮含量 46%≈454.48）	过磷酸钙 489.30	硫酸钾 987.30	山东	2014
三七	根茎	氮 0.00	五氧化二磷 255.15	氧化钾 853.05	云南	2013
三七	根茎	氮 337.50～450.00	—	—	云南	2008
黄精	根茎	氮 103.91～136.18	五氧化二磷 121.39～124.27	氧化钾 68.16～92.63	陕西	2012
丹参	根茎	氮 210.00	五氧化二磷 75.00	氧化钾 90.00	河南	2010
丹参	根茎	氮 225.00	五氧化二磷 120.00	氧化钾 150.00	河北	2008
丹参	根茎	氮 150.00	五氧化二磷 120.00	—	山东	2008
白及	茎	氮 90.00～180.00	五氧化二磷 105.00～157.50	氧化钾 45.00～135.00	贵州	2009
泽泻	茎	尿素 315.61～370.50（氮含量 46.4%≈146.44～171.91）	过磷酸钙 169.94～199.50	硫酸钾 206.36～242.25	四川	2017
泽泻	茎	氮 225.00	五氧化二磷 187.50	氧化钾 225.00	福建	2006
瓦布贝母	茎	尿素 8.98～12.00（氮含量 46%≈4.13～5.52）	过磷酸钙 38.79～43.37	硫酸钾 17.44～24.49	四川	2019

续表

中药材	入药部位	氮肥/(kg/hm²)	磷肥/(kg/hm²)	钾肥/(kg/hm²)	位置	年份
藤三七	茎	氮 575.00	—	氧化钾 390	甘肃	2009
大蒜	茎	氮 160.00~350.00	五氧化二磷 120.00~155.00	氧化钾 133.40	河南	1998
扶芳藤	茎叶	氮 247.00	五氧化二磷 148.90	氧化钾 123.50	广西	2009
益母草	地上部分	尿素 150.00（氮含量 46.4%≈69.60）	过磷酸钙 250.00	硫酸钾 480.00	四川	2019
益母草	地上部分	氮 400.00	磷 448.00	钾 333.00	北京	2007
藿香	地上部分	氮 150.65	磷 87.28	钾 114.77	江苏	2018
广金钱草	地上部分	氮 424.00~645.00	磷 495.00~590.00	钾 300.00~410.00	广州	2014
广金钱草	地上部分	氮 120.00	磷 80.00	钾 80.00	广州	2013
荆芥	地上部分	氮 195.80	五氧化二磷 92.60	氧化钾 130.30	北京	2010
黄花蒿	地上部分	尿素 186.00~242.00（氮含量 46%≈85.56~111.32）	过磷酸钙 874.00~1 023.00	氯化钾 135.00~165.00	重庆	2009
青蒿	地上部分	氮 300.00	五氧化二磷 150.00~300.00	氧化钾 210.00	重庆	2009
穿心莲	地上部分	氮 225.00	五氧化二磷 540.00	—	安徽	2007
灯盏花	全草	氮 151.40	五氧化二磷 120.70	氧化钾 71.00	云南	2019
艾纳香	全草	氮 100.00	五氧化二磷 200.00	氧化钾 200.00	贵州	2018
香青兰	全草	氮 225.00	—	—	内蒙古	2009
花曲柳	皮	氮 100.00~150.00	—	—	黑龙江	2017

续表

中药材	入药部位	氮肥/（kg/hm²）	磷肥/（kg/hm²）	钾肥/（kg/hm²）	位置	年份
厚朴	皮、根和枝	尿素 60.00（氮含量 46%≈27.60）（g/株）	过磷酸钙 120.00（g/株）	硫酸钾 50.00（g/株）	福建	2014
山银花	花	氮 26.78~35.42（g/株）	磷 16.46~24.37（g/株）	钾 32.57~46.62（g/株）	重庆	2013
杭白菊	花	氮 150.00	—	—	山东	2010
金盏花	花	氮 169.68	五氧化二磷 111.16	氧化钾 67.13	甘肃	2010
金银花	花	尿素 140.00（氮含量 46%≈64.40）	过磷酸钙 420.00	硫酸钾 105.00	陕西	2009
瓜蒌	果	氮 183.00	磷 565.00	钾 270.00	山东	2016
夏枯草	果	氮 303.90~335.10	五氧化二磷 432.50~500.60	氧化钾 206.60~240.20	安徽	2011
蒺藜	果	尿素 450.00（氮含量 46%≈207.00）	过磷酸钙 500.00	硫酸钾 270.00	吉林	2009
三叶木通	果	尿素 900.00（氮含量 47.5%≈427.50）	钙镁磷 900.00	硫酸钾 750.00	江西	2008
王不留行	种子	氮 150.00	—	—	河北	2018
银杏	种子	尿素 555.50（氮含量 46.3%≈257.20）	过磷酸钙 555.50	氯化钾 444.50	江苏	2013

表 4-2　1998~2019 年中药材土壤本底氮、磷、钾含量

中药材	入药部位	氮/（mg/kg）	速效磷/（mg/kg）	速效钾/（mg/kg）	位置	年份
蒙古黄芪	根	全氮 20.00	2.30	85.00	陕西	2017
蒙古黄芪	根	全氮 200.00；碱解氮 20.00	2.30	85.00	陕西	2016
蒙古黄芪	根	全氮 900.00；碱解氮 20.00	2.30	85.00	陕西	2015
蒙土黄芪	根	—	—	—	北京	2017
根茎冰草	根	—	—	—	内蒙古	2016
秦艽	根	—	—	—	云南	2015
何首乌	根	碱解氮 147.61	31.97	117.73	贵州	2012
桔梗（二年生）	根	—	—	—	陕西	2012
三岛柴胡（一年生）	根	碱解氮 75.60	33.71	114.28	山东	2010
三岛柴胡（二年生）	根	碱解氮 75.60	33.71	114.28	山东	2010
三岛柴胡	根	碱解氮 11.50	18.50	72.00	河北	1999
柴胡	根	全氮 810.00；碱解氮 45.52	17.89	161.81	陕西	2005
怀牛膝	根	全氮 680.00；碱解氮 30.75	7.67	84.80	河南	2008
南板蓝	根	碱解氮 210.60	6.70	39.70	贵州	2007
板蓝根	根	全氮 500.00~1 000.00	—	—	江苏	2007
党参	根	碱解氮 79.50	5.84	82.70	甘肃	1999
滇重楼	根茎	全氮 1 260.00；碱解氮 111.95	0.57	170.50	云南	2016
甘草	根茎	碱解氮 22.94	18.50	125.00	甘肃	2014

续表

中药材	入药部位	氮/(mg/kg)	速效磷/(mg/kg)	速效钾/(mg/kg)	位置	年份
川芎	根茎	—	—	—	四川	2014
山药	根茎	碱解氮 44.90	51.50	61.80	山东	2014
三七	根茎	全氮 1 250.00; 速效氮 36.99	91.90	246.52	云南	2013
三七	根茎	—	—	—	云南	2008
黄精	根茎	全氮 970.00; 碱解氮 52.46	7.89	270.04	陕西	2012
丹参	根茎	碱解氮 74.00	11.50	160.00	河南	2010
丹参	根茎	碱解氮 73.50	38.76	121.50	河北	2008
丹参	根茎	全氮 1 340.00; 速效氮 105.93	63.07	88.24	山东	2008
白及	茎	全氮 2 780.00; 碱解氮 44.94	4.00	150.00	贵州	2009
泽泻	茎	全氮 2 810.00; 碱解氮 147.33	12.20	83.42	四川	2017
泽泻	茎	碱解氮 161.00	113.50	76.56	福建	2006
瓦布贝母	茎	碱解氮 490.06	105.11	168.55	四川	2019
藤三七	茎	全氮 980.00; 碱解氮 65.00	8.60	122.00	甘肃	2009
大蒜	茎	碱解氮 42.80~67.10	14.90~23.40	88.10~126.50	河南	1998
扶芳藤	茎叶	—	—	—	广西	2009
益母草	地上部分	—	—	—	四川	2019
益母草	地上部分	全氮 160.00	2.04	10.82	北京	2007
藿香	地上部分	全氮 1 650.00	39.80	124.00	江苏	2018
广金钱草	地上部分	—	60.00	60.00	广州	2014
广金钱草	地上部分	—	—	—	广州	2013

续表

中药材	入药部位	氮/(mg/kg)	速效磷/(mg/kg)	速效钾/(mg/kg)	位置	年份
荆芥	地上部分	—	—	—	北京	2010
黄花蒿	地上部分	—	—	—	重庆	2009
青蒿	地上部分	全氮 1 030；碱解氮 98.10	13.60	78.80	重庆	2009
穿心莲花	地上部分	碱解氮 64.40	7.50	28.00	安徽	2007
灯盏花	全草	全氮 2 100.00	8.40	21.30	云南	2019
艾纳香	全草	碱解氮 50.75	4.30	78.00	贵州	2018
香青兰	全草	碱解氮 41.40	24.15	114.60	内蒙古	2009
花曲柳	皮	—	—	—	黑龙江	2017
厚朴	皮、根和枝	速效氮 70.73	1.52	27.74	福建	2014
山银花	花	全氮 3 059.00；硝态氮 33.64	10.55	101.65	重庆	2013
杭白菊	花	碱解氮 105.92	13.06	102.36	山东	2010
金盏花	花	全氮 860.00；碱解氮 63.20	8.69	91.95	甘肃	2010
金银花	花	全氮 980.00；碱解氮 87.40	12.80	136.60	陕西	2009
瓜蒌	果	碱解氮 61.50	27.94	129.50	山东	2016
夏枯草	果	全氮 790.00；碱解氮 53.90	14.20	168.80	安徽	2011
蒌蒿	果	—	—	—	吉林	2009
三叶木通	果	全氮 32 800.00	—	—	江西	2008
王不留行	种子	—	—	—	河北	2018
银杏	种子	全氮 538.00；碱解氮 61.25	4.53	95.17	江苏	2013

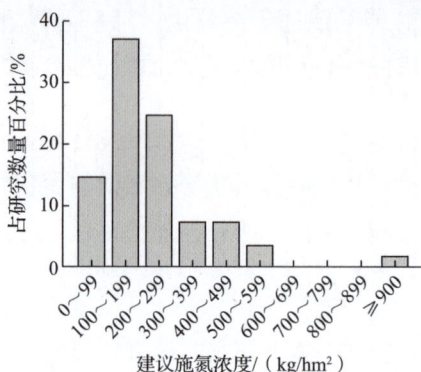

图 4-1　药用植物施氮研究中建议施氮浓度的分布情况

中药材品种中，赵宏光等（2014）对云南省石林县三七的研究及胡继田等（2012）对贵州省贵阳市何首乌的研究给出的建议施氮浓度最低（0）。葛阳等（2021）通过与其他研究对比，发现这两地土壤中氮、磷、钾 3 种元素中的氮、磷两种元素含量在所有研究中排名前十，土壤养分整体处于"极丰"状态，可能为中药材的生长提供了足够的营养，因此无须施氮。进一步对表 4-2 中施肥前土壤氮、磷、钾含量与药用植物施氮浓度进行回归分析发现，当对表中所有药用植物施氮浓度与土壤氮、磷、钾含量进行回归分析时，二者并不显著相关（单因素 ANOVA，$F=1.672$，$P=0.196$）。但当仅研究以根或根茎入药的药用植物施氮浓度与土壤中氮、磷、钾含量回归关系时，发现二者显著相关（单因素 ANOVA，$F=4.732$，$P=0.021$）。研究结果表明，根及根茎入药的药用植物对土壤养分的敏感程度高于以叶、花、果等其他部位入药的药用植物。并且，对各地土壤氮、磷、钾含量进行分析时发现，种植不同药用植物的土壤本底氮、磷、钾含量之间有一定差异，其中根茎入药的药用植物种植的土壤中钾含量显著较高（单因素 ANOVA，$F=0.299$，$P=0.963$）。这些发现表明，对于药用植物，特别是以根及根茎入药的药用植物，测土配方施肥的科学性和重要性，只有在施氮前明确土壤中的养分含量，才能制定出合理的中药材施肥方案。②研究目的。同一中药材品种，即使在同一地区，研究目的的不同也会造成建议施氮浓度的较大差异。如同样是陕西榆林地区的蒙古黄芪，以黄芪多糖、皂苷等药效成分含量为目标时建议施氮浓度为 225kg/hm^2（高青鸽，2015），而以药效成分及产量超过 3 400kg/hm^2 为目标时，建议施氮浓度为 95.71～98.45kg/hm^2（程萌萌，2016）。因此，明确生产目标是制定合理施氮方案的前提。③中药材品种。不同中药材品种在生长发育过程中对氮的需求量可能有较大差异。表 4-1 列出的所有研究中建议施氮浓度最高的品种为南板蓝（931.96～1 035.55kg/hm^2），显著高于其他中药材品种（单因素 ANOVA，$F=4.28$，$P=0.002$），表 4-2 中，贵州土壤碱解氮含量最高，磷、钾含量也处于中等水平。这可能是由于南板蓝在生长过程中具有需氮量高的特性，才导致了对其的建议施氮浓度显著高于其他中药材品种。

综上所述，要实现中药材的科学施氮，应充分考虑以上 3 个方面的因素，即了解土壤的本底养分含量，并且在明确生产目标的前提下，借鉴前人对该药用植物需肥量的研究结果（表 4-1），根据土壤营养本底数据及该中药材拟需肥量，制定合理的配方施肥方案。

4.1.2　氮肥对中药材产量的影响及机理

1. 氮肥对中药材产量的影响

葛阳等（2021）的研究发现，施氮能够提高川芎、丹参等多种中药材的产量，对蒙古黄芪、南板蓝等中药材产量的贡献尤为突出。缺氮会导致西洋参根部生长发育不良，出现增重少且根变细等问题（陈震 等，1996）。需要注意的是，尽管适当施氮能够增加产量，但过量施氮对产量的促进作用微乎其微。吴波和吕磊（2009）研究发现，过量施 30% 的氮肥仅能使玉米产量增加 4%。刘灵（2009）发现对川芎施用低、中、高氮后，不同施氮处理之间川芎干重分别比对照高 32.3%、32.5%、35.6%，3 种施氮处理之间并无显著差异。当施氮浓度过高时，甚至会对植物（包括中药材）产量产生不利影响。彭新新（2015）对小麦的研究发现，小麦产量随施氮浓度的增加呈先增加后降低的趋势。代乐英（2018）对中药材的研究发现，猫尾草施氮浓度加倍后，会导致其产量降低及土壤中过量氮的积累；对益母草、艾纳香等施氮浓度过高时会导致其产量和品质的降低，在磷肥施用浓度相同的情况下，当尿素施用浓度从 150kg/hm² 增加至 300kg/hm² 时，益母草产量不仅没有升高，反而从 298.56kg/hm² 下降至 297.41kg/hm²，并且其药效成分盐酸水苏碱含量从 1.14% 下降至 1.08%（徐建中 等，2007；蓝惠萍 等，2017）。此外，研究发现对于藤三七、何首乌等药材甚至推荐不施氮，施氮会导致藤三七产量下降（黄鹏 等，2009）。

2. 氮肥影响中药材产量的机理

施氮可能主要通过以下 5 个方面调控中药材产量。

1）中药材中干物质的积累

适量施氮对中药材干物质的主要构成成分——蛋白质的积累具有促进作用。这与施氮后药用植物中营养元素含量的变化密切相关。适量施氮后植物中氮含量多随氮肥的施用而增加。氮作为植物正常生长、发育的必需元素，一般占植物干重的 1.5%～2.0%，占植物总蛋白质的 16%。适量施氮还能够进一步促进中药材对于氮素的吸收。因此，适量施氮可提升中药材中氮及蛋白质的含量，从而提升中药材产量。对中药材的研究发现，施氮后板蓝根总氮含量显著升高（唐晓清 等，2018）；施氮后广金钱草、银莲花中可溶性蛋白质的含量也显著提高（黄敏，2008）。并且，适量施氮也能提高中药材（如丹参）中可溶性糖、淀粉的积累。对于一些以根入药的中药材，施氮引起的根部干物质的积累甚至大于地上部的积累。但是，过量施氮会导致中药材中干物质含量的下降，如丹参施氮浓度超过 150kg/hm^2 后，植株中可溶性糖、淀粉含量及产量都会下降，甚至还会造成烧苗（薛永峰，2008）。

2）中药材的水分利用率

水分是除营养外制约植物产量的另一重要限制性因素，特别是在干旱及半干旱地区，如我国的西北部，水分对植物产量的形成至关重要，水分利用率的提高会促进产量的提升。在一定的施氮浓度范围内施氮可能会提高植物的水分利用率。适量施氮能提高中药材水分利用率的原因有两点。一方面，适量施氮促进植物根系的生长、增加长根数量，有利于中药材对深层土壤水分的吸收及土壤水分利用率的提高。另一方面，施氮后植物中氮含量通常增加，但磷含量多降低，氮磷比上升，研究发现氮磷比的提升也是促进植物水分利用率提高的重要原因（杨文和周涛，2008）。然而，过高的施氮浓度无法进一步促进植物水分利用率的提高，甚至导致植物氮利用率的降低。施氮浓度过高时，氮淋洗损失会逐渐增强，并且当土壤环境中氮过多时，会增加土壤环境压力，抑制根部吸收水分，研究表明对小麦过量施氮会降低 0～200cm 深土层的储水量，对植物生长不利（尹嘉德 等，2022）。

3）植物的生长及光合作用

适量施氮能够增强叶片的光合作用能力，光合作用的增强有利于营养器官的生长，增加叶面积指数和植物的蒸腾速率。对于中药材的研究发现，氮肥作为茎叶生长的重要元素，能有效促进荆芥的分枝数及成穗数，还能增加禾本科的分蘖数（张文军 等，2010；崔禄和张玉霞，2012）。特别是在干旱条件下，施氮能够缓解叶绿素 a、叶绿素 b 的降解，进而保护干旱条件下中药材的产量。但是，过高的施氮浓度则无法进一步促进植物的生长。

4）毒性物质

过高的施氮浓度会产生亚硝酸盐等毒性物质，对植物及土壤微生物产生毒害作用，影响植物对周围环境的物候反应及生理反应，并降低土壤中微生物的多样性，这都可能会降低药用植物的产量。

5）病虫害

施氮对产量的影响除了取决于植物自身，与病虫害的危害程度也紧密相关。施氮对中药材抗性具有调控作用。对农作物的研究表明，虽然施肥会促进水稻的生长，但同时也加重了病虫害，导致施肥后的产量与未施肥相比不升反降（王国

荣 等，2015）。对中药材的研究发现，红花施氮过多会诱发炭疽病，延胡索生长
后期施氮过多会发生严重的霜霉病及菌核病（董岩，1996）。也有研究表明，施氮
会提高植物对全蚀病、赤叶斑病等的抗性，降低一些死体营养型病原菌的侵染力
（鲁耀 等，2010）。

因此，把握施氮量对提高中药材产量至关重要，此外，选对施氮时期也是促
进中药材产量提升的关键。在中药材生育前期，通常对氮素需求较为迫切。在此阶
段施氮，能更好地促进中药材干物质的积累。对川芎的研究发现，春季施氮能够
显著提高川芎产量，然而在夏秋季节再施氮就起不到增产的效果（刘灵，2009）。

4.1.3　施氮对中药材质量的影响及机理

次生代谢产物作为中药材的主要药效成分，是构成中药材质量的物质基础。
20 世纪 50 年代，研究发现植物中的次生代谢产物是抵御病原物和植食性昆虫的
重要抗性物质，由于这些代谢产物并不是在初级代谢中直接发挥作用，因此被称
为次生代谢产物。次生代谢产物约有 10 000 种，是植物抗性相关物质的重要组成
部分。中药材中的次生代谢产物种类繁多，如芥子油苷、萜类、生物碱等。植物
中次生代谢产物的含量受多种因素的调控，不同植物（包括中药材）对氮肥的响
应不同，有的植物抗性完全或者几乎完全由植物的基因型决定，如已经适应了贫
瘠营养条件的植物，营养条件等的变化不会对其次生代谢产物含量产生显著影响。
对于其他受营养条件影响、在抗性方面可塑性较强的植物，施肥是造成不同栽培
条件下植物次生代谢产物含量差别的主要原因，比施用杀虫剂的影响更强。受施
氮影响的次生代谢产物既包括含氮次生代谢产物（生物碱、非蛋白质氨基酸等），
又包括非含氮次生代谢产物（酚类、萜烯、类黄酮、鞣酸等）。

1. 施氮对含氮次生代谢产物的影响及机理

关于施氮对中药材中含氮次生代谢产物影响的研究发现，适量施氮能够增加川
芎、黄连、苦豆子、益母草等多种中药材中生物碱的含量。川芎施氮（31.8kg/hm^2）
后其总生物碱含量较不施肥对照组提高 49.50%；黄连施氮后，黄连根茎中小檗碱
含量明显高于不施氮的对照组，且在一定浓度范围内小檗碱含量随施氮浓度增加而
增加（曾烨 等，2013）；不同浓度氮肥均有提高苦豆子叶、茎、根中苦参碱含量的
效应，施氮浓度为 150kg/hm^2 时苦豆子中苦参碱积累量提高效果最显著，叶、茎、根
中苦参碱含量较不施氮对照组分别提高 77.9%、42.6% 和 59.5%（陈晓丽和郭玉海，
2013）；益母草中盐酸水苏碱和总生物碱含量也在施氮后显著提高（张燕 等，
2007）。γ-氨基丁酸（gamma aminobutyric acid，GABA）是非蛋白质氨基酸，也是
多种中药材的有效成分，具有降压等作用。虽然目前尚无施氮对中药材中非蛋白

质氨基酸影响的报道，但对农作物水稻的研究发现，施氮能够增加其 GABA 的含量（刘强 等，2000）。之所以适量施氮能够增加植物（包括中药材）中含氮次生代谢产物含量，可能与叶片是合成生物碱的第一器官有关，适当施氮能够增加生物碱合成前体所需的氮源，从而提高了生物碱的积累。生态学中关于营养调控植物抗性的一个重要假说——碳素-营养平衡假说（carbon-nutrient balance，CNB）认为，施氮会降低植物中碳与其他营养物质（通常为氮）的比值，从而使植物中含氮的次生代谢产物水平升高（Stamp，2003）。

2. 施氮对非含氮次生代谢产物的影响及机理

对于非含氮次生代谢产物，施氮后通常会造成中药材中酚类物质含量的显著降低。当磷肥、钾肥施用量相同时，施氮 8 个月后，不施氮的丹参中迷迭香酸含量约为 4%，高于施用低浓度（0.423g/L）、中浓度（0.845g/L）、高浓度（1.263g/L）氮肥的丹参中约 2.4%、2.0%、1.7%的迷迭香酸含量；并且丹酚酸 B 也呈现出相同的趋势，即施氮浓度越高，丹酚酸 B 含量越低，施氮 8 个月后，施高浓度氮的丹参中丹酚酸 B 含量仅为 2.2%，而不施氮丹参中丹酚酸 B 含量为 3.2%，约为施高浓度氮的 1.5 倍（夏贵惠，2017）。扯根菜施氮（2.94g/盆）后，其中的槲皮素由 2.18mg/g 下降至 1.84mg/g（胡尚钦 等，2009）。此外，施氮后麦冬中麦冬黄酮、芝麻和胡麻中的类黄酮含量均呈现下降趋势（曾嘉 等，2019）。这与前人关于施氮对水果、蔬菜中酚类次生代谢产物影响的研究结果一致。

施氮之所以会造成酚类物质含量的降低，主要与合成途径中的酶活性及前体物质有关。首先，施氮会导致合成酚类物质的关键酶 PAL 和酪氨酸氨裂合酶（tyrosine ammonia-lyase，TAL）活性降低，进而导致植株总酚含量降低。臧小云（2006）的研究发现，药菊、荞麦中 PAL 活性与施氮浓度成反比。其次，酚类物质中苯丙烷类及其衍生化合物的合成会与蛋白质的合成竞争同一前体物质——苯丙氨酸。苯丙烷类及其衍生化合物（如羟基苯丙烯酸、类黄酮、鞣酸、木质素等）是由苯丙氨酸通过莽草酸途径合成的，而蛋白质也是通过苯丙氨酸合成。当植物加速生长时，由于需要合成大量蛋白质，会造成苯丙氨酸浓度降低。最后，施氮后植物通常会将更多的能量用于生长发育，因此，与蛋白质合成竞争同一前体物质的酚类物质合成便会受到抑制。

萜类及可水解的单宁也属于非含氮次生代谢产物，施氮对萜类及可水解的单宁的影响与对酚类物质的影响可能有所不同。研究发现施氮对三七中的萜类物质皂苷的含量及泽泻中 23-乙酰泽泻醇 B 的含量没有显著影响（韦美丽 等，2008；张秋芳 等，2006）。之所以出现这样的现象可能是由于萜类是从异戊二烯衍生而来的，而异戊二烯本身并不直接参与萜类的合成反应，须先经甲羟戊酸途径或甲基赤藓醇途径转化成为活化的形式，进而合成萜类。可水解单宁的合成前体为五倍子酸，萜类物质及可水解单宁的合成与蛋白质合成之间没有直接的竞争关系。然而，也有研究发现施氮会增加木本植物的萜类物质的含量。例如，在重庆地区的研究发现，施氮（150～300kg/hm^2）后青蒿中的青蒿素含量逐渐升高（杨水平 等，2009）。研究所在地土壤有机质含量仅为 12.1g/kg，与其他青蒿种植地相比较低。因此，施氮后青蒿素含量的提高可能与植物营养状态改善有关，对营养匮乏的植物施用适量氮后，通常会增加植物中次生代谢产物浓度。因此，施氮对次生代谢产物的影响除了与其合成通路有关，还可能受不同地区施氮前土壤基础营养条件的影响。

　　综上所述，施氮通常会增加中药材中生物碱等含氮次生代谢产物含量，降低中药材中酚类物质等非含氮次生代谢产物含量。中药材中发挥药效成分的次生代谢产物种类各异，不合理地施氮可能会造成中药材质量下降。因此，应针对不同中药材中的目标次生代谢产物种类科学地施用氮肥，不能盲目照搬传统农业生产中以植株快速生长、高产为目标的施肥方式。

　　施氮对中药材产量及次生代谢产物含量具有重要的调控作用，氮肥对不同中药材产量、质量的影响差异很大，施氮浓度差异也会影响中药材产量、质量。施氮对中药材产量及质量的调控作用及机理研究对中药材的科学施肥具有重要的指导及实践意义。目前，对于施肥对中药材产量和质量的调控作用研究大多还停留在现象发掘阶段，关于调控机理的研究仍少之又少。应进一步从以下几方面深入研究施肥对中药材产量及品质的调控机理。①从分子水平研究氮肥对中药材产量的调控机理，氮肥对不同中药材产量的影响各不相同，这与其基因有关。目前，对于模式植物（如番茄和拟南芥），已经开展了关于其根系中氮响应基因及氮利用率调控基因（如丙氨酸转移酶基因等）的研究，然而对于中药材中参与氮肥利用、代谢等基因的研究仍基本为空白。②从分子水平研究氮肥对中药材质量的调控机理，一些次生代谢产物在中药材中的合成通路已经明确，研究施氮对这些次生代谢产物合成通路基因的调控作用将为中药材品质的提高提供新途径。③加强关于磷肥、钾肥、微量元素等常用肥料对中药材产量和品质调控作用的研究。这些营养元素对中药材的生长和药效成分的积累也具有重要作用，在田间常与氮肥配施，研究这些元素对中药材产量和品质的调控作用对于配方施肥至关重要，将有助于通过科学施肥最大化中药材的种植效益、促进中药材的可持续发展。

4.2　氮肥对药用植物生态系统中土壤及三级营养关系的影响

4.2.1　施氮对土壤环境的影响

1. 施氮对土壤微生物的影响及机理

土壤微生物是土壤中的活性部分，反映了土壤的肥力、生物活性及污染程度，主要包括细菌、真菌、古菌、原生生物、线虫等。土壤微生物能够与植物（包括药用植物）形成共生关系，促进植物生长，提高植物耐害性，并保护其免受病害侵染。人参栽培地土壤评价就选用了微生物作为土壤肥力的评价指标。但同时，部分土壤微生物也会导致中药材病害的发生。微生物与药用植物构成的特定的中药材微生态系统，正是不同产地中药材品质差异的重要原因，也是中药材道地性形成的关键（何冬梅 等，2020）。

诸多研究表明，氮肥对土壤微生物的数量和种群结构都有显著影响。因此，明确氮肥对土壤微生物的调控作用及机理有助于通过科学施氮提高土壤活性、保护并改善中药材微生态系统，从而进一步提高中药材的产量和品质。

1）施氮对土壤微生物数量及种群结构的影响

氮肥影响微生物的生长和活性。研究发现，施氮会导致土壤微生物总量呈现随施氮浓度的升高而降低的趋势。其中，总细菌生物量在施用高浓度氮肥（每年10.5g/m²）后显著下降，土壤微生物呼吸活性也降低了 8%～11%（Jian et al., 2016）。此外，氮肥还会影响土壤微生物种群结构。

（1）降低细菌的多样性并影响其种群结构。Chen 等（2018）研究发现施氮会降低细菌的多样性，并造成贫营养细菌（oligotrophic bacteria）丰度的降低和富营养细菌（copiotrophic bacteria）丰度的升高。目前，关于贫营养细菌对中药材影响的研究较少，而生长速度通常较快的多种富营养细菌则得到了较多关注。富营养细菌中的放线菌作为生防菌，对多种药用植物的病原菌有拮抗作用，在植物病害生防中占有重要地位。有些细菌却正好相反，会使植物染病，如变形菌门虽属于富营养细菌，其中的假单胞菌属和鞘脂单胞菌属却是诱发三七根腐病的土壤致病菌。研究发现施氮会导致放线菌门、变形菌门、螺旋体门的丰度显著升高。因此，施氮对中药材土壤细菌的影响可能比较复杂：一方面，放线菌丰度的提高可能会增强中药材的抗病能力；另一方面，施氮后来自变形菌门的病原菌丰度的提高可能会导致根腐病的加剧。

（2）影响真菌的多样性及其种群结构。施氮对真菌多样性的影响研究结果不尽相同。有的研究认为真菌对环境的耐受程度高于细菌，施氮对土壤真菌种群的多样性没有显著影响；也有研究表明土壤中真菌种群多样性在长期施氮后下降（Wang et al.，2018）。向土壤施氮以后，研究发现部分真菌的丰度显著降低，如球囊菌门中的 AM 真菌（Zhou et al.，2017），这些真菌多是促进中药材生长的有益菌。AM 真菌是重要的真菌生防菌，能够与病原菌竞争营养，促进山葡萄根中内源激素水杨酸合成累积，提高植株抗病性（李海燕，2002）。AM 真菌还能与多数药用植物形成共生体，促进植物根际促生细菌的生长，提高宿主植物抗逆性，如沙参、菊花、天南星、防风、丹参等。同时，施氮后还会造成子囊菌门丰度显著升高（Chen et al.，2019a）。子囊菌是引起中药材病害的重要病原菌之一，能够引起根腐病、白粉病等。因此，施氮后子囊菌丰度的增加，以及 AM 真菌丰度的降低，可能会共同降低药用植物的抗病性。

（3）降低原生生物的多样性。施用氮肥会导致土壤原生生物多样性降低，并且相比于细菌和真菌，土壤原生生物对氮肥更加敏感（Zhao et al.，2019）。具有吞噬作用的土壤原生生物多以捕食其他微生物为食，对于控制有害真菌和细菌具有重要作用（Bonkowski，2004）。因此，其取食的特异性可能导致原生生物的生态位宽度窄于细菌或真菌，对于环境的变化更加敏感。虽然在中药材土壤根际微生物研究中尚没有关于原生生物的报道，但是已有的研究表明，在多种农作物生态系统中施氮后土壤原生生物多样性会降低。因此，推测施氮也可能导致药用植物生态系统中土壤原生生物多样性的降低，而这可能会进一步造成其对病原真菌及细菌捕食作用的下降，从而对中药材土壤生态系统功能和可持续性造成不利影响。

综上所述，施氮可能会导致土壤中细菌、真菌和原生生物丰度及种群结构发生变化。研究发现中药材的产量和品质通常与土壤中细菌、真菌等微生物丰度和多样性呈正相关，如对于白术，其高产土壤中细菌、真菌丰度和数量均高于产量一般的土壤（仇有文，2007）；杭白菊中芍药苷积累与土壤细菌多样性呈正相关（袁小凤 等，2014）。因此，施氮会改变土壤微生物多样性、种群结构等生态特征，从而影响中药材的品质和产量。

2）施氮对土壤微生物的调控机理

氮肥对土壤微生物数量及种群结构的影响主要是通过诱发土壤非生物因素（如有效氮含量、pH）的变化，进而影响细菌和真菌群落结构，并进一步作用于以细菌和真菌为食的原生生物。这种影响分为直接及间接两种作用方式。

施氮对土壤微生物的直接影响主要包括以下几个方面：一方面施氮会增加土壤中氮含量，以及氮含量的升高会导致专性固氮菌数量的降低；另一方面，施氮后增加的渗透压会直接影响土壤微生物的存活（周晶 等，2016），耐受度低的微生物在高渗透压下将无法存活。

　　施氮对土壤微生物的间接影响主要包括施氮后会造成土壤酸化（酸化机理详见施氮对土壤 pH 的影响及机理部分），进一步调控细菌和真菌丰度及种群结构（Zeng et al.，2016）。施氮后土壤酸化会增加阳离子（如 Al^{3+} 和 NH_4^+）浓度，这些离子对土壤微生物具有生物毒性。此外，施氮还会造成 Mg^{2+}、Ca^{2+} 的流失，Mg^{2+}、Ca^{2+} 的缺失也会降低土壤微生物多样性，并改变微生物的种群结构。Wang 等（2018）发现，土壤微生物总量降低、细菌多样性降低和种群结构变化主要是由施氮引起土壤 pH 及土壤有效氮浓度变化导致的。

　　此外，施氮对土壤微生物的影响还会受其他因素调控。①生态系统的种类。对于细菌，研究发现只有在森林生态系统中，施氮才可能会对细菌多样性有正向调控作用；对于真菌，在农田生态系统中施氮会增加真菌多样性，而在森林和沙漠-灌木生态系统中施氮会降低真菌多样性。②氮肥种类。Wang 等（2018）的研究结果表明，施用尿素和硝态氮后均会导致细菌多样性降低，而施用铵态氮对细菌没有影响；对于真菌，施用硝酸铵后真菌多样性降低，而施用尿素后增加。③施氮浓度及施氮时长。施氮导致的土壤细菌、真菌群落多样性的下降程度会随施氮浓度和施氮年份的增加而越发严重（Zhou et al.，2016）。④土层深度。氮肥对不同土层深度微生物的影响也有较大差异，施氮后对地表土层（1～10cm 深）细菌丰度和种群结构有较大影响，但对 10～20cm 深土层影响较小。⑤施氮前的土壤条件。土壤初始的碳氮比会影响施氮后土壤微生物香农-维纳多样性指数（Shannon-Wiener's diversity index，SHDI）的变化程度。土壤碳氮比低于 10 时，微生物多样性下降程度要高于碳氮比大于 10 的情况。

　　因此，为创造有益于中药材生长的土壤微生物环境，可以在以上研究的基础上，结合不同中药材栽培地的具体生态环境，通过选用合理的氮肥种类及施用浓度等方式，调控土壤微生物群落结构，提高中药材的抗病能力。

2. 施氮对土壤 pH 的影响及机理

　　诸多研究表明，施氮会导致土壤 pH 降低，并且施氮浓度越高，土壤 pH 下降幅度越大。Tian 和 Niu（2015）通过对大量文献进行多元荟萃分析（meta analysis）发现，施氮导致全球范围土壤 pH 平均降低了 0.26。研究表明，从 20 世纪 80 年代到 21 世纪，我国农业系统中土壤 pH 整体下降了 0.5 左右（Guo et al.，2010）。在我国常见的 3 种土壤（红壤、黑土及潮土）中，施氮除了对潮土 pH 没有显著影响之外，对红壤和黑土均有影响。向红壤及黑土中连续两年施氮（每年施氮浓度为 $200kg/hm^2$），均会导致土壤 pH 显著降低。对于中药材的研究也报道了相似的研究结果，对毛连菜施用铵态氮后，土壤 pH 显著降低，并且随着施氮浓度的升高，pH 下降的幅度逐渐增大（付婷婷 等，2014）。

　　之所以会出现施氮后土壤酸化现象，是因为当植物根部吸收氮肥时，会有 H^+ 被释放到土壤溶液中，并且氮肥的施用会降低土壤中的 Ca^{2+}、Mg^{2+}、K^+ 等碱性金属阳离子浓度，而这些金属阳离子浓度的下降会导致土壤 pH 的下降。在氮肥引起土壤酸化的早期阶段，Ca^{2+}、Mg^{2+}、K^+ 能够发挥中和土壤酸性的重要作用，当这些离子被严重消耗后，游离的 Al^{3+}、Mn^{2+} 浓度将逐渐升高，而 Al^{3+}、Mn^{2+} 对微生物具有毒性，植物长期过量吸收 Al^{3+} 会引起铝中毒。目前，全球生态系统中的土壤均存在因施氮导致的 Ca^{2+}、Mg^{2+}、K^+ 流失的现象，并且，土壤中有毒的 Al^{3+}、Mn^{2+} 浓度正逐渐增加（Tian and Niu，2015）。

　　不同的中药材有各自适宜的土壤 pH 范围，有的偏好酸性，如太子参、头花蓼、薄荷等在 pH 为 6.0～6.5 的酸性土壤中长势较好；有的偏好中性或碱性，如迷迭香的最适土壤 pH 为 7.0～7.5，在此土壤环境中产量较高（金义兰 等，2013）。施氮后土壤的酸化会导致药用植物对土壤适应性的变化，将会对中药材的产量和品质造成重要影响。一方面，如前文所述，土壤微生物群落对中药材的生长具有重要的调控作用，土壤 pH 的降低是导致土壤微生物数量及多样性降低的主要原因；另一方面，中药材的主要药效成分——次生代谢产物的含量与土壤 pH 的关系也十分密切（邹俊 等，2019）。目前，土壤酸化对农作物的危害已有较多研究，包括影响农作物根系生长、提高土壤中有毒元素活性、加重线虫的危害等。然而，关于土壤酸化对中药材影响的研究仍亟待补充。

　　氮肥对土壤 pH 的影响程度还受其他多种因素的调控。①生态系统的差异。在诸多生态系统中，草原是施氮后最易酸化的生态系统。草原上生长着许多药用植物，如桔梗、萱草、野百合等（侯柏新 等，2016），因此，应特别关注对生长在草原上的中药材施氮后可能导致的土壤酸化问题。不同生态系统下的植物种群结构差异也会产生对施氮的不同反应，研究发现，与松柏相比，多数植物通常对氮肥更加敏感。目前中药材的林下仿野生种植模式得到广泛应用，如黄精、人参等，因此，对于这种包含了松柏和中药材的特殊生态系统，氮肥的施用应充分考虑二者对氮肥的耐受程度。②施氮前土壤状态，如 pH 和有机质含量。当土壤初始 pH 为 3～4 时，施氮不会对其 pH 产生显著影响；土壤有机质具有突出的电子交换能力，对于抑制土壤酸化有重要的作用，即土壤有机质含量越高，施氮后酸化程度越低。③施氮量。研究发现，导致土壤酸化的氮沉积量阈值为每年 $0.5g/m^2$，当超过这一阈值后，土壤 pH 会随着氮肥的施用显著下降，且呈线性关系，即施氮量越高，pH 下降越快，然而对于大部分土地，每年的氮沉积量一般都会超过 $0.5g/m^2$。④气候因素，如降水和温度。研究发现降水会加速土壤酸化及金属离子的流失，当年降水量超过 1 500mm 时，会显著引起土壤酸化；而温度低于 0℃ 也会由于降低了生态系统氮循环而促进土壤酸化（Tian and Niu，2015）。

　　不同中药材对土壤 pH 的要求与其所处的生态系统息息相关，了解施氮导致土壤酸化的机理和影响因素，以及中药材的适宜土壤 pH，有助于根据其具体的生态系统、气候条件、周边植被等，科学评估是否需要对中药材施氮或确定适宜的施氮浓度。

4.2.2　施氮对药用植物-植食性昆虫关系的影响

　　植食性昆虫是造成中药材减产的重要原因，在药用植物上活动的节肢动物群落对于中药材的品质有十分重要的影响。发挥药用植物自身对植食性昆虫的抗性是解决中药材虫害问题的重要途径。长期以来，人们普遍认为施肥能够促进植物的生长，并因此提高植物对植食性昆虫的抗性。但越来越多的研究表明这一结论缺乏科学依据，如蚜虫通过取食危害多种中药材，而施氮会加重其危害程度。此外，研究发现鳞翅目幼虫、叶甲、潜叶蝇在施氮后的植物上生长、发育、繁殖得更快。植物（包括药用植物）自身对植食性昆虫的抗性，按来源可分为组成抗性和诱导抗性。组成抗性是指植物中原本存在的、能抑制植物受来自外界环境及生物危害的物理及化学因素，表现为营养限制、物理结构抗性，以及有毒的代谢物质等。诱导抗性是指植物在遭受危害时，受胁迫后才被激活的防御机制（朱麟 等，2005）。研究表明施氮能够调控中药材对植食性昆虫的抗性。

1. 施氮对中药材组成抗性的影响及机理

　　施氮对中药材组成抗性的影响主要包括以下 3 个方面。①营养成分。施氮能够提高中药材中氮及含氮化合物的含量，如氨基酸、酰胺等（刘高慧，2014），这些化合物也是植食性昆虫的必需营养物质。因此，植食性昆虫的种群密度常与寄主植物中氮含量呈正相关（Daugherty et al.，2007）。植食性昆虫在低营养的寄主植物上通常对摄入食物的同化、转化效率低，意味着植食性昆虫要取食更长时间才能完成生长发育，SG-HM（slow growth-high mortality）假说预测了生长缓慢的植食性昆虫可能会由于其取食期的延长而增加在天敌面前暴露的机会，并因此增加死亡率（Chen et al.，2010）。因此，施氮后中药材中营养成分的增加，可能会促进植食性昆虫的生长、发育速率，从而降低中药材的抗虫性。当然，氮的调控作用通常与植食性昆虫的种类及具体的植食性昆虫-植物互作关系有关，即使是取食同一植物的昆虫，取食部位不同，昆虫对施氮的响应也可能不同。对中药材的研究发现，向银蒿施氮后，刺吸植物韧皮部汁液的内吸式口器害虫长势更好，但是对取食叶片的咀嚼式口器害虫没有影响（Strauss，1987）。②物理结构。施氮能够降低中药材细胞壁结构中的纤维素、木质素等含量，从而延缓枝条的硬化，使植物组织变柔嫩，还会造成植物的徒长，而这样的变化恰好有利于植食性昆虫的取食，会导致虫害越发严重。研究发现施氮后的植物质地更容易为中药材上的重要害虫——梨木虱所偏好。③次生代谢产物。次生代谢产物在药用植物对植食性昆虫的抗性中发挥着巨大作用（Kersten et al.，2013）。其种类繁多，能干扰植食性昆虫的取食、生长、发育等，甚至具有毒杀作用，这些次生代谢产物既是植物组成抗性又是诱导抗性的重要组成部分。一方面，施氮可能会降低中药材非含氮次生代谢产物（如酚酸、皂苷、萜类等）含量，从而降低植株对昆虫的抗性，导致植食性昆虫种群密度的升高。另一方面，施氮可能导致中药材中对昆虫具有趋避作用的含氮次生代谢产物（如芥子油苷）含量的增加。但也有研究发现，施氮后植物中氮含量增加可能会抵消抗性物质升高对害虫造成的损伤（Santos et al.，2018）。

2. 施氮对中药材诱导抗性的影响及机理

施氮主要从以下 5 个方面调控中药材的诱导抗性。①抗性有关酶的活性。施氮对不同抗性有关酶活性的影响不尽相同，适量施氮通常能提高中药材中抗氧化酶（SOD、CAT、POD、PPO 等）的活性，提高中药材的抗氧化能力，从而降低逆境条件下植物应激产生的活性氧含量，提高抗性。然而，施氮还可能会降低次生代谢物合成通路中的关键酶 PAL 的活性，从而降低次生代谢物的合成（Sun et al.，2020），造成中药材抗性的降低。②次生代谢产物。施氮还能调控昆虫诱导的植物次生代谢产物含量，并且这种调控作用与施氮浓度有关。研究发现，与施用更高浓度氮相比，甜菜夜蛾诱导的陆地棉中类萜烯醛在施用低浓度氮（42g/kg）时产生得更多，含量更高（Chen et al.，2008），过量施氮可能降低次生代谢产物含量，从而导致中药材抗性的降低。③防御蛋白。植物的防御蛋白能够抑制昆虫消化道中的多种蛋白酶，抑制昆虫的消化、取食。研究发现施氮可能提高植物的防御蛋白活性。高营养条件下，油菜中诱导产生的蛋白酶抑制剂（protease inhibitor，PI）含量高于低营养处理组（Cipollini and Bergelson，2001）。④植物激素。植物激素水杨酸 SA、茉莉酸 JA 等能够调控中药材的生长发育及分子水平的抗性，植物激素含量的升高会增强植物的抗性。施氮对植物激素水平具有调控作用，如施氮能够提高玉米中 JA 相关基因的表达水平，但会导致拟南芥中 SA 相关基因的表达水平的降低（Zhao et al.，2008）。⑤植物中其他毒性物质，如昆虫的毒性物质黑麦震颤素 B 及波胺等物质在施氮后有所升高（Krauss et al.，2007）。综上所述，施氮对植物（包括药用植物）的诱导抗性具有正、反两方面影响。

4.2.3　施氮对药用植物–天敌营养关系的影响

除了发挥药用植物对植食性昆虫的直接抗性之外，提高天敌昆虫的种群数量及控害能力是解决中药材虫害问题的另一重要途径。间接抗性是指植物通过与除植食性昆虫之外的有机体的互作，使植物适应性提高的所有方式。天敌昆虫能够捕食、寄生植食性昆虫，因此植物通常利用天敌昆虫实现对植食性昆虫的间接抗性。其作用方式主要包括通过释放复杂独特的植物挥发物、改变植物结构等吸引并促进天敌昆虫控制植食性昆虫种群（Baldwin and Preston，1999）。研究发现施氮对多种农作物的间接抗性具有调控作用（Cipollini and Bergelson，2001），但是对中药材的相关研究仍亟待补充。

1.　植物挥发物的释放

植物能够在植食性昆虫诱导下通过释放挥发性化合物吸引捕食性及寄生性天敌，帮助其定位寄主，在农业生产中已有许多利用包括挥发物在内的植物化感物质防治害虫的例子（王升 等，2020）。研究发现施氮能够影响植物挥发物释放并进一步影响天敌昆虫的行为（Veromann et al.，2013）。植物在植食性昆虫诱导下会产生能够吸引天敌的虫害诱导植物挥发物（herbivore induced plant volatile，HIPV），HIPV 是吸引天敌昆虫定位植食性昆虫的重要物质，有的还会对植食性昆虫的产卵行为产生趋避作用。施氮对植物挥发物的影响呈现一定的物种特异性。有些植物施用氮肥会降低其挥发物含量，如棉花、玉米和芹菜（Van Wassenhove et al.，1990）等，由甜菜夜蛾分泌物诱导的玉米挥发物峰值在氮浓度最低的时候出现，施氮浓度越高，挥发物倍半萜烯浓度越低（Zhao et al.，2008）。然而，也有些植物（如大果越橘）施氮会导致其挥发物含量的升高。研究认为这主要与植物鲜重的增加有关（De Lange and Rodriguez-Saona，2019）。还有的植物（如烟草）其 HIPV 含量不受施氮等营养条件的影响（Lou and Baldwin，2004）。不同天敌昆虫对施氮后植物的 HIPV 的反应也不尽相同，施氮后棉花 HIPV 的变化会降低其对中红侧沟茧蜂的吸引作用，但是对于盘绒茧蜂并未产生影响（Olson et al.，2009）。

2.　植物营养及结构

施氮还可以通过改变植物的营养及结构影响天敌昆虫的捕食能力。研究发现，与施用低浓度氮的稻株相比，施用高浓度氮的稻株上的黑肩绿盲蝽对褐飞虱的捕食能力降低（吕仲贤 等，2006）。这可能是由于取食氮含量高的植株的植食性昆虫营养价值增加，因此在天敌营养需求量不变的情况下，施氮可能影响并减弱捕食性天敌对害虫的控制力。施氮会导致植物结构的变化，如叶片密度及叶面积会增加。这也意味着天敌昆虫（包括捕食性和寄生性天敌）需要搜索更大的叶面积来定位植食性害虫，因此可能对天敌昆虫的捕食和寄生产生不利影响。对中药材的研究发现，植物的腺毛会对苜蓿等植物上的寄生蜂产生不利影响，而施氮会影响植物的腺毛数量及结构（陈娜 等，2017）。药用植物在施氮后的这些变化可能会造成天敌寄生害虫能力的降低。

3. 植物相关的食物质量

植物的花粉、花蜜作为天敌昆虫的补充食物，对多食性天敌特别是在春季缺乏食物的情况下，维持种群密度有非常重要的作用。施氮对于花粉产量的影响随植物品种的不同而变化（Chen et al.，2010）。研究发现提高施氮浓度会增加聚伞红杉花的花粉产量，但是对刘氏亚麻没有影响（Burkle and Irwin，2009）。中药材芸薹的原植物为油菜，研究发现施氮对油菜花蜜的糖度具有调控作用（Chen et al.，2010），花蜜作为天敌昆虫的补充食物，施氮后油菜花蜜糖度的改变可能会进一步影响天敌昆虫的取食。

4.2.4 施氮对植食性昆虫-天敌营养关系的影响

1. 植食性昆虫作为天敌猎物的营养价值

施氮后植物营养成分的变化会影响在其上取食的植食性昆虫，而植食性昆虫的营养和密度的变化，也会影响更高营养级——天敌昆虫的取食。对于寄生性天敌，尤其是在寄主体内生长发育的寄生蜂，其与害虫的生长紧密相关。研究发现寄生蜂的寄生率、羽化率及繁殖率与植物氮含量呈正相关，其寿命会随施氮量增加而变长。此外，施氮后叶片氮浓度及氨基酸的增加会引起中药材上的常发生性害虫——蚜虫体重的增加或体型的增长。蚜虫体重的增加，会促进寄生在蚜虫中的寄生蜂后足胫节随氮肥的施用而变长；并且寄生蜂喜欢在体型较大的寄主上产卵，因此氮含量高的植株上的寄主可能更容易被寄生蜂所青睐。对于捕食性天敌，研究发现施氮导致的害虫密度增加会受到捕食者的限制，天敌昆虫密度常与植食性昆虫密度成正比（吕仲贤 等，2006）。果园施氮后，捕食性天敌昆虫林地花蝽的定殖和繁殖力与害虫梨木虱种群呈正相关，但是林地花蝽对害虫的控制作用不受氮肥影响（Daugherty et al.，2007）。

2. 植食性昆虫对天敌的防御

植食性昆虫为抵御天敌的捕食进化出了多种防御机制。施氮对这些植食性昆虫的防御机制也具有调控作用。①解毒机制。植物产生的次生代谢产物等对植食性昆虫具有毒性，而在长期利用寄主植物的过程中，一些植食性昆虫（如鳞翅目害虫）产生了适应性，能耐受并将这些毒性物质"隔离"（sequestration）在血淋巴中，并将其作为自身抗性，在天敌昆虫取食时传递给天敌昆虫并对其产生毒害作用。研究发现施氮会影响植食性昆虫对次生代谢产物的隔离效率（Gruner，2004）。②分泌蜜露。研究发现半翅目昆虫分泌的黏腻的蜜露可能会干扰天敌昆虫的取食及产卵等，施氮对半翅目昆虫的蜜露分泌有着重要的调控作用（Tao and Hunter，2015）。能够分泌蜜露的蚜虫、木虱、蚧壳虫等是重要的中药材害虫，在枸杞、金银花、麻黄等多种中药材上危害十分严重，这些中药材施氮后引起的害虫蜜露的增加可能会导致天敌捕食能力的降低，从而导致虫害的加剧。

    施氮对土壤、各营养级间互作关系的调控十分复杂，我们总结归纳了施氮对土壤、药用植物-植食性昆虫-天敌三级营养关系的影响及调控机理（图4-2）（葛阳 等，2021）。虽然适量施氮可能会通过提高药用植物中抗性有关酶活性及植物激素含量等增强对植食性昆虫的诱导抗性。但是，应警惕并预防施氮可能对药用植物生态系统功能造成的多方面不利影响。①对于土壤，道地产区特定的土壤环

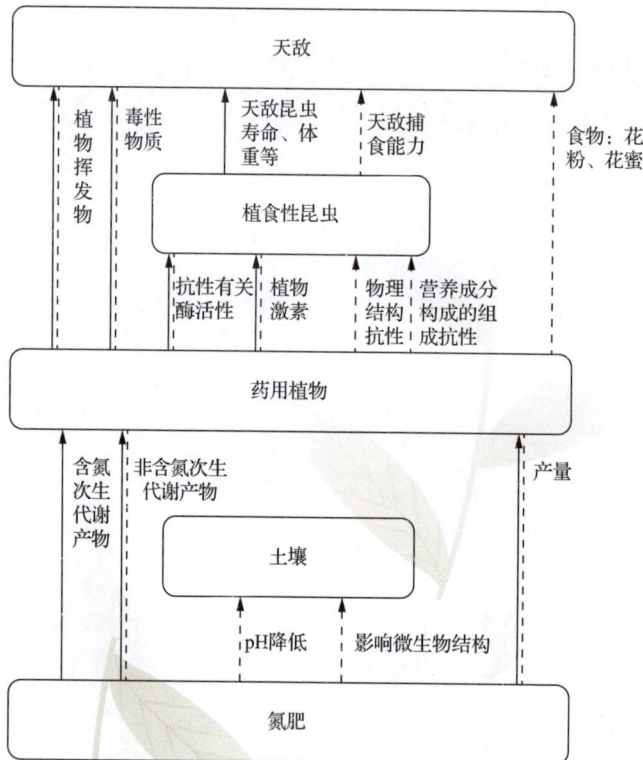

图4-2   施氮对土壤及三级营养关系的影响及调控机理示意图

注：实线箭头表示正向作用，虚线箭头表示负向作用。

境，如土壤微生物、土壤 pH 等是形成中药材道地性的重要生态因子，施氮可能会降低土壤微生物丰度、改变微生物种群结构而造成中药材道地性的改变。②对于中药材，施氮后非含氮次生代谢产物等毒性物质的降低，可能会降低药用植物对害虫的抗性，从而导致害虫种群密度的增加。③对于植食性昆虫，施氮会增加药用植物的营养物质含量，有利于植食性昆虫的生长、发育、繁殖。④对于天敌，施氮导致吸引天敌的植物挥发物含量降低、药用植物结构的变化，以及植食性昆虫防御能力的提升，均可能会降低天敌的控害能力及种群密度。

　　当前已有较多关于施氮对中药材土壤、产量、药效成分影响的研究，但施氮对药用植物生态系统中三级营养关系方面的研究还十分薄弱，今后应加大该方面的研究力度。这将有助于通过科学施氮增强药用植物生态系统功能、最大化生态种植效益、促进中药材种植的可持续发展。

4.3　施氮对中药材抗逆性的影响及机理

4.3.1　施氮对中药材非生物胁迫抗性的影响

1. 对抗旱性的调控作用

　　研究发现适量施氮能够提高植物对水分的吸收，减轻水分胁迫对植物造成的危害。如施氮对北柴胡抗旱性的影响与施氮浓度有关，在中度干旱条件下，施用适当浓度的氮（0.15g/kg）后北柴胡细胞膜稳定性上升，提升了对干旱的抵抗能力，但高浓度氮（0.3g/kg）会明显降低细胞膜的稳定性，抑制根系生长，降低植物的抗旱能力（朱再标，2005）。在中度干旱（连续干旱 12d、17d）条件下，施中浓度氮（140kg/hm²）促进玉米的生长，茎高、叶长、生物量等均显著增加，然而随施氮浓度的进一步增加直到 280kg/hm² 时，玉米的长势逐渐下降（王双，2008）。对大豆的研究也得出了相似结论，适当施氮（72kg/hm²）在一定程度上能够弥补干旱胁迫对植物生长、发育及代谢活性的伤害，改善大豆的光合作用，大豆的光合生理指标在此施氮浓度时最高，提高了大豆的抗旱能力，但施氮浓度过高时会产生不利影响，如当施氮浓度增至 117kg/hm² 时，大豆的光合生理指标、抗旱生理指标（叶片相对含水量、水分利用效率）均出现下降（孙继颖 等，2007）。

2. 对抗寒性的调控作用

　　植物细胞膜在低温冷冻受损时细胞渗透性增强，相对电导率增大。研究发现在-50℃～1.5 低温条件下，施氮（360～420kg/hm²）显著降低了长白山落叶松的电导率，提高了抗寒性（祝燕 等，2013）。同样，秋季对油松的容器苗施用 24mg/株的氮肥也能够有效提升苗木抗寒性。但过量施氮（48mg/株）不仅无法促进油松生长，甚至还会产生抑制作用（邹尚庆 等，2012）。与不施氮相比，在苗木生长后期施氮会延长山茱萸苗木生长阶段，延迟其休眠和硬化，从而导致施氮后山茱萸受冻害时间提前，受冻害程度加剧，甚至在翌年春天，由于萌发提前，受晚霜危害的概率提高。

3. 对抗盐碱性的调控作用

盐胁迫条件下适量增加氮素能提高植物耐盐性。例如，盐胁迫提高了碱蒿（Yuan et al.，2010）、库拉索芦荟（宁建凤 等，2005）、马蔺（张彪和李品芳，2011）、长春花（侯杰 等，2007）、菊芋等（王磊 等，2011）的耐盐性。研究认为这可能与施氮后植物生长状况、光合作用、渗透调节能力的变化等有关。对盐胁迫下的库拉索芦荟施用硝酸铵能显著增加叶片中氮、氨基酸、可溶性糖、可溶性蛋白质等含量，并在硝酸铵浓度为 11.25～15mmol/L 时达到最大值，提高了芦荟的抗盐性，但当硝酸铵浓度增至 18.75mmol/L 时，各指标出现不同程度的下降。在140mmol/L 和 210mmol/L 盐胁迫下，当施用硝态氮浓度为 4mmol/L 时，马蔺质膜透性分别比对照降低了 12%和 19%，并且马蔺叶片中具有渗透调节作用的脯氨酸含量也显著提高，表明其耐盐性上升；当硝态氮浓度增至 8mmol/L 时，叶片质膜透性不再下降，甚至出现回升，脯氨酸含量也不再提高。相似的研究结果在高羊茅中也有报道，适量施氮能增强高羊茅的抗氧化能力，从而增强其耐盐性，但随施氮浓度的进一步升高，根系清除 H_2O_2 的能力不但无法继续提升，还会引起根际过量的氮积累，导致土壤出现次生盐渍化（刘爱荣 等，2013）。此外，研究发现施氮还能促进高浓度碱胁迫下菊芋的生长，提高其光合作用能力（邵帅，2016）。

综上所述，适量施氮有可能提高中药材的非生物胁迫抗性，而过量施氮会对中药材非生物胁迫抗性产生不利影响。这是由于施氮对中药材的非生物胁迫抗性的影响也与植株的生长阶段、体内的养分浓度等有关。因此，要想通过施氮提高中药材的非生物胁迫抗性，应充分考虑中药材的生长阶段及养分需求。

4.3.2 施氮对中药材生物胁迫抗性的影响

1. 对抗病性的调控作用

施氮对不同中药材抗病性的调控作用呈现一定差异。氮肥、磷肥、钾肥施用水平的增加显著增加了三七根腐病病原菌镰刀菌的数量（魏薇 等，2016）；施氮还显著增加了柴胡根腐病的病情指数，降低了柴胡的抗病性（朱再标 等，2006）；油菜菌核病也在施氮后显著加剧（李银水 等，2013）。对其他作物的研究也发现施氮会导致某些病害 [如小麦白粉病（Olesen et al.，2003）、番茄灰霉病（Hoffland et al.，2000）、烤烟黑胫病（赵芳 等，2011）] 的加剧；采收期过量施氮还会导致黄瓜抗病能力明显下降（李若楠 等，2012）。同时，施氮能够抑制一些病害（如小麦全蚀病、赤叶斑病）的发生（Sun et al.，2020），施氮还会推迟烟草根结线虫病初始发病时间，并降低病情危害（贾利华 等，2009）。张德利等（2011）的研究发现施氮对黄连白绢病的病原菌菌核的萌发和形成有抑制作用。

2. 对抗虫性的调控作用

施氮后植物营养成分、枝叶密度的增加，可能导致植物（包括药用植物）抗虫性的降低。大量研究表明，植食性昆虫通常在施氮后的植物上生长、发育、繁殖得更快，如鳞翅目幼虫（Mutikainen et al.，2000）、叶甲（Lawler et al.，1996）、潜叶蝇（Møller，1995）等，施氮后植株上梨木虱的种群密度显著增加（Daugherty et al.，2007）。对于中药材上常见的蚜虫，过量施氮会加重水稻、大麦、油菜上的麦长管蚜的危害程度（张悟民 等，1996）。此外，棉铃虫能够危害金银花，烟粉虱能通过取食危害女贞、芍药等 17 种中药材，而施氮也会加重棉铃虫和烟粉虱的危害程度（徐文华 等，2007）。

3. 对抗杂草能力的调控作用

目前对于此方面的研究甚少，研究发现在苜蓿/玉米套作系统中玉米长至三叶期时，未施氮处理组杂草的高度及多样性与其他施氮处理组相比最高，施氮浓度为180kg/hm^{2}时杂草高度最低，施氮浓度为120kg/hm^{2}时杂草多样性最低（张龙 等，2020）。施氮浓度为60～240kg/hm^{2}时，施氮能抑制油菜中杂草的生长，还能改变杂草的种群结构，降低杂草的多样性（胡文诗 等，2017）。这可能是由于药用植物和杂草对氮的敏感度不同，因此增施氮肥可能提高中药材对氮素的竞争力，抑制杂草生长。施氮对中药材抗杂草能力的影响还需要进一步研究。

4.3.3　施氮对中药材抗逆性的调控机理

中药材的生长环境多样、生长周期长，需要应对多种逆境（非生物胁迫和生物胁迫），因此提高中药材自身的抗逆性尤为重要。植物的抗逆性分为直接抗性和间接抗性。直接抗性是指植物自身对胁迫的抗性，而间接抗性是指植物与有机体（与除植食性昆虫之外）互作使植物适应性提高的所有方式。直接抗性按抗性来源可分为组成抗性和诱导抗性；按照作用机理可分为物理结构水平抗性、生理生化水平抗性、分子水平抗性。本章节主要总结施氮对中药材直接抗性的调控机理（表 4-3）。

表 4-3　施氮对中药材直接抗性的调控机理

抗性水平	调控机理	生物胁迫抗性			非生物胁迫抗性		
		抗虫	抗病	抗杂草	抗旱	抗寒	抗盐碱
物理结构水平	提高抗性	—	—	—	—	—	根冠比下降，减少盐碱离子摄入
	降低抗性	徒长，有利于害虫隐蔽；木质化程度降低，有利于害虫取食	徒长，造成透光差、湿度增加；木质化程度降低，有利于病菌侵入；叶片气孔密度、导度增加，有利于病菌侵入	—	—	徒长，造成休眠、硬化延迟	—
生理生化水平	提高抗性	抗氧化酶、防御蛋白活性增加；毒性物质增加；含氮次生代谢产物降低，抗虫物质增加	营养增加，抑制死体营养型病菌生长；抗氧化酶、PR 蛋白活性增强	中药材对氮素更敏感，与杂草竞争营养	营养增加，长势加强	营养增加，抗冻相关蛋白增加	营养增加，长势加强，脯氨酸、NR 活性提高，缓解渗透压
	降低抗性	营养增加，有利于害虫生长；非含氮次生代谢产物降低，抗虫物质减少	营养增加，促进活体营养型病菌生长；非含氮次生代谢产物减少，抗病物质减少				
分子水平	提高抗性	—	提高 SA/ETH 水平，促进转录因子编码基因及抗性基因表达；促进 NO 信号分子产生	—	—	—	—
	降低抗性	—	降低 SA、ABA 水平，抑制抗性基因表达	—	—	—	—

1. 物理结构水平的抗逆机理

植物的物理结构构成了其对病原物及害虫入侵的物理抗性，直接决定了进入植物中病原物的多少，以及害虫取食植物的能耗。施氮对植物物理结构的调控机理主要是影响植物对初级代谢及次级代谢的能量分配。施氮通常会促进植物的初级代谢，即加速植物生长。施氮对中药材物理结构水平的抗逆机理主要表现在以下 3 个方面。

1）影响中药材地上部分生长

施氮会引起植物地上部分生长加快，影响中药材的生物胁迫抗性及非生物胁迫抗性。施氮后植物生长加快，造成枝叶过密、通风透光差，导致田间湿度增加，而湿度的增大有利于病原菌的侵染、繁殖。如对当归的研究表明，田间湿度高于75%时加快了当归褐斑病的扩展速度及发病进程（陈泰祥 等，2015）。对于植食性昆虫来说，过高的叶片密度有利于其隐蔽，增加害虫的存活率。此外，施氮对植物生长进程的调控作用还会影响施氮后中药材非生物胁迫抗性。如盐胁迫下适量施氮后中药材地上部分的生长加快会降低根冠比，从而减少根部对盐离子（Cl⁻、Na⁺）的摄入，提高抗盐性。同时，在生长发育后期施氮，还可能导致中药材在晚秋或初冬时未能及时进入休眠或在翌年春天提前萌发，导致冻害程度加剧。

2）影响中药材木质素、纤维素及蜡质表皮

施氮会造成木质素、纤维素含量和蜡质表皮密度的降低，降低中药材抗性。纤维素和木质素是构成细胞壁的重要组成成分，纤维素、木质素含量的降低会延缓枝条的木质化，使植物组织变得柔嫩、更肉质。中药材害虫（如梨木虱等）更偏好这样的植物质地（Daugherty et al.，2007）。木质素含量的降低除了有利于害虫取食，还会导致植物更易染病。研究发现木质素合成的关键醇——肉桂醇脱氢酶活性与施氮呈负相关，施氮后木质素合成的降低使拟南芥对假单胞菌更为敏感（Tronchet et al.，2010）。研究报道，施氮不利于木质素的合成和积累，如与施低浓度氮（7.5mM，1mM=0.001mol/L）相比，施高浓度氮（15mM）会造成桉树木质部细胞壁中木质素沉积的延缓（Camargo et al.，2014）；施高浓度氮（405kg/hm²）后，粳稻中次生细胞壁厚度、纤维素、木质素含量较施低浓度氮（135kg/hm²）显著降低（Zhang et al.，2017）。蜡质表皮作为植物表皮的最外层是抵御病虫害侵染的第一道屏障，研究发现施氮还会降低植物如长叶松和云杉表皮蜡质的密度（Prior et al.，1997；Mrnka et al.，2009）。因此，施氮后药用植物表皮及细胞壁的这些变化导致其更易被病原菌或植食性昆虫所穿透，造成中药材生物胁迫抗性降低。

3）影响中药材叶片气孔密度、导度及关闭时间

施氮会导致叶片气孔密度、导度的增加，气孔关闭时间的延迟，以及含硅量的下降，降低中药材的抗病性（朱再标，2006）。病原菌常通过气孔侵入植物，施氮会导致气孔关闭延迟，增加植物的感病性。研究表明施氮会增加板蓝根的气孔导度，即气孔张开程度（肖云华 等，2014）。施氮还可能会影响植物叶片气孔密度，Wormer（1965）发现施氮会增加茜草科小粒咖啡叶片表面的气孔数目，施氮对叶片气孔密度、导度等的影响均会降低中药材的抗性。此外，硅在植物中的积累能够作为物理屏障阻碍病原菌的侵入，施氮后叶片中硅含量的减少也会导致中药材抗病性的降低（Cai et al.，2009）。

2. 生理生化水平的抗逆机理

1）营养成分

氮作为蛋白质的必要组成成分，是大多数植物和节肢动物的限制性营养物质。

施氮通过对中药材营养成分的调控，对中药材的非生物胁迫抗性及生物胁迫抗性表现正、反两方面的影响。

一方面，适量施氮后，中药材营养的增加会影响中药材的非生物胁迫抗性。中药材吸收氮素后，生长进程加快，代谢活性增强，叶片密度增加，光合作用增强。对于营养极度匮乏的中药材，施氮后植株长势的增强有助于提高其对环境的适应性，以及对盐、碱胁迫的抗性（宁建凤 等，2005）。施氮后植物体内氨基酸及其他有机酸浓度的增加也可以促进植物中与抗冻性有关的非原质体蛋白的合成，有助于提高中药材的抗寒性（祝燕 等，2013）。但是，随施氮量的不断增加，植物体内养分浓度和生物量持续增大，尤其是在中药材生长发育后期，当施氮量达到植物基本生长需求时，再继续过量施氮，中药材可能会发生毒害，造成生物量、渗透调节物质等减少，导致中药材抗寒、抗盐性等降低。

另一方面，施氮后中药材中氮及含氮化合物含量的增加也会影响中药材的生物胁迫抗性。施氮会增加植物内氮及主要含氮化合物（如氨基酸、酰胺等）含量（Herms，2002），而这些物质不仅是人类关心的营养物质，也是昆虫及某些病原菌生长所需的。研究发现施氮后石斛新茎条中氨基酸总量显著升高，抗病性增强（刘高慧，2014）。对于植食性昆虫，李旭颖（2011）报道了植食性昆虫的种群密度常与寄主植物中氮含量呈正相关。植物中营养物质的增加会导致植食性昆虫在施氮后的植株上长势更好。并且，当植食性昆虫选择寄主植物时，它们能够区分不同植物的质量，偏好在长势良好、营养丰富的植物上取食（Prudic et al.，2005）。从病原菌的角度，施氮对植物抗病性的调控作用可能与病原菌的营养型有关，活体营养型植物病原菌（如霜霉菌、白粉菌、锈菌等）对寄主的含氮水平更加敏感，过多的氮素供应为活体营养型病原菌提供更多营养物质，促进病原菌孢子的生长，从而加重病害（Neumann et al.，2004），因此施氮后活体营养型植物病原菌的侵染概率及危害程度通常会增加；而对于死体营养型病原菌（如链格孢菌、菌核病菌、白绢病菌等），施氮可能导致其侵染力的降低，抑制病害的发生（Snoeijers et al.，2000；Fagard et al.，2014），具体的机理仍有待进一步探究。

2）次生代谢产物

次生代谢产物在植物对植食性昆虫及病原菌抗性中发挥着巨大作用（Kersten et al.，2013）。对于植食性昆虫，植物通过次生代谢产物对植食性昆虫的取食、生长发育等产生不利影响，甚至是毒杀作用。对于植物病原菌，次生代谢产物能有效抑制其菌丝的生长和孢子的萌发，从而抑制病原菌的生长和进一步入侵。施氮对中药材非含氮次生代谢产物和含氮次生代谢产物表现出不同的调控作用。

（1）施氮通常会降低植物中非含氮次生代谢产物，特别是酚类物质的含量，从而降低植物对昆虫及病原物的抗性，导致植食性昆虫种群及病原微生物密度的升高（Prado et al.，2015）。酚类物质会影响植食性昆虫的生长、发育，研究发现施氮后番茄中酚类物质含量降低，抗性减弱（Chen et al.，2010）。对中药材的研究得出了相似结果，施氮后丹参中的丹酚酸 B 含量也显著降低，抗性降低（夏贵惠，2017）。此外，中药材中其他常见的非含氮次生物质对植食性昆虫也会产生不利影响。如皂苷可以引起昆虫的中毒甚至死亡（陈澄宇 等，2015）；萜类化合物常被用作昆虫驱虫剂、拒食剂（Aharoni et al.，2005）；芸香科和伞形科植物中富含的呋喃香豆素对昆虫也具有毒性（Curini et al.，2006）。对于病害的研究发现，施氮后酚类物质含量的降低会导致马铃薯对早疫病、苜蓿对根腐病抗性的降低（Mittelstraß et al.，2006；Thalineau et al.，2018）。此外，五味子、异形南五味子中的表儿茶素及白首乌中的 4-羟基苯乙酮能够抗真菌，这两种非含氮次生代谢产物的含量也随施氮浓度的增加而降低（饶贤高 等，2009；安冉和刘军民，2014；吴红雁 等，2015）。

（2）施氮可能导致中药材含氮次生代谢产物的增加，从而提高其抗虫性。诸多研究报道了施氮会增加多种中药材中含氮次生代谢产物生物碱的含量，如黄连中的小檗碱（张丽萍 等，1998）、益母草中的盐酸水苏碱（张燕，2007）等。此外，十字花科植物中普遍含有的含氮次生代谢产物芥子油苷对杂食性的植食性昆虫有趋避作用（陈澄宇 等，2015），施氮后芥子油苷含量的增加可能会增强十字花科药用植物对植食性昆虫的抗性。

3）抗性有关酶及其他抗性物质

研究发现，施氮对植物中抗性有关酶、防御蛋白活性，以及一些毒性物质也具有调控作用，可能会影响中药材对病虫害及盐胁迫的抗性。

（1）施氮会增加植物的抗氧化酶活性。抗氧化酶系对于植物的抗性非常重要。抗氧化酶系包括超氧化物歧化酶（SOD）、过氧化氢酶（CAT）、抗坏血酸过氧化物酶（APX）、谷胱甘肽还原酶（GR）、过氧化物物酶（POD）、多酚氧化酶（PPO）等。这些抗氧化酶能够降低逆境中植物应激产生的活性氧（ROS）含量（De Gara et al.，2003）。施氮通常会增加这些酶的活性，提高植物抗氧化能力，降低 ROS 对细胞壁的损害，增强植物的抗性（Campos et al.，2019）。研究发现施氮后玉米中 POD、PPO、CAT 活性均上升（Zhao et al.，2008），施氮还会增强高羊茅中 SOD 的活性（刘爱荣 等，2013）。对于中药材的研究发现，适量施氮能够增加川芎叶片中 POD 活性（范巧佳 等，2013）。施氮后之所以引起植物抗性有关酶活性的增加，可能与氮肥促进了植物的代谢有关，因此抗性有关酶的活性有了整体提高。

（2）施氮会影响植物的 PAL 活性。苯丙烷途径涉及次生代谢产物的合成，对植物抗性有重要作用，而 PAL 为该通路的关键酶（Dixon et al., 2018）。在水稻中，施氮抑制 PAL 活性并因此降低植物抗病性（Thapa et al., 2018）。对于中药材的研究有相似发现，施氮抑制 PAL 活性，降低苜蓿对丝囊霉菌的抗性（Thalineau et al., 2018）。

（3）施氮会增加植物的硝酸还原酶活性。硝酸还原酶（NR）能将植物细胞质中的 NO_3^- 还原为 NO_2^-，然后进一步还原成 NH_4^+，用于合成各种氨基酸。植物体内 NO_3^- 含量下降，有利于缓解植株的渗透压及盐胁迫对植物生长的抑制作用。研究发现植物适量施氮后可以提高其 NR 活性，进而增强植物的抗逆性。

（4）施氮会提高植物的病程相关蛋白活性。病原菌侵染时，植物中的病程相关（pathogenesis-related，PR）蛋白，如几丁质酶和 β-葡聚糖酶，能降解细菌细胞壁的及真菌细胞壁的右旋糖酐。因此，PR 活性的升高会提高植物的抗性（Anand et al., 2003）。研究发现，适度施氮后马铃薯和拟南芥中几丁质酶（PR3）、β 葡聚糖酶（PR2）、几丁聚糖酶的活性增加，植物的抗病性增加（Jin et al., 2014）。

（5）施氮会提高植物的防御蛋白活性。昆虫的消化道中有多种蛋白酶，能够被植物的防御蛋白［如蛋白酶抑制剂（PI）］所抑制，昆虫摄入植物防御蛋白后，会降低其消化能力及取食能力，延缓昆虫的发育速率（Kessler and Baldwin, 2002）。研究发现，施氮后玉米中 PI 活性显著上升（Zhao et al., 2008），抗虫性提高。

（6）施氮会提高其他的植物毒性物质含量。植物的毒性物质（如黑麦震颤素 B）在施氮后含量会有所升高（Krauss et al., 2007），这可能有助于提高中药材的抗虫性。

综上所述，施氮对植物中抗性有关酶、防御蛋白活性，以及一些毒性物质的调控作用不尽相同。植物可能通过降低 PAL 等酶活性降低其抗性，同时也可能通过提高植物中 POD、NR 等多种抗性有关酶、蛋白的活性而提高其抗性。目前中药材中报道的病虫害及非胁迫有关的抗性有关酶、防御蛋白种类仍然较少，有待进一步研究（表 4-3）。

3. 分子水平的抗逆机理

在分子水平，施氮对中药材抗逆性的调控机理研究主要集中在信号转导机理等方面。施氮主要通过影响激素、一氧化氮（NO）等信号分子的合成，调控下游抗性相关基因的表达水平，从而影响植物的抗性。

（1）降低水杨酸（SA）水平，并降低相关抗性基因的表达。研究发现，施氮对拟南芥中 SA 的积累具有负调作用（Yaeno and Iba, 2008），可能导致植物抗病性降低。当植物受到活体营养型病原菌（如霜霉病菌、白粉病菌）侵染时，主要由 SA 信号转导途径发挥抗性。此时，SA 含量增加，同时激活下游大量病程相关蛋白 PR 编码基因的表达（Pieterse et al.，2012）。以模式生物拟南芥为例，SA 诱导抗性蛋白 PR 的合成是通过调节蛋白 NPR1（non-expressor of PR genes 1）向下游传递信号至谷氧还蛋白 GRX480，然后与 TGA（TGAGG motif-binding factor）家族转录因子互作来调控 PR 编码基因的表达（Bari and Jones，2009）。

（2）提高茉莉酸（JA）/乙烯（ethylene，ETH）水平，促进调控转录因子 ERF1（ethylene response factor 1）编码基因及相关抗性基因的表达。与 SA 信号转导途径不同的是，JA 信号转导途径和 ETH 信号转导途径主要针对死体营养型病原菌（如对链格孢菌等）产生抗性，而且这两种信号（JA/ETH）转导途径常常协同作用，调控下游抗性基因的激活表达。ERH 是 JA/ETH 调控网络中一个重要的正向调控转录因子，拟南芥被病原菌侵染后，*ERF1* 表达量显著升高，并促进抗性基因 *PDF1.2* 的高表达（Pieterse et al.，2009），从而提高植物的抗病性。当番茄被灰霉病菌侵染后，缺氮会抑制转录因子 *ERF1* 的表达，因此施氮可能会提高植物中抗性基因的表达水平（Vega et al.，2015）。在玉米中也发现了相似的研究结果，低氮会导致植物中 JA 相关基因表达水平出现下调，从而降低玉米的抗病性（Liao et al.，2012）。

（3）影响脱落酸（ABA）水平及其他植物激素水平，调控植物抗性。阮海华等（2004）的研究发现 ABA 能诱导气孔的关闭，阻止病原细菌的侵染，缺氮通常会促进 ABA 合成（Berens et al.，2017）。施氮后 ABA 含量降低，气孔无法正常关闭，可能导致植物抗病性降低。此外，与抗性有关的植物生长素和细胞分裂素（cytokinin，CK）也都可能受氮营养的调控，如烟草中细胞分裂素含量与叶片中氮含量呈正相关（Lou and Baldvin，2004）。这些植物激素对抗性的调控机理有待进一步深入。

（4）促进 NO 信号分子的产生，提高植物的免疫水平。NO 是植物内重要的上游免疫信号分子，它能够自由地扩散进细胞中，引起一系列的免疫应答反应，对中药材耐盐性也具有调控作用（代欢欢 等，2020）。植物在遭受病原微生物侵染时，硝酸还原酶（NR）还原硝酸盐产生信号分子 NO，在硝酸还原酶功能缺失突变体（*nia1*、*nia2*）中，拟南芥表现出较弱的抗病性（Modolo et al.，2006）。NO 还能参与激素调控的信号转导途径。例如，NO 能促进 SA 合成基因（*ICS1*、*EDS1*、*PAD4*）和下游基因（*PR1*、*PR2*、*PR5*）的表达（Shi et al.，2015）；NO 还能正向调控 JA 合成基因 *LOX3*、*OPR1/2/3* 的表达（Mur et al.，2013），从而进一步增强植物的抗性。

施氮对植物（包括药用植物）的抗逆性具有复杂的调控作用，施氮对中药材抗逆性的调控作用主要表现为 3 个方面。①物理结构水平。施氮通常会引起植物地上部分生长加快，降低根冠比，降低植物中木质素、纤维素及硅含量，影响气孔关闭。②生理生化水平。氮诱导的生化抗性通常包括植物营养成分、次生代谢产物、抗性有关酶及其他抗性物质等的改变。施氮会提高中药材中营养物质含量、多种抗氧化酶及抗性相关蛋白活性，提高含氮次生代谢产物水平，降低非含氮次生代谢产物水平。③分子水平。施氮主要影响激素、NO 等信号分子的合成，调控抗性有关基因表达。降低 SA、ABA 水平及抗性相关基因表达水平，提高 JA/ETH 水平，促进 NO 信号分子的产生。施氮对中药材生物胁迫抗性的调控作用涉及物理结构水平、生理生化水平、分子水平 3 个方面，调控机理包括提高和降低抗逆性两个方面，最终表现为施氮后中药材对某种生物胁迫抗性的升高或降低。目前施氮对中药材非生物胁迫抗性的研究较为缺乏，已报道的施氮对中药材非生物胁迫抗性的调控作用主要涉及物理结构水平、生理生化水平两个方面。

施氮对植物抗逆性的调控作用在不同植物和环境中差异较大，还会受到营养、环境等因素的影响，如氮钾运筹、氮素形态、气候条件等。施氮对中药材抗逆性的调控作用在不同中药材品种及不同的逆境环境中可能呈现较大差异。目前，有关施氮对中药材抗逆性影响的研究亟待补充，建议重点加强以下方面研究。①施氮对中药材抗杂草能力的调控作用。杂草的滋生会造成中药材减产，严重时甚至减产达到 30%。但目前此方面研究鲜有报道，可借鉴的施氮对农作物、园艺作物等调控作用研究也相对薄弱，因此应加强不同中药材品种施氮后对其抗杂草能力影响的研究。②施氮对中药材非生物胁迫抗性的影响。中药材常生长在荒坡地，需应对干旱、盐碱等多种非生物胁迫，目前仅报道了少数中药材品种施氮后对非生物胁迫抗性的影响，但氮肥在大部分中药材种植中均有应用，下一步应将需氮量大的大宗中药材品种作为重点研究对象。③施氮调控中药材抗逆性的分子水平抗逆机理。目前施氮调控模式植物拟南芥及经济作物玉米等分子水平抗逆机理的研究已经比较深入，为作物育种提供了重要依据，但中药材方面的研究接近空白，明确施氮调控中药材抗逆性的信号通路将为中药材新品种选育提供理论基础。尽快加大相关方面的研究力度，将有助于通过科学施氮提高中药材的抗逆性，促进中药材的生态种植。

4.4　中药生态农业中有机肥的应用

本章前 3 节重点讲解了氮对中药材产量、质量、生态系统及抗性的影响及机理，为中药生态农业中的科学施氮提供了指导。随着国家"两减一增"（减肥、减药、增施有机肥）方针的大力推行，包括中药在内的种植业都在努力减少种植过程中化肥的施用量。目前国内已报道的中药材施肥研究主要以施用化肥，特别是以氮肥、磷肥、钾肥为主，有机肥相关研究较少。化肥虽然能在短期内对产量等产生有益影响，但从长期来看会产生土壤板结、加速土壤侵蚀、土壤肥力下降等不利影响，化肥中的有害物质还可能会进入食品供应链中，造成食品安全隐患。有机肥相比于化肥具有提高土壤肥力、提高土壤保水力、成本低、肥效期长、养分更加全面均衡、含有大量有益微生物、可持续等优点。因此，中药生态农业中建议施用有机肥。

大量研究表明有机肥对植物的生长具有促进作用。邵云等（2022）的研究表明，与仅施用化肥的处理组相比，仅施用有机肥产出的作物质量更高。对药用植物的研究表明，施用有机肥能够提高茴香籽的产量（Moradi，2011）；有机肥还能提高绿豆蔻（Thimmarayappa et al.，2000）及姜黄（Vishwanath et al.，2011）植株的株高。有机肥的来源众多，包括动物粪便、污泥污水、植物秸秆等。有机肥的堆肥方式也非常多样，包括厌氧堆肥、好氧堆肥、蚯蚓堆肥等，其中蚯蚓堆肥（vermicomposting）已多次被报道是有机肥制备过程中非常有效的技术，能够快速、高效地完成堆肥（Garg et al.，2006）。

有机肥的施用对中药材的生长具有非常明显的促进作用，中药材生态种植过程中有机肥的施用效果取决于制备方法、施用技术、施用器具等因素。不恰当地制备、施用有机肥不仅不能促进中药材的生长，还可能产生不利影响。有机肥施用前不经过腐熟就施用可能会产生 NH_3 等有害气体及有机酸等有害物质，危害植物根系，造成土壤酸害，还可能引起蝇类及土壤病虫害疫情等危害。有机肥的施用量也很关键，施用量过低可能无法提供植株生长所需养分，施用过量又会造成污染。因此了解有机肥中的营养及其释放规律至关重要。有机肥中包含植物生长所需的多种营养元素，既包含大量元素 N、P、K，也包含 Ca、Mg、Al、Fe、Cu、Zn 等微量元素，此外还包含蛋白质、氨基酸、糖、脂肪等有机营养成分（李培军 等，2008）。研究发现畜禽粪便中氮元素以多种形式存在，其中以猪粪、牛粪、羊粪、鸡粪为例，其中铵态氮含量分别为 262mg/100g、159mg/100g、104mg/100g、64mg/100g，速效磷含量分别为 24mg/100g、35mg/100g、55mg/100g、51mg/100g，速效钾含量分别为 728mg/100g、594mg/100g、433mg/100g、675mg/100g，畜禽粪便中含有的各种养分的有效性较高（毛知耘 等，1998）。农作物秸秆作为有机肥的另一重要来源，还田后可将多种营养元素归还给土壤，包括 Zn、Cu、Mn 等（赵晓艳，2003）。稻秆、麦秆、玉米秆、油菜秆中 Zn 的含量分别达 32.7‰、11.0‰、

21.3‰、28.0‰，Cu 的含量分别达 2.02‰、3.36‰、10.8‰、9.79‰，Mn 的含量分别达 312.8‰、19.0‰、25.0‰、17.0‰。

有机肥中营养元素的释放具有一定规律，有研究报道了有机肥在土壤中的释放曲线呈抛物线形，在整个释放过程中会呈现一个释放高峰，由于有机肥具有缓释的特征，因此在施用有机肥时应提前做好规划。有机肥中营养的分解受土壤温度、湿度的影响，通常土壤温度越高，分解越快，秋冬季土壤中有机肥的分解量远低于夏季。李培军等（2008）报道黄绵土中麦秸秆矿化的土壤含水量以 16%～20%为宜，当土壤中含水量低于 8%或高于 24%时，不利于矿化。

因此，在中药材的生态种植过程中应根据土壤的肥力情况，结合不同有机肥种类的营养成分及种植环境的气候、水文条件，采用科学的方式制备及施用有机肥。

第 5 章

中药生态农业的常见模式及价值评估

5.1 我国常见中药生态农业模式类型

5.1.1 粮药间套作复合模式

1. 间作、套作与轮作的概念

间作是在同一块田地上于同一生长期内分行或分带相间种植两种或两种以上作物的种植方式。分行、分带是指条播的间作作物呈单行、多行、窄行或占一定播种幅度的宽行相间种植。点播的作物则既可以在行间也可以在株间实行间作。间作方式由于成行成带种植,可以实行分别管理,但不利于机械化作业。间作群体多种作物并存,是一个复合群体,个体之间既有种内关系又有种间关系。

套作是指在前季作物生长后期的株行间播种或移栽后季作物的种植方式,也称为套种、串种。如在玉米生长中每隔 3～4 行播种 1 行苍术或麦冬。与单作相比,套作不仅能阶段性地充分利用空间,更重要的是还能延长后季作物对生长季节的利用,减少农耗时间。在热量满足一熟有余、两熟不足的地区套作意义更大。

轮作是指在同一块田地上有顺序地轮换种植不同作物的种植方式。如在一年一熟条件下的大豆→小麦→玉米 3 年轮作,这是在年间进行的 3 年作物轮作。在一年多熟情况下,则既有年间轮作又有年内轮作。如应用于南方的绿肥-水稻-水稻→油菜-水稻→小麦-水稻-水稻轮作,这种轮作由不同的复种方式组成,又称为复种轮作。应用复种轮作和间作、混作等种植方式进行多熟种植,可在一年内于同一块田地上先后或同时种植两种或两种以上作物,实现时间和空间上的种植集约化。

在同一农田上,两种或两种以上的作物从空间和时间上多层次地利用空间的种植方式称之为立体种植。凡是立体种植都有多物种、多层次的立体利用资源进行种植的特点,都构成复合群体。如在同一块田地上,农作物和农业动物或鱼类、食用微生物等分层利用空间的种植和养殖模式;或在同一水体内,水生植物与鱼类、贝类相间混养、分层混养的结构称之为立体种养。前者如水稻和鱼、蟹共养,农作物与食用菌共同种植;后者如鱼与珍珠蚌共养,藻和扇贝、海参共养。立体种养虽发展历史不久，但在生态农业中已广泛应用，其前景较为广阔（李文华，2011）。

2. 中药材间套作的优势

1）改善中药材的生存环境

生态地理气候环境（温度、光照、水分、土壤、海拔等）是药用植物赖以生存的必要条件。同一物种的不同居群，由于分布区及生态环境的差异，其品质和产量也会发生明显的差异。很多药用植物对光、热资源要求非常严格，如人参、黄连等喜阴中药材在生产中必须搭遮阴棚遮阳；三七等中药材则要求冬季不冷、夏季凉爽；番红花开花最适温度为15～18℃，高于20℃时花干缩不能开放而成畸形。与农作物或林木间作可以有效改变药用植物的生存环境，如遮阴、冬季保暖等，可大幅提高其产量。如黄连在玉米的遮阴下无须搭棚即可以正常生长，每年每亩还可以多收 200kg 玉米（徐锦堂，2004）。天冬/玉米套作的经济效益比天冬单作增收 22%，比玉米单作增收 565%（张明生 等，2004）。目前生产上常见的粮药间作或林药间作模式为高（高秆）矮（矮秆）搭配、阴（喜阴）阳（喜阳）互补、长（生育期长）短（生育期短）深（深根系）浅（浅根系）结合等。这些组合都已在农业生产中被充分证明具有增产、增效的功能，但对其机理研究甚少，无法从机理上对生长模式进行改进。在农业生产中，并不是粮药或林药随意间作就能提高药用植物产量。王继永等（2003）研究发现，在桔梗‖毛白杨间作系统中毛白杨最佳行距为 10.67m，该行距下桔梗产量为 2.19t/hm²，是对照的 100.5%；在天南星‖毛白杨间作系统中，毛白杨最佳行距为 6.39m，该行距下天南星产量为 1.334t/hm²，是对照的 137.5%。

2）提高中药材的品质

药用植物的药物有效成分非常复杂，不仅表现在其化学成分的多样性和生物学效应的多靶点性，还表现在药用化学成分在植物体内形成、积累、转化规律的复杂性，不同的生长发育阶段、不同器官中化学成分的积累动态常是不相同的，甚至会有质的区别。在当前的药用植物栽培中，还很难做到对药用植物有效成分含量进行人为定量调控。多年的生产实践和科学研究表明，有些作物在间作条件下体内某种代谢明显增强。王恒明等（2005）发现板栗‖茶树间作不仅提高了茶叶的产量，还提高了茶叶氨基酸和咖啡碱的含量，从而提高了茶叶质量。朱海燕等（2005）也发现，茶‖柿间作能够大幅改善茶叶的品质。烟草‖草木樨间作不仅可以显著增加中等烟的比例，而且还能显著提高烟草烟叶总糖、还原糖含量和糖碱比，降低氯含量，更接近优质烟标准（唐世凯 等，2005）。

间作提高植物体内代谢物质特别是某类代谢物质含量的确切机理目前尚不十

分清楚，但从目前的研究来看，可以大致分为两类：一是物种间的竞争刺激和启动了植物体内某类物质代谢的加速；二是物种间直接的相互作用促进了植物体内某种物质的代谢。对于以化学成分为主要利用价值的药用植物来说，间作是否能促进体内药用化学成分的产生、积累和转化需要在生产实践和科学研究中进行不断地探索。

3）防治中药材病虫害

人工规模化和单一化栽培后，药用植物抗病虫害的能力下降，病虫害频发是目前药用植物栽培面临的难题。药用植物很多都具有特殊的气味或对某类病虫害的抗性或毒杀功能，与其他植物间作可以充分利用这些优势，减少病虫害的发生，同时高大农作物也能有效减缓药用植物病虫害的蔓延速度，缩小其发生范围。研究发现，逆境条件特别是病虫害的发生，会诱导植物产生不同的信号物质，这些信号物质会刺激植物体内代谢物质的产生或直接防御病虫害，或吸引天敌间接防御病虫害（贾贞 等，2005）。

4）改善土壤质量

合理的中药材间作能够增加土壤养分、改善土壤团粒结构，从而提高土壤质量。在金银花‖栀子间作系统中土壤水解氮、速效磷和速效钾含量分别比金银花单作高 17.9%、57.4%和 8.3%，增加了土壤肥力；而间作下的土壤容重比金银花单作低 9.7%，缓解了土壤板结（李小兵 等，2004）。半夏单作与半夏‖农作物间作对比试验证实，间作能有效提高土壤养分（全氮、速效磷和速效钾）含量，其中半夏‖决明间作的土壤综合肥力评分最高（杭烨 等，2018）。芳香药用植物‖槟榔间作田间试验表明，间作 3 年后土壤（0～30cm）pH 提高了 0.3～0.9，缓解了土壤酸化。王占军等（2007）发现，与柠条锦鸡儿单作相比，甘草‖柠条锦鸡儿间作能降低土壤容重、提高土壤总孔隙度和毛管孔隙度，改善了土壤物理结构。

3. 常见中药材间套作模式类型

1）农作物余零地边间套作模式

一般一块田地间可耕面积约为 70%，田间地头、沟渠路坝这些余零地边面积约占 30%，而山区、丘陵地所占比例更大。利用这些闲置余地种植一些适应性强、对土壤要求不严的中药材品种，既能有效地利用土地、增加收益，同时又能减少水分和养分的蒸发，控制因杂草生长而给农作物带来的病虫危害。例如，可以在地边、路沿、渠旁种植耐涝、耐旱和对气候、土壤要求不严的中药材金银花，按株距 80cm 挖穴，每穴内沿四周栽花苗 6 棵，每亩地的余零地边约可栽 60 穴，每穴年单产商品花 0.5kg，市场价格为 30 元/kg，每穴年收益为 15 元，每亩地每年可增收 900 元。适宜余零地边种植的中药材品种还有甘草、决明、凤仙花、苍术、五味子、木瓜、王不留行、玉树、蒙古黄芪、红花、龙胆、掌叶大黄等。

2）高秆与矮秆间套作模式

在高秆与矮秆间套作模式中，高秆的农作物与矮生的中药材合理搭配，针对立体复合群体，利用垂直分布空间，增加复种指数，遵循前熟为后熟、后熟为全年的原则，提高了光能与土地的利用率，从而大幅增加了经济效益。如板蓝根-玉米-柴胡的一年三种两收种植模式，早春在耕细耙匀的土地上做成宽 1.5m、两边留水沟的高畦，3～4 月在高畦上播种板蓝根；5～6 月于水沟内按株距 60cm 点播玉米，每株留苗 2 棵，常规管理；8 月待玉米完成营养生长时板蓝根就可刨收，接茬播种柴胡，这时玉米的遮阴效果能够为柴胡的萌发提供良好的条件，15～20d 柴胡就可出齐苗；9～10 月玉米收获后，柴胡苗就可茁壮生长。适合此模式套种的农作物品种还有高粱、甘蔗、棉花等茎秆高大、能提供荫蔽环境的农作物种类。搭配种植的中药材品种有生长时间较短、耐阴的板蓝根、白芷、桔梗、川芎、白术、丹参、射干、薏苡、柴胡、半夏、太子参、黄连、草珊瑚、草果等。

3）深根系与浅根系间套作模式

根据植物品种的特性和营养，合理地组合成具有多层次利用土地、光能、空气和热量等资源的群体，加大垂直利用层的厚度，使投入的能量和物质尽可能多地转化为经济产品，达到增产增效的目的。如可以在西瓜地里套种决明、白术等。西瓜根系浅，不能吸收利用土层较深处的营养，但其需水量、需肥量大，而吸收率低，因此必须人为地增施水肥等营养物质。套种的中药材决明、白术等吸收利用了土壤表层多余的营养，减少了土壤养分流失，且能吸收土层较深处的养分而满足了自己生长的需要。适合此模式的农作物品种还有冬瓜、南瓜、红薯、马铃薯、大豆等，搭配种植的中药材品种有甘草、金银花、蒙古黄芪、桔梗、白术、白芷、红花、番薯、薏苡、木瓜、知母、姜黄、番红花。中药材与农作物的间套作方法还有隔畦间套、隔行间套、畦中间套、埂畦间套和混作等。无论采用何种间套方式，都应注意株型庞大与瘦小、宽叶与窄叶、平铺叶与直立叶、生长期长与生长期短等合理搭配，注意各种植物之间光照、温度、水分和营养条件的关系，保持中药材品种的道地性。

5.1.2　林药复合模式

随着人口增长和人民生活水平的提高，中药材的社会需求量越来越大。由于过度的开发利用，我国野生中药材资源的蕴藏量已经明显下降，有些物种已经濒临灭绝，现有的野生中药资源物种远远不能满足社会需求。药用植物的人工种植已经成为中药材商品生产的主要途径。目前常用植物类中药材市场供应量的 70% 来自人工种植，我国目前栽培的常用中药材有 200 多种。中药材是我国出口创汇的重要产品，约占世界中药出口量的 60%，2000 年出口额达到 2.69 亿美元。随着全球植物药需求热的兴起，国际国内中药材市场需求量继续呈现上升趋势。林药复合经营在农业产业结构上促进了多种产业的协同发展，在生产经营时间上实现了长、中、短结合，在土地空间利用上实现了上、中、下配置，在效益上实现了生态效益、经济效益和社会效益的有机结合。因此，林药复合经营在未来的农业产业结构调整、林区生产方式转变和生态环境建设中都将发挥其独特的作用，西部大开发的植被建设也为其发展提供了难得的契机。特别在我国加入世界贸易组织（World Trade Organization，WTO）后，林药复合模式更能适应社会发展新形势的要求，具有广阔的发展前景。

1. 林药复合经营的类型及其结构特征

1）林（果）药前期间作类型

造林或果园建造前期（林地或果园未郁闭前），在林（果）间间作或套作药用植物，可以获得短期的经济效益；林地或果园郁闭以后以林业或果品生产为主，可适量种植一些耐凉性药用植物。该类型最大的特点是充分利用了土地资源，弥补了幼树不能充分利用土地资源的缺陷。并通过对药用植物的经营管理实现以耕代抚，保证幼树的集约经营，降低抚育管理成本，缩短成林或成园的期限。林木或果树为药用植物的生存提供了良好的庇护作用，减少了自然灾害，为中药材的稳产、高产、优质创造了良好条件。药用植物对土地的固着与庇护，增强了水土保持功能，维护了地区的生态环境。药用植物生长周期短，缩短了投资回收期，提高了林农营林的积极性。林（果）药前期间作类型的田间配置方式以林木（果树）行间间作草本药用植物为主，间作期间形成幼树和草本两层水平镶嵌式复层结构。在结构设计上，利用了林木或果树与药用植物在土地和光能资源利用方面存在的时空差异（如生长周期的长短、发育期的早晚、根系分布的深浅、叶面层的高低等），可以形成互补互利合理的群体结构。林木、果树的行间距依据林果业生产的需要设计，一般不侧重考虑中药材生产。

林（果）药前期间作类型常用于平原地区和低山丘陵区的用材林（特别是速生丰产用材林）或结果期较晚果园的林（果）药复合经营。我国多数用材树种或果树都适于该类型，目前应用较多的用材林树种有红松、落叶松、杨树、杉木等，经济林树种有苹果、梨、李、桃、毛竹、茶树、橡胶树等。多数草本药用植物均可作为该类型的间作植物，应用较多的有桔梗、柴胡、黄芩、知母、丹参、远志、防风、龙胆、穿心莲、苍术、补骨脂、地黄、当归、北沙参等。另外有些药用乔木树种的人工林也可以与草本药用植物种类实行前期间作种植，从广义上也应该属于该类型，常用的药用树种有银杏、杜仲、黄柏、山茱萸、红豆杉、喜树等。

2）林（果）药长期间作类型

林木（果树）与药用植物间作种植长期共存，中药材生产一般作为主要经营目的，通过中药材栽培获取长期稳定的经济收益。该类型最大特点是大跨度的树木栽植行距或林带间距为药用植物长期种植提供良好的生存空间，在整个经营期内树木行间或林带之间不形成郁闭，药用植物可以获得充足的阳光。在复合经营系统内，林带或树木的庇护作用可以改善复合系统的小气候和微域土地环境，使其更适合药用植物的生长，为培育优质、稳产、高产的中药材提供良好的保障作用，同时还可以获得一定数量的林果产品，既丰富了市场，又增加了药农收入。在水平结构上，复合系统由相间的中药材生产带和树木带构成，高层树木冠层与低层药用植物层构成高低错落的带状相间分布。系统结构以生产高产、优质、稳定的中药材为设计依据，树木的配置呈单行或带状分布，树种的选择及行距或带距大小根据树木和药用植物生物学特性，以及当地的生态环境而定。一般按大行距小株距配置，行距一般在 10m 以上，有的达到 30m，甚至 50m。林（果）药长期间作类型适于平原或低山缓坡地带。在注重经济价值的前提下，树木选择主要考虑它在系统中的特殊作用，如防风固沙、水土保持等，根深冠窄的树木是较理想的选择树种。该类型适于多种中药材生产，除少数喜阴种类外，绝大多数药用植物均可选用。

3）林下药用植物野生化培育类型

林下药用植物野生化培育是指在具有某种药用植物自然生存环境的天然林或人工林中，实施适度的人工措施（如播种、栽植、抚育管理等），促进药用植物在林下自然生长，以获取较高中药材产量和质量的一种生产方式。如红松林下种植人参、杉木林下种植黄连、毛竹林下种植天麻等。其优越性在于不占用耕地，不改变药用植物的生长环境，通过人工辅助性培育措施，可以实现野生（近似野生）中药材的批量生产，同时使野生资源得到有效保护。林下药用植物野生化培育系统的结构属于近似森林生态系统，一般为由乔木和草本形成的复层结构，也可以在高大乔木林中培育耐阴性木本药用植物（乔木或灌木），从而形成复层乔木林或乔灌复层林。如黄柏-刺五加或五味子-红松-落叶松组成的复层林。该类型仅适于一些耐阴性药用植物，如人参、三七、砂仁、石斛、天麻、绞股蓝、细辛、天南星、半夏、刺五加、五味子、穿龙薯蓣等。

2. 几种典型的林药复合经营种植模式

1）林参复合经营模式

林参复合经营模式有林参间作模式及林下栽参模式。林参间作模式属于林药前期间作类型，多在适于人参生长的天然林皆伐迹地或天然次生林的更新改造林地上进行。前期采用林木与人参间作种植，间作时间一般为 3～5 年，人参采收以后再在栽参的床面上栽植经济价值较高的阔叶树，用以建成速生、优质、高产的针阔混交林。为避免林木和人参的地下竞争，间作的林木一般应选择深根性的珍贵树种，人参的根系一般分布在 8cm 土层以内，树木的根系分布深度以 15cm 以下为宜。通常选用的树种有红松、落叶松、紫椴、水曲柳、胡桃楸、桦木、榆树等。在辽东山区，为了有效地防止水土流失，还可选用云杉、紫穗槐等。

林下栽参模式属于林下药用植物野生化培育类型。选择有人参自然生长的天然林或与其自然条件相似的林地作为复合经营用地。一般选择郁闭度为 0.5～0.8、林下有一定草本植物覆盖、没有林窗的林分，最好是针阔混交林或落叶阔叶混交林。在林冠下或林隙间种植人参，林参长期共生。这种模式能够克服毁林栽参的矛盾，提高土地生产力和利用率，虽然产量低于棚栽人参，但质量更接近野山参，具有较高的商品价值。

林参间作为林木和人参生长提供了良好的生态环境，构成具有合理水平结构和垂直结构的林参生态系统。林下种参，不砍伐树木，不破坏植被，有利于森林资源和生物多样性保护，有效控制了伐树种参造成的水土流失。因此，发展林参复合经营模式，将林区单一的林业生产推进到森林资源多目标利用的高度，促进了东北地区生态林业的发展。同时改变了历史上毁林种参、破坏生态环境的旧习，也为低价值疏林地的改造提供了一条经济实用的生产途径。另外，林参复合经营模式吸纳了林区大量的剩余劳动力，增加了林区群众的收入，促进了地方经济发展。

2）果药复合经营模式

华北地区是苹果、梨、桃、杏、葡萄、柿子、枣、核桃、板栗、花椒等暖温带果树的主要分布地区，也是黄芩、蒙古黄芪、知母、桔梗、柴胡、远志等常用大宗中药材的自然产区，以及我国粮食作物和经济作物的重要产区。华北地区人口稠密，人均耕地较少，实行果药复合经营对提高土地利用率、改善生态环境、发展地方经济都具有重要意义。

综合考虑土地资源和果园建设工程的特点，该地区的果药复合经营模式可以分为低山丘陵山地果药间作及平地果药前期间作两种基本模式。

适于低山丘陵山地果药间作模式的树种主要有柿子、枣、核桃、板栗、花椒、山杏等，在有灌溉条件的地方，也可以种植苹果、梨、桃、李等。适宜的药用植物种类主要有黄芩、蒙古黄芪、知母、桔梗、柴胡、远志、丹参、瞿麦、瓜蒌等。整地方式和果树定植密度因树种而异，春季按设计的株行距定植果树，同年春季或雨季在定植好的梯田内播种或移栽药用植物，树木四周保留半径 30～50cm 的空地用作果树的抚育空间（树盘）。为了扩大中药材的种植面积，在梯田之间保留的未开垦的植被保护带中也可以适量种植一些不以根或根茎入药的药用植物，其栽培技术与大田栽培相同。由于梯田土地干旱贫瘠，果树生长速度较慢，树体较矮小，加上梯田之间高低错落，果园一般不能郁闭，可以进行长期复合经营。第一生产周期（第一茬）中药材与果树同期种植，一般 3～5 年可以采收利用。第二生产周期一般换茬为具有一定耐阴性的中药材种类，以适应果园光照变化。对于有些可以持续经营的中药材种类，如果其具有无性繁殖的能力，在采收的同时，可以根据第二生产周期的生产需要，保留一定数量的扩繁母体，以保证其种群数量的迅速恢复，并实现可持续利用。第三生产周期及其以后间作的中药材种类视果树长势和果园光照条件而定，如果果树生长衰弱，地面光照条件充足，绝大多数药用植物均可以种植，否则只能在树下种植耐阴性更强的中药材种类，如半夏、天南星、穿龙薯蓣等。

平地果药前期间作模式适于多种植物。适宜的果树种类主要有苹果、梨、桃、李、杏、葡萄、柿子、枣、核桃、板栗、花椒等，有些立地条件下也可以栽植银杏、杜仲、山茱萸等药用树种。适宜在该地区生长的药用植物种类一般都适于该模式，如黄芩、蒙古黄芪、知母、桔梗、柴胡、远志、丹参、党参、沙参、防风、白芷、菊花等。果树定植一般在春季或秋季进行，药用植物的种植一般在果树定植后当年的春季或夏季，药用植物的栽培技术与大田栽培相同。本模式中果树和中药材的种植呈带状相间分布，果树一般单行种植，株行距依树种生物学特性和经营管理模式而定，行距一般为3～5m，在果树行间栽培药用植物。为保证果树正常生长，以树木为中心顺树行应保留一带空地抚育带，带宽因树种特性和树龄而异，一般为0.5～1.0m，生长速度快或树冠大而浓密的树种抚育带宽度应适当加大。平地果药复合经营的土地利用率一般幼树期比单独经营的果园增加30%～60%。平地果园的果树生长速度快，成熟期树体高大，3～5年后果园近乎郁闭。一般在果园建设初期果树行间可适合多种药用植物生长，而中后期只能适于少数耐阴性较强的种类。间作期因果树的生物学特性、定植的株行距，以及中药材植物的耐阴性而异，一般只在幼树期间种一茬，间作时间为3～5年，耐阴性中药材植物的间作期可以延长到5～7年。果园郁闭后一般不再继续复合经营，特殊需要时可以在树下种植天南星等耐阴性中药材，也可以栽培天麻。

3）杉木黄连复合经营模式

黄连为多年生草本植物，是我国重要的药用植物。传统的黄连种植一般需要在采伐森林后的迹地上搭建遮阴棚。根据刘晓鹰和王光淡（1991）调查，搭棚栽植1亩黄连要毁林3亩，耗费木材10m³。黄连采收后大约需要30年森林植被才能自然恢复。因此，黄连的单一种植对森林植被具有严重的破坏作用，如果控制不当，还会导致较严重的水土流失。而杉木黄连复合经营模式则不需要毁林占地，也免去了伐木搭棚的工序，既避免了森林植被的破坏，又降低了生产成本。杉木是优良的速生用材树种，其根系密集分布层在30cm以下的土层内。黄连属于浅根性须根植物，五年生根系的垂直分布一般小于15cm。选择杉木与黄连复合经营，既能为黄连提供阴凉湿润的生长环境，又不会造成二者根系的激烈竞争，还可有效地利用地下空间，在生物和经济方面都不失为林药复合经营的良好组合。

杉木黄连复合经营模式可以分为造林初期间作和郁闭林下种植两种基本模式。造林初期间作模式一般在杉木造林的当年或翌年移栽黄连。造林前要进行全垦整地，杉木造林密度为 4 950 株/hm^2，一般选用二年生杉木壮苗造林。黄连移栽株行距为 10cm×10cm，植苗密度 600 000 株/hm^2，4～8 月均可移栽，立秋至处暑为最佳移栽期。移栽初期需要用少量树枝或竹桠对黄连辅助遮阴。郁闭林下种植是在郁闭度为 0.4～0.7 的杉木幼林及成林中移栽黄连，其技术与造林初期的移栽基本相同，由于杉木树体的增大，黄连的种植面积相对减小，植苗数量相对减少。有杉木的庇护，移栽后不需要再进行辅助遮阴。

杉木黄连复合经营的经济效益不仅大幅高于杉木纯林和传统的搭棚栽连，而且还保护了森林植被，减少了水土流失，维护了当地的生态环境和生物多样性。造林初期进行杉木和黄连间作，一般 5 年可采收第一茬药材，每公顷可产干黄连 1 500kg，与传统搭棚栽连模式相比劳动生产率可提高 30.3%，减少用工 28.7%，纯收益增加 162.4%。

4）其他种植模式

（1）五倍子林虫药复合模式。五倍子为传统中药材，为蚜科倍蚜属昆虫角倍蚜在其寄主盐肤木等树木上形成的虫瘿。在郁闭度 0.7 左右的盐肤木林内种植黄连，再以 0.4m×0.4m 或 0.4m×2.0m 小块状或窄带状种植侧枝匍灯藓，镶嵌分布于黄连地内。盐肤木树冠的遮阴作用代替了露天种植黄连需要搭建的遮阴棚，减少了生产工序，降低了成本；盐肤木、黄连的庇护作用又促进了角倍蚜的越冬寄主植物侧枝匍灯藓的生长发育；由乔、草、藓形成的立体结构为角倍蚜的越冬提供了良好的生态环境，提高了角倍蚜的越冬存活率，保证了五倍子的丰产。该模式在四川省峨眉山市已应用于五倍子生产中，具有良好的经济效益，可在长江中上游山区推广应用（张燕平 等，2001）。

（2）细辛林药复合模式。辽宁省在人工落叶松林和低产次生阔叶林内栽植细辛，取得了良好的经济效益和生态效益。在间伐后 450～560 株/hm^2 的落叶松林或 225～400 株/hm^2 的低产次生阔叶林内顺山做床，床宽 1.2m、长 10～20m、高 20cm，床面栽植二年生细辛苗，株行距为 18cm×24cm。董兆琪和池桂清（1989）的研究发现，落叶松‖细辛间作的经济效益较落叶松纯林提高了 29.1%。该模式可在东北林区推广应用。

（3）杨树中药材间作模式。杨树是北方地区重要的用材林树种，大量用于营造速生丰产林。为了提高杨树速生丰产林的土地利用率，杨树行距在 6m 以下的林分，郁闭前多数药用植物均可在行间正常生长，郁闭以后可在林下种植耐阴性药用植物；行距 6m 以上的林分可保持林药长期复合经营，并根据不同生长时期林分的郁闭程度选择适宜的药用植物种类。据王继永等（2003）研究，天南星在毛白杨速生丰产林的林冠下和林冠外侧的中药材产量分别较无林对照地提高了 62.36%和 38.03%，距树行 3.7m 和 7.5m 处的中药材产量与无林对照地没有显著差异。桔梗在林冠下和林冠外侧的中药材产量分别较无林对照地降低了 25.00%和 6.00%，距树行 3.7m 和 7.5m 处的中药材产量与无林对照地没有显著差异。甘草在林冠下和林冠外侧的中药材产量分别较无林对照地降低了 90.21%和 51.49%，距树行 3.7m 和 7.5m 处的中药材产量分别降低了 27.23%和 10.21%。由此可知，当树木达到一定年龄阶段后，可根据树木的遮阴程度，将行间林地划分成与树木行向平行的数条带状种植区域，分别种植不同耐阴程度的药用植物，以充分利用林地光能资源，获得最佳经济收益。

5.2　中药材生态产品价值评估

生态产品价值实现是推进生态文明建设、打造"美丽中国"的基础载体。2021 年 4 月 26 日，中共中央办公厅、国务院办公厅印发了《关于建立健全生态产品价值实现机制的意见》，明确提出建立健全生态产品价值实现机制，是协同推动生态环境改善和经济高质量发展的重要手段，是从源头上推动生态环境领域国家治理体系和治理能力现代化的必然要求，对推动经济社会发展、全面绿色转型具有重要意义。道地药材是具有中国特色的生态产品，在固碳释氧、涵养水源、保护生态环境、提供高质量中药材、维护生命健康、支持医药康养文化传承与发展等方面蕴含着巨大的价值。因此，立足生态优势，大力发展中药材生态种植，尤其是道地药材生态种植，从生态产品价值实现机制角度探索多元化生态道地药材价值实现模式和路径，是推动中医药行业积极践行"两山"理念、推进"两山"转化的关键。

5.2.1　中药材生态产品价值实现的发展前景

1. 生态产品价值实现的发展现状

生态产品是指通过生态系统生产和人类社会生产共同作用，以人类消费利用为目的的物品和服务的集合，与农产品和工业品共同构成人类生活必需品。生态产品不是"生态"与"产品"的简单叠加组合，而是自然生态与经济社会相互作用的产物，是满足人民美好生活需要的生态环境产品。生态产品可分为生态物质产品、生态服务产品和生态文化产品等。生态产品的概念是反映人民群众对生态环境需求的战略性变化的重要概念，同时也为实现经济建设和生态文明建设的协同并进搭建了理论桥梁。党的十九大以来，国家出台了一系列生态文明与绿色发展相关的政策，可以看出国家对推动绿色发展、实现人与自然和谐共生的重视力度。与此同时，十九大首次将保障优质生态产品供给写进党的政治纲领，体现了顶层设计对生态产品可持续供给的高度重视。

另外，我们以"生态产品"为关键词在中国知网检索了相关的研究报道，共检索到 765 篇文献。通过可视化分析发现，从发表文章数量来看，自 2019 年开始，生态产品相关研究报道明显增加，仅 2022 年 1 月的文献数量（216 篇）就超过了 2021 年全年的文献数量（208 篇）。从主要主题分布来看，相关学者主要围绕"生态产品""价值实现""高质量发展""实现路径""生态文明"等方面进行研究和探索（图 5-1）。换言之，积极探索生态产品价值实现路径、推动其高质量发展，成为今后一段时间研究的重点。

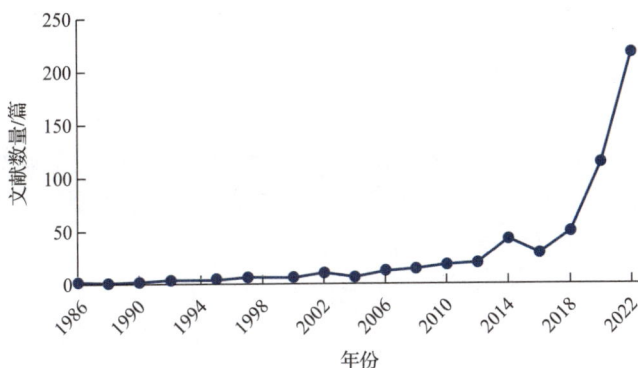

（a）不同年份生态产品相关文献数量

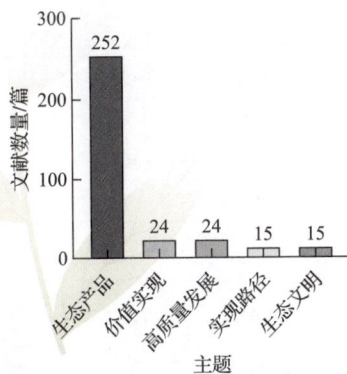

（b）不同主题的生态产品相关文献数量

图 5-1　生态产品相关文献统计情况

2. 生态产品价值实现的典型案例

近年来，各地积极探索生态产品价值实现并取得了积极成效，形成了一批典型案例。自然资源部分别于 2020 年 4 月、10 月及 2021 年 12 月推出了 3 批共 32

项生态产品价值实现典型案例（表 5-1）。其中，吉林省抚松县通过生态产业化经营模式，坚持生态优先、绿色发展，做大做优"绿水青山"，提升优质生态产品供给能力；利用得天独厚的资源禀赋条件和自然生态优势，因地制宜地发展矿泉水、人参、旅游三大绿色产业，促进生态产品价值实现和效益提升。以人参产业为例，抚松县拥有悠久的野山参采挖历史和人工栽培历史，在发挥人参品牌效应的同时，着重在"创新、标准、延伸、平台"4 个方面进行突破，推动生态产品价值实现。具体措施如下：一是创新人参种植模式，示范推广绿色生态种植；二是推动人参标准化生产，提升产品质量；三是延伸人参产业链条，打造精品品牌；四是创建人参交易平台，形成规模效益。在此基础上，抚松县发展人参产业在以下 3 个方面取得了显著成效。一是生态效应显著。通过发展人参林下仿野生种植，减少化肥农药、除草剂等的施用，森林生态功能不断增强，空气质量持续改善，生物种群日益丰富。二是生态产品价值有效转化。全县"十三五"期间累计交易鲜参 24.9 万 t、交易额达 260.2 亿元，销量占全国的 80%以上；全县人参种植业产值达到 53.65 亿元，人参加工业产值达到 248 亿元。三是民生福祉不断增强。"十三五"期间，人参产业的绿色升级拓宽了群众增收致富的渠道，带动林下人参种植从业人员 1 万余人，建设了以万良镇为代表的人参产品加工基地，带动全镇 18 个行政村实现增收，走出了一条经济、社会和生态协调发展之路。

表 5-1　生态产品价值实现的典型案例

序号	典型案例
1	北京市房山区史家营乡曹家坊废弃矿山生态修复及价值实现案例
2	吉林省抚松县发展生态产业推动生态产品价值实现案例
3	河北省唐山市南湖采煤塌陷区生态修复及价值实现案例
4	山东省威海市华夏城矿坑生态修复及价值实现案例
5	山东省邹城市采煤塌陷地治理促进生态产品价值实现案例
6	浙江省余姚市梁弄镇全域土地综合整治促进生态产品价值实现案例
7	浙江省杭州市余杭区青山村建立"善水基金"促进市场化多元化生态保护补偿案例
8	江苏省徐州市潘安湖采煤塌陷区生态修复及价值实现案例
9	江苏省苏州市金庭镇发展"生态农文旅"促进生态产品价值实现案例
10	江苏省江阴市"三进三退"护长江生态产品价值实现案例
11	河南省淅川县生态产业发展助推生态产品价值实现案例
12	福建省厦门市五缘湾片区生态修复与综合开发案例
13	福建省南平市"森林生态银行"案例
14	福建省南平市光泽县"水美经济"案例
15	福建省三明市林权改革和碳汇交易促进生态产品价值实现案例

续表

序号	典型案例
16	湖北省鄂州市生态价值核算和生态补偿案例
17	湖南省常德市穿紫河生态治理与综合开发案例
18	重庆市拓展地票生态功能促进生态产品价值实现案例
19	重庆市森林覆盖率指标交易案例
20	江西省赣州市寻乌县山水林田湖草综合治理案例
21	云南省玉溪市抚仙湖山水林田湖草综合治理案例
22	云南省元阳县阿者科村发展生态旅游实现人与自然和谐共生案例
23	广东省广州市花都区公益林碳普惠项目案例
24	广东省南澳县"生态立岛"促进生态产品价值实现案例
25	广西壮族自治区北海市冯家江生态治理与综合开发案例
26	海南省儋州市莲花山矿山生态修复及价值实现案例
27	宁夏回族自治区银川市贺兰县"稻渔空间"一二三产融合促进生态产品价值实现案例
28	美国湿地缓解银行案例
29	英国基于自然资本的成本效益分析案例
30	美国马里兰州马福德农场生态产品价值实现案例
31	德国生态账户及生态积分案例
32	澳大利亚土壤碳汇案例

资料来源：国家自然资源部网站，2020；2021。

3. 生态产品价值核算的意义和方法

1）生态产品价值核算的重要意义

生态产品既包括清新的空气、洁净的水体、安全的土壤、良好的生态、整洁的人居等调节服务类生态产品，还包含可通过产业生态化、生态产业化进行经营开发的物质供给类产品（如农产品）和文化服务类产品（如旅游景区）。当前加快生态产品价值核算的研究和应用具有重要意义。一是贯彻落实党中央国务院决策部署的具体举措。开展生态产品价值核算是贯彻落实习近平生态文明思想，落实"绿水青山就是金山银山"理念，推动建立生态产品价值实现机制，促进人与自然和谐的重要举措。通过生态产品价值核算，可以对各地的生态文明建设或绿色发展成效进行评价和考核，可以更快地推进生态文明体制改革，更好地贯彻落实党中央国务院的一系列决策部署。二是有利于将资源环境作为生产要素在发展过程中集约利用。只有明确生态产品价值，才能将资源环境变成一种可衡量、可比较的生产要素，才能建立起较完整的经济社会环境可持续发展的评价体系，才能形成促进可持续发展的激励机制和约束机制。三是有助于建立社会各界保护资源环境的理念。长期以来，造成资源浪费严重和生态环境破坏很重要的原因在于人们对生态产品及其价值的认识程度不够，尤其是认为生态调节服务产品的经济价值无法核算。只有将生态产品的价值核算清楚，才能使社会各界认识到资源环境的真正价值，才能使大家自觉地节约资源、保护环境。

　　2）生态产品价值核算的方法

　　生态产品价值核算可以为科学认识生态产品价值提供依据，为将生态效益纳入社会经济考评体系提供参考，为将"绿水青山"转化为"金山银山"的生态产品付费行为提供基础，在推进高质量绿色发展的各个环节中发挥着重要作用。中国生态产品价值核算学术研究虽然起步较晚，但在十几年的发展中，中国学者开展了广泛的研究，生态产品核算经历了从样方尺度的点状研究到全国尺度的面状研究、从水源涵养功能量多少吨到水源涵养价值量多少亿、从生态产品价值数字统计到生态产品价值空间制图、从零散的单项生态产品价值核算到生态系统生产总值核算的进步和发展，形成了生态系统生产总值（gross ecosystem product，GEP）、绿色国内生产总值（green gross domestic product，绿色 GDP）、能值（energy）3 种代表性的核算方法。

　　生态系统生产总值是指生态系统为人类福祉和经济社会可持续发展提供的各种最终物质产品与服务（简称"生态产品"）价值的总和，主要包括生态系统提供的物质产品、调节服务和文化服务的价值。其中物质产品是人类从生态系统获取的可在市场交换的各种物质产品，如农林牧渔产品和水资源等；调节服务是指生态系统提供改善人类生存与生活环境的惠益，如调节气候、涵养水源、保持土壤、调蓄洪水、降解污染物、固定 SO_2、释放氧气等；文化服务是指人类通过精神感受、知识获取、休闲娱乐和美学体验从生态系统获得的精神惠益。生态系统生产总值核算是一种跨学科的、包含参与过程的综合性方法，需要根据相互之间作用和权衡的关系对生态系统提供产品和服务的管理。生态系统生产总值核算方法覆盖全面，可以将各类生态系统的生产总值量化，衡量和展示生态系统的状况及其变化。

　　绿色国内生产总值是指将经济发展中资源成本、环境污染损失成本、生态成本纳入国内生产总值统计口径所形成的绿化后的国内生产总值。是在传统国内生产总值（gross domestic product，GDP）的基础上，把人类不合理利用自然资源与生态环境产生的资源消耗成本、环境退化成本和生态破坏成本进行扣减后的核算结果。绿色国内生产总值核算具体包括将土地、矿产、森林、水、海洋等资源的投入成本，以及污染治理、生态修复等环境成本纳入核算体系，将这部分成本从国内生产总值中扣除，得到绿色国内生产总值。绿色国内生产总值是对现有国内生产总值的绿色化，既能体现经济发展的总量和质量，又能反映绿色发展的目标和状况。以绿色国内生产总值开展经济绩效和生态环境绩效核算，可以改变单纯追求国内生产总值的政绩观，有利于实现绿色发展。

能值又称体现能。能值核算法由美国生态学家奥德姆（Odum）于 1986 年创立，他认为：一种流动或储存的能量中所包含的另一种类别能量的数量，称为该能量的能值。如属不同类的能，一般可以按照其产生或作用过程中直接或间接使用的太阳能的总量来衡量，以其实际能含量乘以太阳能转化率来比较。运用能值核算方法进行定量分析研究，可以有效地将自然、社会、经济等子系统结合起来，通过构建反映生态环境效率、经济效益、社会经济特征的能值指标体系，综合评价生态系统的生态经济效率及可持续发展水平。能值核算方法在不同生态系统得到广泛应用，涉及自然、经济、社会等不同层面，用于分析和评价环境资源、经济投入、发展模式及环境政策等方面，成为生态经济领域的重要理论和研究方法之一。

5.2.2　中药材生态产品的价值核算

1. 道地药材生态产品价值实现的发展优势

道地药材是中医药科技文化的精髓，以道地药材为核心的中药资源是我国重要的战略资源，更是中医药临床的物质基础，道地药材可持续利用是中医药发展的基石，其质量和安全直接关系着中医临床疗效和中医药事业的发展。健康有序的中药材种植业，对于从源头提高中药材质量、发展持续健康的中医药事业和大健康产业等战略新兴性产业、提高人民健康水平、促进生态文明建设具有十分重要的意义。近年来，随着《中共中央国务院关于促进中医药传承创新发展的意见》和《国务院办公厅印发关于加快中医药特色发展若干政策措施的通知》（国办发〔2021〕3 号）等一系列中医药相关政策文件的发布，中药材生态种植已然成为中药农业研究领域的热点和国家战略，是践行"绿水青山就是金山银山"理念，以及实现"双碳"目标的关键路径。

道地药材作为一种特殊的生态产品，具有较高的药用价值、生态价值、经济价值和文化价值。尤其近年来，随着中药生态农业发展势头迅猛，在道地产区开展生态种植、增加绿色优质产品供给，已成为中药农业绿色可持续发展的必由之路。与此同时，实现道地药材生态产品价值是生态文明建设领域的重大创新性举措，是"两山"理论的实践抓手和物质载体。结合道地药材与生态农业的基本内涵和特点，相比于其他生态农产品，道地药材生态产品价值实现的优势更为明显，主要表现如下。①道地药材具有浓厚的文化底蕴和商业价值。道地药材是自然与人文结合的典范，它除了具有自然科学的属性，还同时具有文化属性和经济属性。

与此同时，道地药材也是一种典型的地理标志产品，具有高质量、高知名度、高附加值的特点，这不仅有利于保护道地药材的文化精髓，促进道地药材产业发展，也是道地药材走向国际化的必由之路。②中药生态农业是典型的低碳农业，在助力碳达峰和碳中和实现方面发挥更大作用。从技术层面来说，利用有机肥结合测土配方施肥技术可减少化肥投入并增加土壤固碳能力；通过间套作模式降低病虫害的发生并减少农药的使用和残留；借助林下种植提供遮阴和抗病环境实现低碳产出和高碳储存。③道地药材生态产品作为优质绿色产品，可满足人民群众对中医药健康的需求。道地药材生态产品具备"优境""优形""优质""优效"的独特属性，可通过生态系统稳态提高道地药材抗病虫害能力、减少化肥农药施用，通过土壤正反馈机制提高土壤质量，改善环境；通过生态位最佳利用提升道地药材产量，保障道地药材生态产品的稳定供应；通过"逆境效应"提升道地药材品质，满足人民群众对优质产品的需求。

2. 中药材生态产品价值核算指标体系

1) 中药材生态产品价值核算思路

道地药材是中医药的精髓，具有独特的优良品质、确切的临床疗效和悠久的文化历史。因此，综合考虑道地药材特殊属性和生态产品价值属性，中药材生态产品价值核算宜采用生态系统生产总值核算方法，指标体系涉及物质产品价值指标（药用价值和经济价值）、生态调节价值指标（生态价值）和文化服务价值指标（社会价值和文化价值）。

中药材生态产品价值核算的工作思路有以下几个方面：①根据核算的道地药材确定核算区域范围；②明确生态系统类型与分布，调查分析核算区域内的森林、草地、湿地、荒漠、农田等生态系统类型、面积与分布；③编制生态系统产品与服务清单，可根据药材种植区域特点和用途确定适合的核算指标，例如，当核算目的为核算生态保护成效时，可以只核算生态调节服务和生态文化服务价值，不同中药材种植模式或种植区域环境不同，其核算指标选择也会有所区别；④收集资料与补充调查，收集中药材生态产品价值核算所需要的相关文献资料、监测与统计等信息数据，开展必要的实地观测调查，进行数据预处理及参数本地化；⑤开展生态系统产品与服务实物量核算，选择科学合理、符合核算区域特点的实物量核算方法与技术参数，来核算各类生态系统产品与服务的实物量；⑥开展生态系统产品与服务价值量核算，根据产品与服务实物量，运用市场价值法、替代成本法等方法，核算生态系统产品与服务的货币价值；⑦核算生态系统生产总值，将核算区域范围的生态产品与服务价值相加得到生态系统生产总值。

2）中药材生态产品价值核算内容和指标体系

中药材生态产品价值核算指标体系由供给服务、生态服务和文化服务三大类服务构成，其中供给服务为生态种植的道地中药材；生态服务主要包括土壤保持、防风固沙、碳固存、氧气提供、空气净化、水质净化和气候调节；文化服务主要包括休闲旅游、景观价值、科研价值和科普教育价值。中药材生态产品价值核算内容和指标体系见表 5-2（康传志 等，2022）。

表 5-2　中药材生态产品价值核算内容和指标体系

一级指标	二级指标	实物量指标	实物量指标核算方法	价值量指标	价值量指标核算方法	指标说明
供给服务	中药材	中药材产量	统计调查	中药材产值	市场价值法	来源于道地产区采用生态种植的各种中药材
生态服务	土壤保持	土壤保持量	修正通用土壤流失方程	土壤保持价值	替代成本法	通过其结构与过程保护土壤、降低雨水的侵蚀能力，减少土壤流失的功能
	防风固沙	固沙量	修正风力侵蚀模型	草地恢复成本	恢复成本法	通过增加土壤抗风能力，降低风力侵蚀和风沙危害的功能
	碳固存	固定 CO_2 量	固碳机理模型	固碳价值	替代成本法	通过吸收 CO_2 合成有机物质，将碳固存在植物和土壤中，降低大气中 CO_2 浓度的功能
	氧气提供	氧气提供量	释氧机理模型	氧气提供价值	替代成本法	通过光合作用释放出氧气，维持大气氧气浓度稳定的功能
	空气净化	净化 SO_2 量	污染物净化模型	净化 SO_2 价值	替代成本法	生态系统吸收、阻滤大气中的污染物，如 SO_2、氮氧化物、颗粒物等，降低空气污染浓度，改善空气环境的功能
		净化氮氧化物量		净化氮氧化物价值		
		净化颗粒物量		净化颗粒物价值		
	水质净化	净化化学需氧量（chemical oxygen demand, COD）	污染物净化模型	净化 COD 价值	替代成本法	通过物理和生化过程对水体污染物吸附、降解，以及生物吸收等，降低水体污染物浓度、净化水环境的功能
		净化总氮量		净化总氮价值		
		净化总磷量		净化总磷价值		
	气候调节	植被蒸腾消耗能量	蒸散模型	植被蒸腾调节温湿度价值	替代成本法	通过植被蒸腾作用和水面蒸发过程吸收能量、降低温度、提高湿度的功能

一级指标	二级指标	实物量指标	实物量指标核算方法	价值量指标	价值量指标核算方法	指标说明
文化服务	休闲旅游	游客总人数	统计调查	休闲旅游价值	旅行费用法	人类通过精神感受、知识获取、休闲娱乐和美学体验、康养等旅游休闲方式，从生态系统获得的非物质惠益
	景观价值	受益土地面积或公众	统计调查	景观价值	享乐价格法	为人类提供美学体验、精神愉悦，从而提高周边土地、房产价值的功能
	科研价值	科研投入量	统计调查	科研投入经费	市场价值法	中药生态农业作为一种科学研究的资源和信息载体所具有的科研价值
	科普教育价值	受益公众人数	统计调查	科普投入价值	市场价值法	中药生态农业对于促进中医药传统文化的科学普及和实践教育等方面所具有的价值

注：1. 表中指标体系中所指的中药材，其质量指标（性状和有效成分）和安全性指标（重金属、农残和 SO_2）均应符合《中国药典》规定。

2. 各指标核算方法和相关参数可参考生态环境部发布的《陆地生态系统生产总值（GEP）核算技术指南》。

5.2.3　中药材生态产品价值实现的路径和建议

1. 加强中药材生态产品理论与实践研究，创新生态产品价值实现模式

一是深化理论研究，构建生态产品价值实现的理论体系和评估体系。当前，中药材生态产品价值理论认识模糊、工作基础薄弱，需要进一步深化生态产品价值实现基础理论研究，跟踪国内外生态产品价值实现的研究进展和实践做法，构建生态产品价值实现的理论体系，明晰中药材生态产品内涵外延、价值来源、理论基础、重大关系等基本问题，为中药材生态产品价值实现机制建设提供理论支撑。二是加强技术探索，提炼集成一批多元化的道地药材生态种植模式。目前，中药材的生态价值转化模式和路径不够清晰，还需要提炼形成可以广泛推广的鲜活案例和经验。以生态价值最大化为导向，依托不同地区独特的自然禀赋，在稳定生态系统结构和功能的前提下，大力推动道地药材生态种植模式和技术集成创新，大力发展固碳效益高、固碳成本低的道地药材，优化形成一批"低投入、高产出、低排放"的中药材生态循环固碳农业模式，提高生态产品价值，增加作物碳汇。三是加强多产融合，实现中药生态农业从生产型的单一模式向生态、文化、旅游等多位一体的复合型模式转变。道地药材生态种植发展应突破部门之间的局限，改变自给性的生产模式，加强与生态、文化、旅游产业的有机耦合，向多产

业开放性的中药生态农业转变，从初加工到深加工，通过提供多种物质产品来满足消费者的需求，实现物质循环利用和资源共享。此外，中药生态农业的发展还要从简单的农业生产向文化传承与农村可持续发展转变。在乡村建设中引入的适宜道地药材也应具有景观文化、休闲活动功能，有助于增加市民关于中医药的感性认识，促进中医药文化传播。可以通过景观层面的设计，将林地中药材生态种植与旅游养生、美丽乡村等内容相结合，借此打造"自然—生产—休闲—康乐—教育"的景观综合体，形成高品质、有特色、有内涵的集中医养生、休闲旅游和中药材资源收集、科普、试验、科研于一体的中药生态农业特色示范区。具备观光旅游、学生实践、科普宣传等功能，在有限的空间内实现土地资源、森林资源和中药资源的综合利用，促进生态、文化、旅游等产业深度融合，实现生态产品的增值溢价。

2. 推进全国道地药材生态种植基地建设，扩大优质生态产品的供给能力

一是坚持生态优先、保护第一。根据全国道地药材生产基地建设规划，科学布局，大力推进中药材林下种植、野生抚育和仿野生栽培，通过生态环境保护修复，加强自然资源管理和生态环境保护，实现自然资源的整体保护、系统修复和综合治理，建立严格的生态环境保护制度、资源高效利用制度、生态保护和修复制度，扩大优质道地药材生态产品的供给能力。二是坚持突出特色、分类实施。根据区域自然环境和市场经济条件，合理选择发展模式，因地制宜推广道地药材的生态种植。三是坚持政策扶持引领、制定完善各项政策。在项目和资金安排上对林下经济发展给予扶持，鼓励支持林下经济发展，确保农民得到实惠。坚持创新机制示范带动。积极探索政府主导、企业和社会各界参与、市场化运作、可持续的多元化生态产品价值实现路径，以点带面，大面积发展林下中药材生态种植模式，把基地建设成集现代生态观光、中药果蔬采摘、农业科技惠农、乡村文化于一体的现代新型中药材生态种植基地。四是坚持科技创新、提高效益。依托当地科技部门，着力发展中药材种植合作社、家庭农场等，由科技部门牵头与大中院校和科研单位对接立项，发挥全国供应保障平台等国家级推广平台的作用。五是坚持市场先行、打通销售渠道。坚持以市场为导向，联合当地电商企业和平台，做好前期市场准备。

3. 提升生态中药材质量安全，打造优势道地药材生态种植品牌

一是培育生态道地药材优质种子，确保"基原纯正"。开展道地药材提纯复壮、扩大繁育和展示示范，加大中药材新品种选育和推广力度，支持道地产区开展种苗繁育，构建全国一体化的中药材种子种苗供应保障平台，确保优质种源持续稳

定供应，提升优良种子供应能力。同时，从道地药材种子源头上做好质量追溯管理，制定相应的管理规范，完善溯源体系的配套技术，构建"来源可知、去向可追、质量可控、责任可究"的道地药材质量溯源体系。二是强化生态道地药材标准化管理，确保"安全可靠"。严格管理化学农药、化肥、除草剂、人工合成激素、未腐熟家畜粪便、塑料地膜等可能造成中药材质量下降及具有一定安全隐患、且不利于环境可持续发展的农业投入品的使用。禁止在中药材生态种植区域引入或使用转基因生物及其衍生物。三是打造优势生态道地药材品牌，确保"根正苗红"。生态道地药材具备了自然特色、地域特色、文化特色、民族特色和生态特色等，在发展道地药材生态种植产品品牌、区域品牌和集群品牌方面优势明显。首先，要针对重点优势品种和优势产区，创建一批地域特色突出、产品特性鲜明的生态道地药材区域品牌，同时将绿色、有机、地理标志产品认证相结合。其次，要鼓励企业通过技术创新和工艺改进，塑造品牌核心价值，打造一批绿色生态中药材龙头企业，打造一批品质高、口碑好、影响力大的道地药材生态种植知名名牌，带动产业良性循环发展，助力中药材"三品一标"（无公害农产品、绿色食品、有机农产品和农产品地理标志）行动。最后，要促进品牌营销，加强宣传引导和市场培育，挖掘和丰富品牌内涵，培育品牌文化，利用农业展会、产销对接会、电商等平台促进品牌营销。

4. 完善生态产品价值实现机制建设，保障中药材生态产品价值实现

一是加强生态产品产业化。创造对中药材生态产品的交易需求，培育生态产品消费市场，引导和激励利益相关方开展交易，着力提高市场对道地药材生态产品的认可度，通过市场化方式实现生态产品的价值。建立中药材生态产品价值核算和交换机制，构建生态产品价值核算体系、价格体系、交易体系等，优化整合优势资源，促进生态产品价值向经济发展优势转化。二是完善生态产品制度化。建立中药材生态产品的生产、流通、消费与保护的全过程价值实现机制，按照"谁受益、谁补偿，谁保护、谁受偿"的原则，通过资金补偿等多样化生态补偿方式，促进中药材生态保护区和受益地区的良性互动。最终将中药材生态产品的价值附着于农产品、工业品、服务产品中，将生态优势转化为经济优势，让"好山好水"有了价值实现的机制，推动绿色生态、本地资源与富民产业有机结合。三是健全生态产品价值评估精准化。建立科学合理的中药材生态产品价值核算体系，对现有的生态产品价值核算方法进行综合研究，比较不同核算方法的优劣，并利用大数据系统，对生态产品价值进行动态更新，以便得到更精准的价值核算结果。四是实现生态产品价值实现路径多元化。积极探索政府主导、企业和社会各界参与、市场化运作、可持续的生态产品价值实现路径。坚持以市场需求为导向，依托本

地中药资源优势，实行区域化布局，大力扶持当地中药生态农业龙头企业，建立"龙头企业＋合作社＋种植户＋基地"的生产模式，带动本区域中药材种植实体实现规模化生产和产业化经营。

5. 强化生态意识教育宣传，提升社会公众对中药材生态产品价值的认识

一是利用各种宣传形式和平台，开展多层次、全方位的科普传播，增强全国中药农业管理者、经营者和消费者的生态环境保护意识，让他们看到发展中药生态农业的优势，以及生态产品的价值，提升生态产品的社会关注度。二是发挥中国中医科学院、中医药大学、农业大学等科教单位所具备的人才优势和在道地药材生态种植研究领域的技术优势，以主导品种、主推技术为重点，通过"专家＋基地＋农户""专家＋项目＋农户"等多种形式，建立科技人员直接到户、种植技术直接到田的科技成果转化机制，让农民共享现代化的生产装备，应用中药材生态种植科技成果，掌握生态产品经营本领，形成持续推动高效中药生态农业发展和优质生态产品供给的力量源泉。三是重视科普设施建设，加强道地药材生态种植生产模式的示范推广，选择较为成熟的道地产区先行试点，建设道地药材生态种植示范基地、产品体验区和展览室，让农民真正看到生态产品的效益和价值。四是加大道地药材生态产品科普事业投入力度，制定实行面向科学研究、科普创作、科普宣传人员的专项激励政策和奖励机制，努力建立一支由科普专家、科技工作者和科普志愿者共同组成的、专群结合的人才队伍，促进中药农业科普宣传事业健康繁荣发展。

第6章

10 种常见中药材生态种植技术规范

6.1 半夏→前胡轮作生态种植技术规范

6.1.1 半夏和前胡植物基原及其生态生物学特征

1. 半夏植物基原及其生态生物学特征

半夏为天南星科半夏属多年生草本植物，生于阴湿山坡、林下、田野、溪边，分布于我国大部分地区。半夏为浅根性植物，喜肥，原多野生于潮湿而疏松肥沃的砂壤土或腐殖土上。喜温和湿润气候和荫蔽环境，怕干旱，忌高温，夏季宜在半阴半阳的环境中生长；土壤含水量在 20%～40%时生长较为适宜；干旱缺水易倒苗，一般随生长环境的变化，一年可倒苗 1～3 次，对于半夏来说，倒苗是对不良环境的一种适应，更重要的是倒苗增加了珠芽数量，也就相当于进行了 1 次以珠芽为繁殖材料的无性繁殖（何九军，2015）。

半夏于 8～10℃萌动生长，15℃开始萌芽出苗，15～26℃为其最适生长温度，30℃以上生长缓慢，超过 35℃而又缺水时开始出现倒苗现象，有助于地下块茎度过不良环境（常庆涛 等，2011）。当秋季凉爽时，苗又复出，继续生长，秋后低于 13℃时开始枯叶。栽培半夏的连作障碍主要与化感作用有关，自毒作用是半夏化感作用的重要表现形式之一；另外半夏连作会加重土传病害。

2. 前胡植物基原及其生态生物学特征

前胡为伞形科前胡属多年生宿根草本植物，生长在海拔 250～2 000m 的山坡林缘、路旁或半阴性的山坡草丛中。前胡喜冷凉湿润气候，耐旱、耐寒，适应性较强，在山地及平原均可生长，适宜生长气温为 15～35℃。在肥沃深厚的腐质壤土上生长良好，适宜土壤的 pH 为 5.0～7.0。

6.1.2 半夏→前胡中药材轮作生态种植技术来源及应用历史

半夏→前胡中药材轮作模式来源于贵州省大方县，于 2014 年开始示范种植。该种植模式既避免了半夏头茬种植带来的土传病害等问题，又增加了单位土地的附加值，获得了较好的经济效益和生态效益。截至 2018 年，贵州省大方县累计推广半夏→前胡轮作技术两万余亩。

6.1.3　半夏→前胡中药材轮作生态种植技术方案

1. 产地环境

半夏→前胡中药材轮作适宜海拔为 1 000～2 000m。年均无霜期一般为 220d 左右。年平均气温 15℃左右。最冷月 1 月平均气温为 0℃左右，最热月平均气温不超过 30℃。光照时数年均 2 000h 左右。适宜年均降水量 1 000mm 左右。土壤以土层深厚、疏松、肥沃的夹沙土为好，土壤 pH 以 5.0～7.0 为宜。

2. 选地

半夏和前胡适宜生长在排水良好的丘陵缓坡地带。土层深厚疏松（耕作层土厚 40cm 以上）、土质肥沃、排水良好（梅雨季节无积水）的腐殖土或砂壤土适宜栽种。质地黏重的黄泥土和干燥瘠薄的河沙土不宜栽种。不宜选在荫蔽过度、排水不良的地块。

3. 整地

整地于 10～11 月进行，深翻土地厚 20cm 左右，除去石砾及杂草。每亩施入发酵过的厩肥或 3 000～4 000kg 堆肥作基肥。播种前应先浇 1 次透水，再耕翻 1 次，整细耙平，起宽 1.3m 的高畦，畦沟宽 40cm；或浅耕后做成 0.8～1.2m 宽的平畦，畦埂宽 30cm、高 15cm。畦向以东西走向、畦长 20～50m 为宜，利于灌排。在种植前开好排水沟，以防雨季积水造成烂根。

4. 半夏选种及其处理

选直径 0.5～1.5cm、生长健壮、芽头丰满、表皮无霉变病损的中小块茎作种材。种茎选好后，将其拌以干湿适中的细沙土，贮藏于通风阴凉处，于当年冬季或翌年春季取出栽种。早春表土温度稳定在 6～8℃时，即可用温床或火炕进行种茎催芽。催芽温度保持在 20℃左右，15d 左右芽便能萌动，芽鞘发白时即可栽种。

5. 半夏下种

半夏一般 2 月下种，下种前，可用 5%草木灰液浸种 2～4h 后取出，晾干，将种茎按大、中、小等级下种。在整细耙平的畦面上开横沟条播，行距 12～15cm，沟宽 10cm，深 5cm 左右，芽头向上，交错摆排于沟内，株距 2～5cm。一般将分级后的大、中种茎按 3～5cm 株距摆放，小种茎按 2～3cm 株距摆放。其中，大种茎种 1 行，中小种茎交错种两行。覆施一层腐熟堆肥或厩肥、草木灰等混拌均匀而成的混合肥，厚 5～10cm，最后盖土与畦面平，耧平，稍加压实。栽后遇干旱天气，要及时浇水，始终保持土壤湿润（图 6-1）。

图 6-1　半夏块茎下种

6. 半夏田间管理

结合中耕和田间管理，及时清除杂草和追肥。第 1 次清除杂草一般在苗已大半出土后进行；第 2 次清除杂草在倒苗后重新出苗时进行。在半夏生长期一般追肥 4 次：第 1 次于 4 月上旬齐苗后进行，每亩施入 1 000kg 腐熟的沼液、沼渣或腐熟牛粪、羊粪（沼液与沼渣、牛粪与羊粪的比值皆为 1∶3）；第 2 次在 5 月下旬珠芽形成时进行，每亩施用腐熟的沼液、沼渣或腐熟牛、羊粪 2 000kg，施肥后及时培土，培土以盖住肥料和珠芽为度；第 3 次于 8 月倒苗后进行，当子半夏露出新芽、母半夏脱壳重新长出新根时，用腐熟的沼液、沼渣或腐熟牛、羊粪（沼液与沼渣、牛粪与羊粪的比值皆为 1∶10）泼浇，每半月 1 次，直到秋后逐渐出苗；第 4 次于 9 月上旬进行，半夏齐苗时，每亩施腐熟饼肥 25kg，与畦沟中细土混拌均匀，撒于土表。在半夏生长关键时期，如遇干旱，及时浇水，雨后遇到积水及时排水（图 6-2）。

图 6-2　半夏出苗后清除杂草

7. 半夏采收

半夏一般在种植后第 2 年的 8 月下旬至 9 月上旬采收。采收前先拣出掉落在地上的珠芽，在阴天或者晴天，用铲从畦的一端顺垄采挖，深度约 20cm（采挖位置应低于半夏块茎分布最底层的土），连同半夏块茎和泥土一起铲出，逐一细翻，避免损伤，将直径 1.5cm 以上的半夏块茎拾起作药用，小于此规格的留种用。

8. 前胡轮种

在半夏采收后，清除地面的杂草，然后深翻土地让其越冬。翌年 2 月施入腐熟的猪牛粪后再翻 1 次土，除去杂草，耙细整平。3 月上旬播种前胡，采用穴播或条播，每亩用种量 2～3kg，在畦上以 24cm 见方开穴，穴深 5cm，将种子拌火土灰匀撒穴内，然后盖一层土或火土灰，至不见种子为度。最后盖草保墒利于出苗整齐，发芽时揭去（图 6-3）。

9. 前胡田间管理

前胡栽培管理主要是除草、施肥。自栽种至秋末，松土除草 2～3 次，使表土疏松，杂草除尽，除草方式主要为人工拔草。栽植前后施腐熟的堆肥或厩肥作基肥，在生长期中施入粪尿 2～3 次。冬季在根茎上面盖土壤或厩肥，防止冻害，以免影响第 2 年春天发芽。在前胡生长关键时期，如遇干旱，及时浇水，雨后遇到积水及时排水。

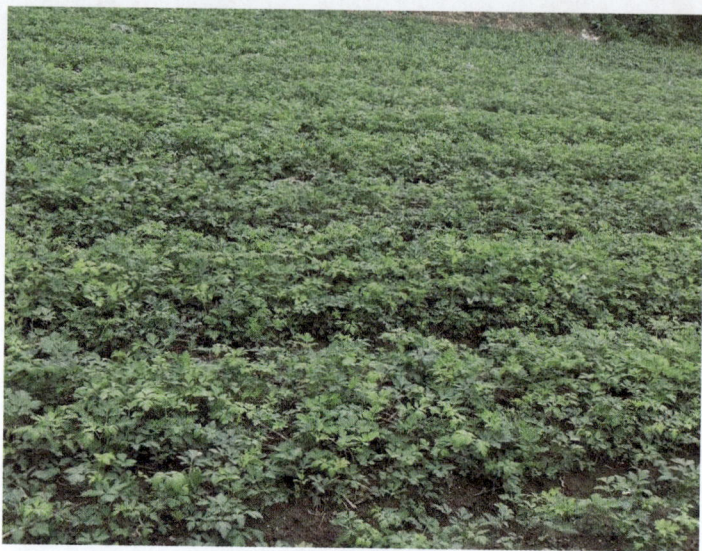

图 6-3　半夏地里轮种前胡

10. 前胡采收

在秋季 11 月进行采收，前胡采收时，先割去枯残茎秆，挖出全根，除净沙土，晾 2～3d，至根部变软时晒干即成。

6.1.4　半夏→前胡中药材轮作生态种植技术要点

1. 选择适宜的种植地

半夏和前胡都是耐寒、喜温暖、怕炎热的植物，生长适宜温度为 15～27℃。若气温在 30℃以上半夏和前胡的生长受到抑制，达 35℃且无遮阴的条件下，生长将受到严重影响，半夏地上部分会相继枯萎，造成夏季大倒苗，产量降低；前胡则会烂根，造成大面积减产。

2. 及时除草、防涝、合理施肥

半夏和前胡主要采收地下部分，及时松土、除草有利于地下部分的生长；注意防涝，减少地下部分腐烂；施肥应以农家肥为主，如厕肥、堆肥、人畜粪水等，施用前应充分腐熟，达到无公害卫生标准。

3. 适时收种

半夏一般用块茎催芽后在 2 月下种，于当年 9 月或翌年 5 月或 9 月采收，采收完后及时翻地晾晒，于翌年 3 月轮种前胡。

6.1.5　半夏→前胡中药材轮作生态种植技术效益评价

1. 经济效益

以贵州省大方县为例，半夏亩产约 150kg 干品，按市场价 120 元/kg 计算，每亩每年获得经济效益约为 18 000 元；前胡一般亩产 200kg 干品，按市场价药材 35 元/kg 计算，每亩每年获得经济效益约为 7 000 元。在半夏→前胡轮作模式推广前，种过半夏的土地只能用于种植玉米、小麦等传统农作物，而且需要轮作 4~5 季才能再次用于种植半夏。半夏→前胡轮作，可在前两年种植半夏，每亩每年收益约 18 000 元，而在后面几年可连续种植前胡，每亩每年可收益约 7 000 元。半夏和前胡生长周期都较短，投入快产出快。

2. 生态效益

半夏连作不仅使半夏产量下降，还会加重土传病害，影响土壤的理化性质。不同作物对土壤中的养分具有不同的吸收利用能力。半夏→前胡轮作模式利用了彼此互补的生物学特性，有利于土壤中养分的均衡消耗，减轻与作物伴生的病虫杂草的危害，能够让有限的土地资源发挥作用，符合生态农业的发展模式。

6.1.6　半夏→前胡轮作生态种植技术核心机理

1. 生态学原理

半夏有较严重的连作障碍，而且从种植到采收时间间隔较长，由于土壤理化性质的变化、土壤微生物群落改变等因素，导致重茬半夏病害严重，大幅减产。前胡为短期轮作中药材，生长周期短，自身没有明显的连作障碍，其根际微生物和内生真菌能够有效抵抗半夏种植后的土传病害，减轻与作物伴生的病虫杂草的危害。因此，在种植半夏后轮作前胡可取得较好的栽培效果。

2. 经济学原理

半夏和前胡在种植模式上比较相近，整地、栽种、除草、施肥等步骤在时令上比较接近，因此，在种植和管理上可实现同步化，即在"新土地"上种植半夏，同时在"老土地"上种植前胡，二者可同步操作，即可实现一年之内同时收获半夏与前胡，同时可节省大量劳动成本。

6.2　太子参/玉米套作生态种植技术规范

6.2.1　太子参植物基原及其生态生物学特征

太子参又名异叶假繁缕，属于石竹科孩儿参属多年生草本植物。中国有 10 种孩儿参属的植物，主要分布于青藏高原、中南、华东、华北、东北等地区。野生太子参多见于山间林下松软肥沃的土壤中。太子参喜温暖湿润的环境，怕高温，气温达到 30℃ 以上时停止生长发育。怕强光暴晒，烈日下容易枯死。比较耐寒，在 -17℃ 能安全越冬，甚至在低温条件下也能发芽、生根。在阴湿的条件下生长良好，喜肥沃疏松、含有丰富腐殖质的土壤，尤其在砂土壤中生长良好。在低涝地、黏质土壤地块，土质坚实、排水不良、土壤含腐殖质少、瘠薄的土地均生长不好。

夏季高温季节是太子参病虫害爆发的盛季。高温导致太子参易发花叶病、病毒病、叶斑病等；而多雨则导致太子参易发根腐病和白绢病。因此，总体来讲高温及多雨的交互作用是导致太子参病害发生的主要诱因。

6.2.2　太子参/玉米套作生态种植技术来源及应用历史

太子参/玉米药粮套作种植技术于 2004 年起源于贵州省铜仁市坝黄镇。药粮套作的种植模式在不影响粮食生产的前提下，可使净面积内太子参产量有所增加，此高产、高效的种植模式于 2005 年开始在贵州省铜仁市示范种植，当年推广种植面积达 500 亩。

6.2.3　太子参/玉米套作生态种植技术方案

1. 地块选择与土壤要求

地块选择要求地块平坦、排水良好，要避开坡度较大的山地和低洼易涝地。土壤要求中性至微碱性（pH 为 6.5～7.5）且疏松肥沃的砂壤土或壤土。

2. 茬口选择

前茬作物以大豆、绿豆等豆科作物为好。

3. 整地和施肥

选地后土壤翻耕 25～30cm 深，灭前茬。翻耕后土壤暴晒约 20d 后，每亩施充分腐熟的农家肥或堆肥 2 500～3 000kg，耙细、耙匀后整地做畦，畦长依据地块而定，畦宽 120cm、高 25～30cm、畦沟宽 30cm，用横木杆将畦面整平，缓坡地宜顺坡做畦，平地四周应开好排水沟。

4. 种苗和移栽

太子参采用块根栽种，栽种方式有沟栽和穴栽两种。在 10 月下旬至 11 月上旬选择参体肥大、芽头完整、无伤、无病虫块根进行栽种。沟栽时，在整好的高畦上按照 15cm 的行距开 8～10cm 深的横沟，将腐熟的基肥撒入沟中，盖一层细土，下种时株距保持在 5～7cm，将块根头尾相接斜种在沟内，芽头向上，最后覆土厚度 5～8cm，压实表土。穴栽时，按株行距 13cm×13cm 开穴栽种，栽种量为40～50kg/亩。

玉米采用种子直播方式，选择早熟抗病的品种，种子要求无病害、无虫侵咬痕迹，在太子参栽种翌年的初春季节，当气温达到 7～8℃时可进行玉米播种。

5. 田间管理

根据太子参参苗的生长情况来追肥，苗期可施腐熟的厩肥或人畜粪水1 500kg/亩；开花前后可再追施 1 次有机肥，促进太子参产量和质量的提高。玉米在开花时追施有机肥。

太子参苗期根浅怕干旱，遇天气干燥，应及时浇水，保持土壤湿润；太子参生长过程怕涝，遇大雨季节，田间及时开沟排水。4～5 月是太子参地上部迅速生长期，此时应加强水肥管理。

6. 病虫害管理

病虫害管理以农业防治和物理防治为主。头年 7～8 月，在种植太子参之前，对田地进行翻耕暴晒以预防病害的发生；太子参采收后，对种植过太子参的田地进行清理，将残枝、病虫枝、落叶、园地杂草等集中清理烧毁，从源头上消灭病虫害。在种植季节保护和利用捕食性、寄生性的天敌杀灭害虫，或使用频振式杀虫灯诱杀各类害虫。

玉米种植期间主要的病害是大斑病、小斑病及圆斑病等。在播种时首选健康抗病的品种，其次在收获后深耕土壤、深埋病残体以预防病害的发生。在种植期间增施有机肥，避免因养分不足导致植株抗病力下降，雨水大的季节病原菌繁殖迅速，此时要加强排水管理，降低湿度，并适时追肥、除草。

7. 采收

玉米采收时间在种植当年的 7 月初。此时植株茎秆和果穗苞叶呈黄色，籽粒变硬、表面有光泽即可采收。

太子参的采收在移栽翌年的 7 月下旬。在晴天，太子参植株大部分已枯萎倒苗时采挖，将块根小心挖起，装到筐子里运回加工。太子参采收后的秸秆还田。

8. 产地加工

将采回的太子参块根用清水浸泡 5~10min 后，用流动水搓洗，淘去泥土，洗净的块根沥干水，铺在晒席上进行暴晒，晒至七八成干时，收拢装入筐内，或于晒席上人工揉搓除去须根，再继续晒干，晒干后的块根质硬脆，断面呈白色（含水量不高于 14%）。

玉米采收后要将果穗晒干再脱粒，将玉米含水量控制在 14%以下后贮藏于阴凉干燥处。注意防虫、防湿、防霉变。

6.2.4　太子参/玉米套作生态种植技术要点

1. 适时播种

当气温达到 7~8℃时及时进行玉米的播种，待到夏季气候炎热时，玉米的枝叶可为太子参遮挡阳光。若播种过早，当季种植的玉米和太子参的采收时间不一致；如播种过晚，玉米的长势不足，不能为太子参制造阴凉的环境。

2. 及时采收

玉米品种的选择很重要，选择早熟的品种。在收获期，先收玉米，后收太子参，可以采取机械耕挖的方式，既除去玉米须根，又挖出太子参药材。

6.2.5　太子参/玉米套作生态种植的技术效益评价

1. 经济效益

太子参/玉米套作模式在不影响粮食生产的前提下，鲜太子参的产量可达到600kg/亩（折合干品为 200kg/亩），按照市场价 50~60 元/kg 计算，每亩每年可收益 10 000~12 000 元，既利用了有限耕地，又提高了经济产出。

太子参的种苗移栽和玉米的播种时间恰好可以错开，便于合理分配人力物力。在采收季节，采收玉米之后可进行太子参的采挖，不仅使人力集中投入，同时还可提高每个季度的土地单位面积产出率。

2. 生态效益

玉米是常见的经济作物，太子参是常用的大宗中药材，二者进行套作可提高现有土地的利用率，不需要开垦新的田地来种植太子参。在强光照季节，玉米能够为太子参遮阴，避免因光照过强使太子参萎蔫。

3. 社会效益

太子参套种玉米模式起源于贵州省铜仁市坝黄镇，在实现了一季高效产出后，开始在铜仁市快速推广，按照太子参市场价格 50～60 元/kg 计算，每亩每年直接经济收入可大于 10 000 元，可有效带动种植户创收增收，促进乡村振兴。

6.2.6　太子参/玉米套作生态种植的核心机理

1. 生态学原理

（1）生态位原理。玉米与太子参占据不同的生态位，玉米的地上部分处于套作系统的上层，玉米的根系分布深，处于套作系统的下层，而太子参的地上和地下部分均处于地表附近，以此实现各层次空间生态位光、气、热、肥资源的充分利用。

（2）互惠共生原理。玉米与太子参在农业生态系统中属于共生互利关系，玉米的地上部分为太子参提供遮阴，收获后的秸秆还田为太子参创造适宜的生态环境，从而提高生态系统的多样性和稳定性，获得了较好的生态效益和经济效益。

2. 经济学原理

玉米的遮阴效应显著改善了太子参的生长环境，当季太子参增产效果显著，一年之内可连续进行玉米和太子参的种植及采收，能够实现全年获得收益，进而增加农民的经济收入。

3. 工程学原理

（1）生态工程的层次结构理论。用高秆作物玉米与太子参套作，将太子参栽培环境的层次进行了提高，更接近太子参的野生立地环境，太子参产量更高、品质更好。

（2）生态农业工程的自然调控原理。玉米地上部分的遮阴效应和地下部分的根际作用可以调控太子参生长环境的光照、温度、水分、土壤微生物等因子，使之更适宜太子参生长发育。

6.3　白及林下生态种植技术规范

6.3.1　白及植物基原及其生态生物学特征

白及属于兰科白及属多年生植物，其生长在海拔 100～3 200m 的亚热带常绿阔叶林、落叶阔叶混交林、针阔叶混交林及亚高山针叶林带的疏生灌木、杂草丛或岩石缝中。适宜栽培海拔为 200～2 000m。白及喜温暖、湿润、阴凉的气候环境，具有很强的耐阴能力，对光适应的生态幅较窄。不耐寒，适宜生长气温为15～27℃，冬季气温低于10℃时块茎基本不萌发，夏季高温干旱时叶片容易枯黄。在空气相对湿度75%～80%、年均降水量1 100mm以上的条件下生长良好。植株须根系，与内生真菌形成互利互惠的菌根关系。对土壤要求较严，肥沃、疏松和排水良好的砂壤土或腐殖土更适合白及生长，白及常栽培在阴坡和较湿的地块。

6.3.2　白及林下生态种植技术来源及应用历史

白及林下生态种植技术中白及‖桃树间作、白及‖李树间作和白及‖毛竹间作均有一定的种植历史和规模。其中，桃树、李树林下种植白及模式起源于贵州省黔东南苗族侗族自治州黄平县，该县于2009年开始大面积种植桃树、李树。2014年探索桃树、李树林下种植白及。2016年开始推广种植。2017年，黄平县及周边县桃树、李树林下种植白及2 000余亩。与此同时，白及‖毛竹间作模式在浙江省衢州、丽水、湖州等地也得到了大力推广，至2018年，累计推广白及‖毛竹间作生态种植技术5 000余亩。

6.3.3　白及林下生态种植技术方案

1.　环境条件

选择海拔为200～2 000m、年均气温13～20℃、年均降水量1 000～1 400mm、空气相对湿度60%～90%、光照充足的区域。

2.　选地与整地

选择土质疏松、肥沃、通透性好、灌溉方便的微酸性砂壤土且坡度不低于25°的地块。

林下行间深翻30cm，耙细，开沟起垄，垄面宽1～1.2m、沟宽30cm左右、深约20cm，每行间起垄一厢，每亩施300～500kg腐熟牛粪等有机肥作为基肥。

3.　桃树、李树栽种

选用优质品种的桃树或李树苗木，要求其根系完整、发达，带有饱满芽的一年生成苗或嫁接苗。桃树、李树移栽时将苗木放入穴内，舒展根系，扶正苗木，填土、踏实、浇水定根。株距2.5m左右。

4.　毛竹结构调整

毛竹密度为80～120株/亩，均匀度不低于5，郁闭度为0.4～0.6，白及种植前1～2年的冬季适度伐竹进行调整。

5. 白及移栽

桃树、李树生长 2～3 年后有一定树梢时移栽白及；毛竹结构调整后 1～2 年移栽白及。白及种苗选择长势良好、块茎健全、叶片翠绿的组培苗或实生苗。

3～7 月或 9～12 月选择雨后移栽，如土壤干燥可提前 2d 灌垄后移栽，按照株行距为 25cm×25cm 打坑穴栽或开沟条植。

6. 田间管理

桃树、李树依据果树管理措施进行树苗定干、追肥、灌溉、整形修剪、疏果等。

初笋期和末笋期出土的竹笋及白及块茎附近的竹笋要全部挖除，保护好竹鞭、笋芽和白及块茎，并及时覆土。选择盛笋期的健壮竹笋留养。

白及在雨季应及时清理排水沟渠，不能积水，整个生育期应保持白及地下块茎部位土层湿润，每年 10～12 月白及倒苗后清理枯苗。用 400～500kg/亩的农家肥撒施于厢面作追肥。

7. 病虫害防治

白及病虫害主要有铁锈病、蚜虫、地老虎。病虫害防治遵循"预防为主、综合防治"的植保方针，及时清沟除草，保持田间清洁，发现病株立即将附近几株一起连根拔出，带出田间烧毁或深埋，病害严重时使用生物农药。

8. 采收

白及栽种 3～4 年后，于 9～10 月晴天采挖块茎，以人工采挖为宜，用两齿锄头从离植株 30cm 处逐步向茎秆处挖取，剪除茎叶，抖掉泥土，运回加工或贮藏。

9. 产地加工

将白及须根剪除，连串块茎分成单个，洗净，并按大、中、小分类，煮或烫至内无白心时取出冷却，晒至半干除皮，再晒干。

6.3.4 白及林下生态种植技术要点

1. 合理间距

桃树、李树间距应为 2.5m 左右，过大达不到林下白及种植需求的荫蔽度，过小影响桃树、李树的产量及白及垄面大小。

2. 及时追肥

每年10～12月白及倒苗后，及时施用农家肥于厢面，保证翌年白及生长有足够的营养。

3. 适时移栽

桃树、李树移栽后1～2年，树冠较小、未达到白及种植的荫蔽度时，可合理套作一些植株矮小、喜阳、生长周期短的中药材或农作物；桃树、李树移栽2～3年后移栽白及。

4. 林分结构调整及笋竹管理

通过冬季适度伐竹，调整毛竹密度为80～120株/亩，均匀度不低于5，郁闭度为0.4～0.6。大小年分明的毛竹林在大年留养30～50株/亩。11～12月进行钩梢，留枝15～18盘（图6-4）。

图6-4　白及林下生态种植

6.3.5　白及林下生态种植技术效益评价

1. 经济效益

林下间套作白及实现了一地两用、一地两收，种植 3 年的白及鲜品产量约为 1 000kg/亩，按 2018 年鲜品市场价格 20～25 元/kg 计算，白及年产值 20 000～25 000 元/亩，扣除种植成本，平均每亩每年增收 2 800～4 500 元；林下行距内形成较荫蔽的环境，节约了白及大田种植模式搭建遮阳网的成本（搭建简易遮阳网成本约 2 200 元/亩）。

2. 生态效益

林下间套作白及能提高土壤肥力、改善土壤理化结构，促进果树或林木生长，减少了化肥施用。林下种植白及能够以耕代管，抑制杂草生长，提升生物多样性，增强其抗病虫能力，减少农药的施用。冬季白及倒苗后，倒苗的白及茎叶覆盖于林下，可以起到蓄水保墒、保持土壤温度、增加土壤生物量等作用。毛竹地下根系与白及发生种间互作，土壤团粒结构比白及单作更疏松，板结率更低，对生态环境起到了保护作用。

3. 社会效益

2017 年桃树、李树林下间套作白及在黄平及周边县推广种植 2 000 余亩，该模式充分合理利用土地，是山区实现高效益的一种林药间套作种植模式。林下套作白及的种植模式加快了果林产业结构调整，促进了白及种植产业的推广普及，同时也为贵州及周边省区白及林下种植起到了示范带动作用。

6.3.6　白及林下生态种植技术核心机理

1. 生态学原理

（1）空间上的互补。林下间套作白及利用这两种作物一高一矮的生物学特性，采用喜光作物和耐阴作物的合理搭配。果树或林木可改善林内光照强度、降低林间温度、提高林内相对湿度，促进白及生长。通过林木与白及的异质互补特性，达到对光、温、水、土等资源的高效利用。

（2）生物间的互补。林下间套作白及提高了生物多样性，改善了单一种植田间小气候状况，可减轻高温高湿引发的病害，作物种类增多，害虫天敌增多可减轻虫害。白及苗的腐烂分解可改善土壤肥力和理化性状，有利于林木生长。

2. 经济学原理

（1）林下间套作白及能够以耕代管，抑制杂草生长，节约树林管理成本。

（2）白及喜阴凉湿润环境，大田种植常须搭建遮阳网、荫棚，果树或林木行距内形成较荫蔽的环境，节约了白及种植成本。

（3）利用林木行距间空闲土地种植白及，能够提高土地利用率，节约土地租赁成本。

6.4　金钗石斛仿野生种植技术规范

6.4.1　金钗石斛植物基原及其生态生物学特征

金钗石斛属于兰科石斛属草本植物，喜欢附生于密林树干或岩石上，分枝的基部茎节上产生不定根，常与苔藓植物伴生。根一部分附着在附主上起固定和支撑作用，吸取附主的水分和养分；另一部分裸露在空气中，吸取空气中的水分。金钗石斛 1~2 年为幼龄期，两年后进入分蘖期，3 年后进入繁殖期，生命周期为 9~12 年（张进强 等，2020）。在繁殖期，花由植株下部依次向上开放，开花后落叶，茎一般不萌发新叶，而于茎基萌发新枝。分蘖是其繁殖的主要途径，若剪去老分蘖枝，新分蘖枝生长更旺，分枝能力更强。

6.4.2　金钗石斛仿野生种植技术来源及应用历史

金钗石斛仿野生种植技术来源于贵州省赤水市。早在 20 世纪 90 年代，赤水市就充分利用闲散的荒山荒石地，将金钗石斛种植于野外丹霞石上，与苔藓共生，进行金钗石斛仿野生种植。该模式增加了土地的利用率、绿化率，在全市 13 个乡镇种植 8 万余亩，获得了良好的经济效益和生态效益。

6.4.3　金钗石斛仿野生种植技术方案

1.　产地环境

赤水地区作为贵州金钗石斛药材的主产区位于云贵高原向四川盆地的过渡地带，地形主要为高原峡谷型和山原峡谷型，境内有 1 300km^2 面积最大、发育最壮观典型的丹霞地貌。赤水地区地势由东南向西北递减，海拔 221~1 730m，年均气温 18.0℃左右，年均降水量 800~1 700mm，空气相对湿度 82%左右，属中亚热带湿润季风气候。

2.　选地

选择海拔 700~1 000m、空气相对湿度 80%左右、遮阴度 55%~70%的阔叶林下的石上种植金钗石斛。若遮阴度达不到要求，可先种植遮阴树，在场地石面上定植苔藓，若所选之地岩石较少，可提前搜集丹霞石，定植苔藓之后置于林下，待苔藓成活后再种植金钗石斛。

3. 选苗与运输

选择金钗石斛主茎长 6cm、粗 0.4cm，辅茎长 4cm、粗 0.2cm 以上的组培苗栽植，每丛 2～4 株。种苗储运、存放时不能浇水，保持通风透气，放置时间不宜过长，应在取苗后 1～2d 及时栽种。在搬运、栽苗时轻拿轻放，不要造成种苗机械损伤和伤芽、伤根。

4. 附石栽种

按 30cm×30cm 的密度，在石头上将金钗石斛种苗周围的苔藓去除，将苗根须、基部贴于石面，用线卡固定好，根系要自然伸展。用线卡固定时，应卡在种苗主茎（粗茎）基部以上 1.5～2.5cm 处，使苗稳固于石面，不要卡住嫩芽和损伤植株。用适量腐熟牛粪加水按 1∶2 比例稀释成牛粪浆，用刷子刷糊于根须周围，再用活苔藓轻轻贴于植株根部和牛粪浆上，植株基部露于外。对于倾斜石面，用线卡将苔藓再固定，以防苔藓滑落。

5. 田间管理

在连续干旱缺水的季节根系容易干燥，应及时进行人工浇水，但在中午和石面温度较高时切忌浇水，避免灼伤植株。定期清除根茎周围的枯枝落叶、杂草。在每年春季萌芽前或冬季采收时，将部分老茎、枯茎或部分生长过密的茎枝剪除，调节透光度，保证金钗石斛生长健壮。

6. 采收加工

栽后 5～8 年，采收叶已脱落的石斛茎枝。将老茎从茎基部剪割下来，除去须根和叶片，湿沙贮存，也可平装在竹筐内，盖以莆席贮存，保持空气流通，忌沾水而造成腐烂变质。鲜石斛四季均可采收，但以秋后采收的质好。干用者应用开水略烫或烘软，再边搓边烘晒，除去叶鞘，干燥。

6.4.4　金钗石斛仿野生种植技术要点

1. 种苗组织快繁技术保证种源遗传稳定性

金钗石斛仿野生种植所用的种苗是组培快繁苗。与分兜苗和扦插苗相比，组培快繁苗是单个优质种源，遗传性状的一致性较好。通过炼苗增强种苗抗逆性，在一定程度上确保了石斛产品质量。

2. 线卡 + 腐熟牛粪浆+活苔藓盖根法提高存活率

附石固定方式对金钗石斛移栽成活率影响显著，线卡 + 腐熟牛粪浆 + 活苔藓盖根法是目前较好的一种栽培方法。苔藓贴于牛粪浆上成活快，既保持水分，又能提供种苗所需养分和促进种苗对养分的吸收，保证金钗石斛移栽成活率高达 95%。

3. 附石栽培与适时采收保障药材品质

附石栽培下的金钗石斛中的粗蛋白质、膳食纤维、矿物质元素、石斛碱和石斛多糖等成分含量均高于大棚离地床栽和仿野生附树栽培。丹霞石中的碳源很难被利用，金钗石斛通过气生根从空气雾水中吸收碳素，长期胁迫效应促使金钗石斛累积次生代谢产物。11 月温度降低，次生代谢产物累积量达最大，是最好的采收期。

4. 菌根真菌提高药材质量及稳定性

金钗石斛种植所采用的种植基质、苔藓种类、腐熟牛粪质量和成分均稳定，保证了金钗石斛的菌根真菌种类基本一致，避免了菌根真菌种类不同造成的药材质量差异（图 6-5）。

图 6-5　金钗石斛仿野生种植

6.4.5　金钗石斛仿野生种植技术效益评价

1. 经济效益

待金钗石斛进入丰产期，每亩 3 000 丛年可产鲜品 200kg 以上，以市场均价 60 元/kg 计算，加上花的收入，亩产值达 1.5 万元以上，年人均增收可达 5 000 元以上。依靠丹霞石种植金钗石斛，种植 1 次可连续收益 15 年。金钗石斛仿野生种植模式将自然村落与石斛基地景观充分融合，形成集"赏、娱、食、疗、宿"于一体的石斛农旅融合业态，以"春赏花、夏避暑、秋养生、冬食斛"带动农家餐饮和民宿地方经济发展。

2. 生态效益

金钗石斛的这种仿野生种植不占耕地，不占良田熟土，充分利用闲散的荒山荒石地，种于石上，与苔藓共生。荒山荒地种植金钗石斛能有效保护濒危金钗石斛的野生资源，践行"绿水青山就是金山银山"理念。

6.4.6　金钗石斛仿野生种植技术核心机理

1. 生态学原理

金钗石斛作为附生性草本植物，对环境依赖程度高。植树提高遮阴度、丹霞石上定植苔藓植物等是遵循生态协调与平衡原理，是一种拟境栽培方式。通过建立林中苔藓、腐熟物质中复杂的微生物菌群实现金钗石斛生长环境中的微生物种群和丰度多样性。金钗石斛和苔藓植物为菌根真菌提供了寄主，菌根真菌分解和吸收的养分提供给金钗石斛和苔藓植物；苔藓为金钗石斛的生长提供水分，促进其附生，金钗石斛则为苔藓植物遮阴。

2. 经济学原理

（1）利用林木行距间空闲山地种植金钗石斛，可提高土地利用率，节约良田租赁成本。

（2）在自然环境的林下丹霞石上种植金钗石斛，减少了丹霞石或树干的购买运输成本，不需要大棚，节约了种植成本。

6.5　人参农田生态种植技术规范

6.5.1　人参植物基原及其生态生物学特征

人参属于五加科人参属多年生草本植物。人参比较耐阴，喜冷凉湿润气候，忌强光直射，抗寒力强，可耐-40℃低温，生长适宜气温为 15～25℃。适宜生长在年均气温 4.2～6.5℃、空气相对湿度 70%～80%、年均降水量 500～1 000mm、年均无霜期 100～140d 的地区。人参对土壤要求较严，通常喜欢通透性好、排水良好的砂壤土，且土壤的 pH 为 5.1～6.5。人参种子具有休眠特性，即种胚的形态后熟和生理后熟特性。

6.5.2　人参农田生态种植技术来源及应用历史

据史料记载，我国自东晋时期就有人在园中种植人参，距今有 1 600 余年的种植历史。大规模开展人参种植则始于清朝中期，清政府禁止普通群众前往长白山地区私自采挖野生人参，从而促使长白山地区兴起了人参野生变家种的栽培活动。目前，我国人参栽培以非林地栽参和林下山参抚育为主要模式。农田栽参是非林地栽参的主要模式，也是解决参、林争地，保护森林生态的有效模式，可以解决伐林栽参引起的多种生态问题。经过持续多年的研究与生产实践，在我国人参主产区吉林、辽宁、黑龙江等省形成了各具特色的农田栽参模式。

6.5.3　人参农田生态种植技术方案

1. 环境选择

选择空气清新、水质优良无污染的健康环境条件。

2. 土壤选择

选择前茬作物为玉米、小麦及大豆地块的农田土壤，避免选择前茬种过甜瓜地块的土壤。忌选施用过大量除草剂、化学肥料及农药的板结黏重土壤。土壤质地以砂壤土为宜，土壤呈微酸性（适宜的土壤 pH 为 5.5～6.5），忌选择低洼积水地块的土壤。

3. 种子选择

选用粒大、整齐、无病 4 年生以上的健康种子。

4. 管理措施

（1）土壤休闲。农田生态种植人参的地块至少提前休闲 1 年。

（2）土壤培肥。在休闲期间，可种植紫苏、大豆、玉米等作物作为绿肥，夏季高温时期将绿肥翻入土壤进行肥田。适度增施优质有机肥及微生物菌剂。

（3）土壤翻耕与整地。4 月末开始，进行第 1 次土壤翻耕，翻耕深度以 25～40cm 为宜；每隔 10～15d 翻耕 1 次土壤，雨后或参地水分含量太高时不宜翻耕，一般整个生育期共进行 8～10 次翻耕。

（4）做畦。充分休闲的土壤在 9 月进行起垄做畦，畦向一般选南北走向，坡地可以顺坡做畦。畦面宽 1.2～1.5m，畦高 0.3～0.5m，畦与畦之间预留 0.4～0.5m 的作业道。参地周边挖适当深度的排水沟。

（5）栽种。种子直播按照行距×株距=20cm×5cm 为宜；如果二年生苗移栽，按照行距×株距=（18～20）cm×（8～10）cm 为宜。

（6）床面覆盖。人参播种或栽种后，及时使用稻草、松针、麦秸等进行床面覆盖，覆盖厚度为 3～5cm。

（7）搭棚。搭建 1.4～2m 高的平棚，棚上覆盖黑色遮阴网，棚内可搭设 1.3～1.6m 的塑料膜，透光率以 20%～40%为宜。

（8）除草。可以通过播种深度调节表层土壤水分控制杂草，也可采用人工除草方法，及时拔除田间杂草，禁止使用除草剂。

（9）病害防治。通过挖沟排水、覆膜控水、遮阴调光等措施调节栽参畦的土壤水分、光照强度来预防病害发生，发病植株及时带出参地销毁。

（10）防寒。在 10 月中下旬先在床面上盖一层（厚 10cm 左右）稻草、落叶、玉米秸秆等，而后再用膜压上固定。早春撤防寒物时要一层一层地分期撤掉。

5. 采收时间

8 月末开始采收人生参参根，采收年限不低于 5 年。

6. 采收方法

（1）种子采收。选取 4 年以上健康人参基地。无黑斑病、疫病等病害发生。采收时间一般在 7 月中旬至 8 月中旬，以果实饱满、色深红的种子为最佳，根据成熟程度分期采收，采后及时脱粒、洗净、阴干。

（2）参根采收。提前半个月拆除参棚。人工或机械采收。采收时注意不要伤到参根，尽量边起边选，避免在日光下长时间暴晒或雨淋。

7. 贮藏方法

收获的人参及时运往无污染的低温贮藏库，贮藏时适量分散，禁止大堆堆放。

6.5.4　人参农田生态种植技术要点

1. 环境选择

农田生态种植人参的地块应选择空气清新、水质优良无污染的地区。

2. 土壤健康休闲

农田生态种植人参土壤休闲 1～2 年，休闲过程中以压绿肥为主要措施。适宜的绿肥作物为紫苏、大豆，压绿时间宜选择夏季高温天气，休闲期间进行至少6次翻耕，同时可以施入优质有机肥和微生物菌剂（图6-6）。

3. 种子选择

选择粒大饱满、均匀一致、无病健康、裂口率在95%以上的裂口种子。

4. 人参园生态环境创造

人参园生态环境创造过程中应着重把握土壤休闲、棚架搭建、床面覆盖、越冬防寒等关键环节（图6-6～图6-9），人参种植期间常与沙棘进行套作（图6-10、图6-11）。

图6-6　土壤休闲

图6-7　棚架搭建

图6-8　床面覆盖

图6-9　越冬防寒

图 6-10　沙棘套作人参

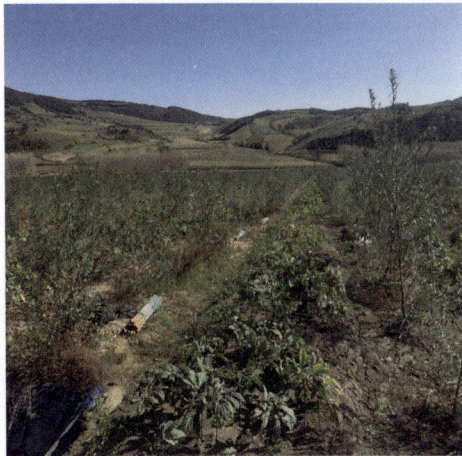

图 6-11　沙棘/人参套作 5 年后人参起收

6.5.5　人参农田生态种植技术效益评价

1. 经济效益

人参农田生态种植模式充分利用农田进行人参生产，避免了伐林栽参对树木砍伐、挖根、搬运等繁重体力劳动的支出费用，在平地更容易操作，容易实现人参的机械化、规范化和集约化生产，降低生产成本，提高生产收入。采用人参农田生态种植模式，选择适宜的间套作品种，可有效利用土地资源，减少生产中农药、化肥的投入，提高人参的品质，更具有市场销售优势。

2. 生态效益

人参农田生态种植模式避免了伐林栽参对生态环境的破坏，解决了参、林争地的矛盾；减少了农药、化肥的投入，降低了环境污染，保护了生态环境。

6.5.6　人参农田生态种植技术核心机理

1. 生态学原理

本技术以生态学的物质循环再生原理为指导，以可持续利用为基本原则。选择适宜人参生长的健康环境，科学改良土壤，为人参提供优质营养，施用优质有机肥或采用参粮轮作、套作等方式，既可以恢复土壤肥力、合理利用资源，又可以生产有机产品。

2. 经济学原理

本模式以效益最优化为基本原则，用农田作为人参生长环境，采用机械收获的方式，可节约人力物力和保护森林资源，为市场提供高品质高产量的人参产品，应用前景广阔。

6.6　金荞麦‖四蕊朴间作生态种植技术规范

6.6.1　金荞麦植物基原及其生态生物学特征

金荞麦属于蓼科荞麦属多年生草本植物。在我国分布广泛，长江以南地区均有分布，主产于云南、贵州、四川 3 省，其中以云南中部及其东北地区为道地产区，所产药材质量最佳。金荞麦喜光、稍耐阴，适应性强，在 15～30℃的气温下生长良好，在-15℃左右地区栽培可安全越冬，对土壤肥力、土壤湿度的要求不严格，喜排水良好、微酸性、肥沃疏松的砂壤土。

金荞麦有效成分的含量与土壤 pH、海拔及气候条件有关。结合实地调查及文献资料分析发现，海拔 1 800m 以上且土壤弱酸性（pH 为 6.0～7.0）地区的金荞麦药材质量较佳，特别是抗癌活性成分含量较高。该地区主要为云南滇中高原地区，金荞麦在该地区一般分布于海拔 1 700～2 500m 的山坡林缘边、灌丛内及地埂边。主要生境特征为：亚热带高原季风气候，年温差一般为 10～15℃，一天内的温度变化是早凉午热，尤其是冬、春两季，日温差可达 12～20℃；降水充沛，干湿分明，年均降水量 1 100mm 左右；夏季最热月平均气温为 19～22℃，冬季最冷月平均气温为 6～8℃；降水量最多的是 6～8 月，约占全年降水量的 60%；11 月至翌年 4 月的冬春季节为旱季。年太阳辐射总量大，日照充足，年均无霜期约 240d。其独特的气候条件是金荞麦抗癌有效成分合成的重要因素。

6.6.2　金荞麦‖四蕊朴间作生态种植技术来源及应用历史

四蕊朴属于大麻科朴属乔木，是西南地区重要的绿化树种，作为绿化树出售需要育苗后移栽种植 6～8 年，移栽后不能种植过密，且大多栽种于荒地或荒山，浪费地块面积较大。鉴于四蕊朴育林的环境情况，以往仅在其间进行间作萝卜、玉米等，但收成均较差。2014 年以来，在云南中部地区进行了四蕊朴育林地间作金荞麦的生态模式种植试验，结果发现金荞麦生长情况较好，药材质量较佳，且大幅减少了金荞麦秋季种子的霜冻受害率，提高了种子的产量。目前这种金荞麦‖四蕊朴间作模式已在云南中部及其东北部地区进行了推广，推广面积超过500 亩。

6.6.3　金荞麦||四蕊朴间作生态种植技术方案

1. 茬口选择

金荞麦栽培连作障碍不明显，可与小麦、玉米、土豆、大豆、萝卜等作物或非根类中药材轮作，或在果园、四蕊朴林中间作。

2. 产地环境

金荞麦适宜栽培在海拔 1 800～2 200m、年均无霜期 240d 以上、年均气温 15℃左右、年温差 10～15℃、日温差 12～20℃、年均降水量 1 100mm 左右、土壤 pH 为 6.0～7.0 的砂壤土等气候环境和立地条件下。

产地环境质量应符合《环境空气质量标准》（GB 3095—2012）、《土壤环境质量标准》（GB 15618—2008）、《农田灌溉水质标准》（GB 5084—2021）等标准。

3. 选地

金荞麦适宜生长在排水良好的平地或缓坡地带，土层深厚疏松（耕作层土厚40cm 以上）、土质肥沃、排水良好（雨季无积水）的腐殖土或砂壤土适宜栽种，黏土和盐碱地均不宜栽种，不可选低洼、排水不良的地块。

4. 整地

3～4 月，清理好前茬的作物及杂草，深翻 0.3～0.4m，曝晒 20d 左右，再翻耕整细耙平，做成宽 1.2～1.5m、高 0.3m 的平畦，畦间距 0.3m。结合整地每亩施用充分腐熟的有机肥 2 500～3 000kg 作基肥，施肥后整细耙平。

5. 金荞麦育苗

选择当年产的新种子，要求净度不低于 95%，发芽率不低于 85%。选择有排、灌水条件的砂壤土做苗圃，深耕 30cm 以上；结合整地每亩施用充分腐熟的有机肥 2 500～3 000kg 作基肥，施肥后整细耙平。金荞麦可进行春播和秋播育苗。春播时间为 4 月中旬至 5 月下旬；秋播时间为 8 月下旬至 9 月上旬。每亩用种量为5～6kg，条播育苗，株行距为 2cm×（15～20）cm，播种深度为 2～4cm，覆土厚度为 2～3cm，以将种子覆盖完全为度。播种后及时浇水，以利保墒。苗田杂草及时清除。一般秋播一年生种苗于翌年 6～7 月起苗移栽；春播半年生种苗于当年 8～9 月起苗移栽，以随起随栽为好，起苗后放于背阴处选苗，剔除不合格苗。

6. 金荞麦移栽

金荞麦移栽前应剔除患病虫害的种苗。选择直立、健壮、无病害的种苗，去除地上部分，秧茬留 5cm 左右，采挖种苗后及时移栽定植，或假植临时保存，或地窖贮存。移栽方式以条播为主,按行距 25cm 开沟,沟深 4～8cm,株距 20～25cm,种苗斜靠沟边,须根展开,覆土厚度为 4～8cm,以根状茎覆盖完全为度。移栽时间为 6～9 月。

7. 间作四蕊朴

选择排水良好、土层深厚、肥沃疏松、易于保水的平地或缓坡荒山,海拔为 1 800～2 200m,土质为偏酸性或中性砂壤土的四蕊朴育林地。四蕊朴根部直径 0.5m 范围内不进行药材间作。

8. 田间管理

中耕和除草 2～3 次。第 1 次为移栽出苗后,第 2 次结合打顶进行。一般对于不采收种子的金荞麦须在 7～8 月金荞麦育蕾开花时进行打顶,及时摘除花蕾或割除花序,以促进植株根茎的生长。在金荞麦生长关键时期,如遇干旱应及时浇水,雨后遇到积水应及时排水。

金荞麦移栽后的第 1 年、第 2 年或第 3 年的 12 月中旬至翌年 1 月上旬倒苗后,应及时进行清园处理,割除金荞麦枯秆和杂草。

四蕊朴在移栽 3～4 年后,应对树木进行整体修剪,改造树形,控制树高,逐步形成绿化树要求的美观外形。

9. 采收

金荞麦种子采收:金荞麦移栽当年及第 2 年均可进行种子采收,于 10 月种子成熟后采收,金荞麦花序为无限花序,种子成熟时间不一,且种子具有较强的落粒性,可在采收前于行间铺设地布进行采收,也可人工边成熟边进行采收。

金荞麦药材采收:金荞麦种苗移栽药材的采收年限为 2.5 年。11～12 月,金荞麦地上部分枯萎时进行采挖。选择晴天,从畦的一端开始,利用农用工具或小型机械由外而内采挖。边采挖边翻出,在地块晾晒。

四蕊朴采收:四蕊朴育树林的四蕊朴树龄为 6～8 年以上开始销售,采挖主要采用大型机械进行。

6.6.4　金荞麦||四蕊朴间作生态种植技术要点

1. 四蕊朴育树林的选择

四蕊朴为落叶乔木,喜光、稍耐阴,适应性极强,在进行金荞麦间作时,一定要选择金荞麦适宜生长区的四蕊朴育树林,且其土壤应为排水良好、微酸性、肥沃疏松的砂壤土(图 6-12～图 6-17)。

图 6-12　金荞麦‖四蕊朴间作整地
（2014 年 3 月）

图 6-13　金荞麦‖四蕊朴间作
（2014 年 9 月）

图 6-14　金荞麦‖四蕊朴间作
（2015 年 5 月）

图 6-15　金荞麦‖四蕊朴间作
（2016 年 7 月）

图 6-16　金荞麦‖四蕊朴间作
（2017 年 9 月）

图 6-17　金荞麦‖四蕊朴间作
（2018 年 7 月）

2. 四蕊朴育树林的适宜密度

金荞麦能否在四蕊朴育树林进行间作并发挥其整体协同效应，以及间作后能否生长良好均与育树林的密度密切相关，育树林的行距不能太宽也不能太窄，适宜株行距为（1～1.5）m×（2～2.5）m。

6.6.5　金荞麦‖四蕊朴间作生态种植的技术效益评价

1. 经济效益

以 6 年时间计算，应用金荞麦‖四蕊朴间作模式可以生产两次金荞麦药材，中间倒茬 1 次或土壤休闲半年。按金荞麦每个生长周期药材产量 500kg/亩计算，两个生长周期产量为 1 000kg/亩；6 年种子总产量为 100kg/亩；药材价格为 13 元/kg，种子价格为 200 元/kg；每个生长周期种苗费用为 1 000 元/亩，肥料等物资费用 400 元/亩；以 6 年四蕊朴林计，采用本模式增加的综合效益共计 30 200 元/亩，年均 5 033 元/亩。

2. 生态效益

金荞麦‖四蕊朴间作模式树种四蕊朴育林地多为荒山、荒地，金荞麦的间作可以改善荒山、荒地的土壤结构，改善生态环境，同时四蕊朴的落叶可提高土壤的肥力，从而达到减少施肥的生态效果。

另外，金荞麦花期为 8～10 月，正是金荞麦蚜虫的爆发期，大大影响了金荞麦的结实，与四芯朴间作后，四蕊朴树叶吸引了金荞麦地上的蚜虫，阻隔了金荞麦病虫害的互相接触和传染，同时，随着作物种类增加，相应害虫的天敌种类和数目增多，也可减轻虫害，在总体上降低金荞麦的病虫害危害水平，增加金荞麦的结实率。四蕊朴降低金荞麦种子受自然灾害的生态效应体现了本模式的综合生态效益。

6.6.6　金荞麦‖四蕊朴间作生态种植的核心机理

1. 生态学原理

（1）生态位原理。金荞麦与四蕊朴处于不同的生态位，四蕊朴的地上部分处于间作系统的上层，四蕊朴的根系分布深，处于间作系统的下层，而金荞麦的地上和地下部分均处于地面附近，以此可实现各层次空间生态位光、气、热、肥资源的充分利用。

（2）互惠共生原理。金荞麦与四蕊朴在农业生态系统中属于共生互利关系，四蕊朴的地上部分为金荞麦提供了野生拟境的林缘效应，落叶还田为金荞麦创造了适宜的生态环境，并且诱集了蚜虫，阻止了杂草的发展，提高了生态系统的多样性和稳定性，提高了生态效益和经济效益。

（3）整体效益原理。金荞麦与四蕊朴间作后，四蕊朴林间裸露的地块正常水分蒸发量大幅减少，可减少浇水量，减少四蕊朴林的投入。另外，四蕊朴的育林地需要进行林地管理（除草和松根培土）的各个时期与金荞麦田间管理的时期相近，在进行间作金荞麦的栽培管理过程中，完成了四蕊朴的育林地管理，实现了1 次管理两种作物受益。间作后，除了四蕊朴的树木收益外，在长期投入过程中，还有短期的金荞麦种子和药材的收益。由此可见，金荞麦‖四蕊朴间作模式具有高效、可持续发展的作用。

（4）效益协调一致原理。金荞麦‖四蕊朴间作模式实现了生态效益与经济效益的相互协调，增加了四蕊朴育树林的综合效益，保持了水土，水肥得到了充分利用，促进了资源的利用与增值。

2. 经济学原理

（1）四蕊朴与金荞麦间作对金荞麦麦田的杂草和蚜虫具有一定的防治作用，减少了劳动成本。

（2）四蕊朴与金荞麦间作模式中四蕊朴的叶片形成了一个防止霜冻的保护伞，降低了金荞麦种子的受冻害风险，提高了金荞麦的经济效益。

6.7　柴胡/玉米套作生态种植技术规范

6.7.1　柴胡植物基原及生态生物学特征

中药柴胡指的是伞形科柴胡属植物部分种类的根或全草。柴胡为伞形科植物北柴胡或南柴胡的干燥根。

目前，我国柴胡药材基本依靠人工栽培保证药材的生产。栽培柴胡又以北柴胡为主。北柴胡为多年生草本植物，高 50~85cm。主根较粗大，棕褐色，质坚硬。茎单一或数茎，表面有细纵槽纹，实心，上部多回分枝，微作"之"字形曲折。叶倒披针形或狭椭圆形至广线状披针形，复伞形花序很多，花序梗细，常水平伸出，形成疏松的圆锥状，果广椭圆形，棕色，两侧略扁，花期 9 月，果期 10 月。

我国栽培北柴胡主产于甘肃、陕西、河北、山西、河南等地，野生北柴胡则广泛分布于东北、华北和华中地区。对柴胡皂苷类成分与产地地形气候因素的相关研究发现，海拔 600～1 000m 的阳面缓坡最适宜北柴胡的生长及有效成分的合成积累。河北的燕山、太行山地区是传统的道地产区之一，其中栽培北柴胡的主产区邯郸涉县地区位于南部太行山脉的东麓，地形以山区丘陵为主，气候属暖温带半湿润大陆性季风气候，年均气温为 12.5℃，年均降水量为 540.5mm，地形及气候均适宜种植北柴胡。

6.7.2　柴胡/玉米套作生态种植技术来源及应用历史

随着柴胡/玉米套作生态种植模式优势的显现，在玉米田中套作柴胡，增加了柴胡的产量，提高了药材的质量，降低了病虫害危害水平，获得了较好的经济效益和生态效益，至 2016 年，北柴胡主产区累计推广柴胡/玉米套作技术 5 万余亩。近年来，该种植模式在北柴胡主产区得到了广泛的应用，已发展成为北柴胡种植的主要模式。

6.7.3　柴胡/玉米套作生态种植技术方案

1. 茬口选择

柴胡栽培连作障碍明显，可与小麦、玉米、大豆套作。不适于与其他根类中药材套作。

2. 产地环境

野生柴胡生长于海拔 1 500m 以下的山区、丘陵荒坡、草丛、路边、林缘地带及林中隙地。柴胡适应性强，喜稍冷凉而湿润的气候，耐寒，耐旱，忌高温，忌涝洼积水。

产地环境质量应符合《环境空气质量标准》（GB 3095—2012）、《土壤环境质量标准》（GB 15618—2008）、《农田灌溉水质量》（GB 5084—2021）等标准。

3. 选地

柴胡适宜生长在排水良好的丘陵缓坡地带，土层深厚疏松（耕作层土厚 40cm以上）、土质肥沃、排水良好、土壤 pH 为 6.5～7.5 的腐殖土或砂壤土较适宜栽种，黏土和盐碱地均不宜栽种，不可选低洼、排水不良的地块。

4. 整地

选地后及时捡去石块、树枝、树根等，深耕 20～30cm，结合整地每亩施用充分腐熟的有机肥 2 500～3 500kg 作基肥，施肥后整细耙平；柴胡播种前须先造墒，浅锄划沟，然后播种。

5. 种子的选择及预处理

选择籽粒饱满当年产的新种子，要求千粒重不低于 1.00g，净度不低于 80%，发芽率不低于 50%。

柴胡种子粒度小、种壳硬、发芽率低。为了提高种子发芽率，除了选择适宜的种子外，还应在播种前对柴胡种子进行催芽处理，具体办法分 3 种。①机械处理。利用细沙与种子搅拌至磨去部分种子外皮或利用碾米机使种子外皮适当破损，可使柴胡提早出苗。②药剂处理。用 0.8%～1.0%的高锰酸钾溶液浸泡种子 10min，捞出后用大量清水冲洗后播种。③温水沙藏。用 30～40℃温水浸种 8～12h，捞出后与 3 份湿沙混合，在 20～25℃温度下催芽 7～10d，至少部分种子裂口时播种。

6. 套作玉米

玉米春播或早夏播种，采取宽行密植的方式，使玉米行距 1.1m，穴间距 30cm，每穴留苗 2 株，玉米留苗密度为 3 500～4 000 株/亩，2 行玉米间种植 4 行柴胡，柴胡行距 25cm 左右，以便于除草及田间操作。玉米田间管理按照正常管理进行，一般在小喇叭口期进行中耕除草（贺献林 等，2014）（图 6-18）。

（a）播前锄划　　　　　（b）撒播　　　　　（c）小机械播种

图 6-18　柴胡/玉米套作生态种植模式中柴胡播种作业

柴胡出苗时间较长，适宜在产区雨季来临前播种，播种原则为宜早不宜晚，宁可播种后等雨、不能等雨后播种。华北产区最佳播种时间为 6 月上旬至 7 月下旬，陕西、甘肃产区适宜在 7 月底至 8 月初。柴胡播种时，先在田间顺行浅锄，划 1cm 深浅沟，将柴胡种子与炉灰拌匀，均匀地撒在沟内，镇压即可，也可采用耧种，或撒播，但种植要浅，种子种植深度应在 0.5cm 左右。用种量为 2.5～3.5kg/亩，一般 20～25d 出苗（图 6-19）。

图 6-19　柴胡/玉米套作生态种植模式中柴胡种子出苗

7. 田间管理

田间管理包括以下几方面。①疏苗。前茬作物收获后，将秸秆清理至田外，进行 1 次疏苗间苗，一般每亩留苗 8 万～10 万株。②中耕除草。第 1 年玉米收获时，留茬高 10～20cm，注意拔除田间大型杂草，第 2 年春季至夏季浅锄 1～2 次。③适时割薹。在柴胡大部分种子成熟后，及时割除地上部分（留茬高 5cm 左右）收获种子。对于非留种地块在第 2 年柴胡株高 40cm 左右时及时割薹，留茬高 5cm 左右。④施肥。柴胡/玉米套作生态种植模式应当以有机肥料为主，在前茬作物播种前施足有机肥，不仅能够提高土壤养分，而且能够疏松土壤，促进柴胡根部下扎（贺献林 等，2014）。

8. 采收

收获时，先割去地上部分，然后用犁沿地边一侧犁地，顺犁地方向将柴胡拣出，抖净泥土，剪除毛须、侧根及残茎、多余芦头，留芦头 1cm 以内，趁湿理顺，晒干。

6.7.4　柴胡/玉米套作生态种植技术要点

1. 遮阴

玉米的地上茎秆能够为柴胡遮阴，使原本裸露的地块正常水分蒸发量减少，配合雨季播种，保证了土壤及空气的湿度，从而提高柴胡种子的出苗率。同时，遮阴抑制了杂草的光合作用和生长速率。

2. 种间根际效应

玉米作为单子叶菌根植物，其须根系也与双子叶植物柴胡发生种间互作，玉米/柴胡套作模式下的土壤团粒结构比柴胡单作疏松、板结率低。

3. 生物多样性防治病虫害

玉米吸引了柴胡地上部的蚜虫，并且阻隔了柴胡病虫害的互相接触和传染。同时，随着作物种类增加，相应害虫的天敌种类和数目增多也可减轻虫害，从总体上降低了柴胡的病虫害危害水平，增加了柴胡的存苗率。

6.7.5　柴胡/玉米套作生态种植技术效益评价

1. 经济效益

（1）杂草率。以河北邯郸涉县产区为例，该产区 2015～2017 年采用该模式种植柴胡。柴胡发芽后，计算单位面积杂草率，柴胡/玉米套作模式的柴胡种植地块杂草率为 7.1%±1.8%，显著低于柴胡单作对照地块的 22.0%±2.5%（图 6-20）。

（2）发芽率。以河北邯郸涉县产区为例，该产区 2015～2017 年采用该模式种植柴胡。柴胡/玉米套作模式的柴胡发芽率为 75.0%±6.6%，显著高于柴胡单作对照的 58.0%±7.2%（图 6-21）。

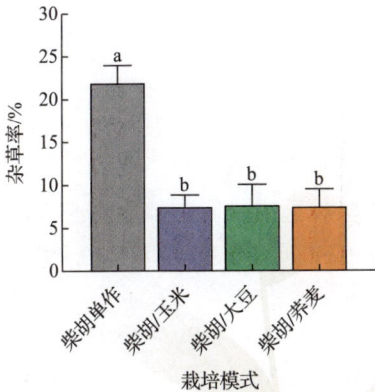

图 6-20　不同栽培模式下地块杂草率　　　　图 6-21　不同栽培模式下柴胡发芽率

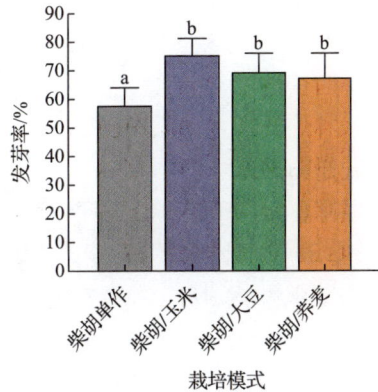

（3）存苗率。以河北邯郸涉县产区为例，该产区 2015～2017 年采用该模式种植柴胡。柴胡/玉米套作模式的柴胡存苗率为 82.7%±9.0%，显著高于柴胡单作对照的 69.2%±6.3%（图 6-22）。

（4）单株生物量。对于二年生柴胡，柴胡/玉米套作模式下柴胡的地下根茎鲜重（单株生物量）为（4.0±0.6）g，显著高于柴胡单作对照的（3.1±0.5）g（图 6-23）。

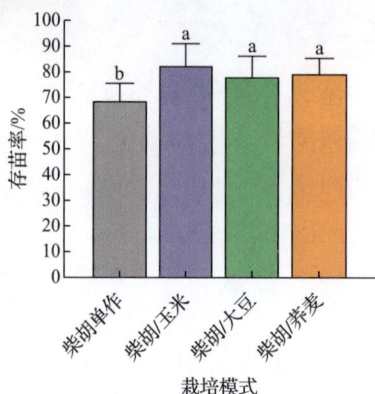

图 6-22　不同栽培模式下柴胡存苗率

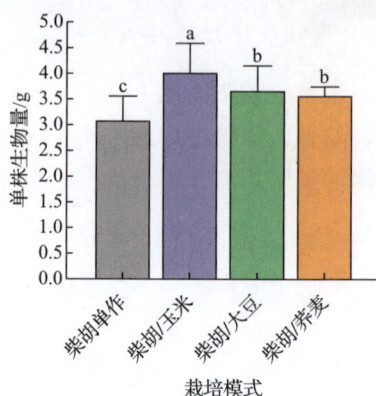

图 6-23　不同栽培模式下柴胡根的单株生物量

（5）指标性成分含量。对于二年生柴胡，柴胡/玉米套作对柴胡皂苷产生了显著促进作用，柴胡/玉米套作模式下，两种柴胡皂苷 a、b 含量之和为 0.51%±0.10%，显著高于柴胡单作的 0.39%±0.02%（图 6-24）。

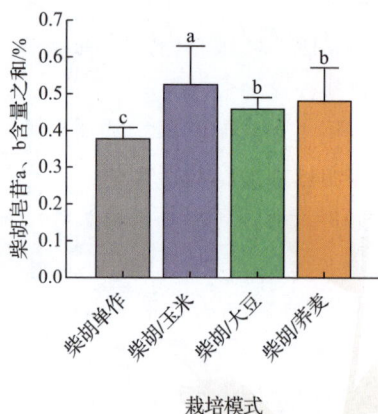

图 6-24　不同栽培模式下柴胡指标性成分含量

（6）单位面积产出。柴胡/玉米套作模式中，一个生产周期内（两年）每亩产柴胡 60kg 左右、玉米 600kg 左右，以玉米 1.7 元/kg、柴胡 60 元/kg 价格计算，每亩每年可产生效益 2 310 元；而柴胡单作模式中，两年亩产柴胡 65kg 左右，以柴胡 60 元/kg 价格计算，每亩每年可产生效益 1 950 元。套作模式相较于柴胡单作模式效益增加了 18%。同时，柴胡属于多年生药材，当年没有收益；而玉米属于一年生作物，短期可以见到一定收益。

2. 生态效益

柴胡/玉米套作不但促进了柴胡的生长，提高了柴胡皂苷含量，抑制了杂草的生长，吸引了蚜虫，后期的玉米秸秆还田覆盖还能起到增肥、保湿、调温、压草、抗病虫等多重作用，有效减少了农药、化肥的施用量。

6.7.6　柴胡/玉米套作生态种植技术核心机理

1. 生态学原理

（1）生态位原理。玉米与柴胡处于不同的生态位，玉米的地上部分处于套作系统的上层，玉米的根系分布深，处于套作系统的下层，而柴胡的地上和地下部分均处于地面附近，以此实现各层次空间生态位光、气、热、肥资源的充分利用。

（2）互惠共生原理。玉米与柴胡在农业生态系统中属于共生互利关系，玉米的地上部分为柴胡提供了遮阴作用，收获后的秸秆还田为柴胡创造了适宜的生态环境，并且诱集了蚜虫，阻止了杂草的发展，提高生态效益系统的多样性和稳定性，获得了较好的生态效益和经济效益。

（3）生物与环境的适应与协同进化原理。柴胡/玉米的合理套作模式中，玉米属于禾本科菌根植物，根系活化了土壤，土壤物理性质得到改善，土壤团粒结构和非毛管孔隙度增加，氧化还原电位提高，次生潜育化作用消除，为柴胡的生长创造了良好的根际环境。另外玉米的秸秆还田改善了农业生态环境，促进了资源再生和循环利用，更适宜柴胡生长，柴胡更高产。

2. 经济学原理

（1）玉米套作对柴胡田的杂草和蚜虫具有一定的防治作用，减少了劳动成本。

（2）玉米的遮阴作用、根际环境优化作用、蚜虫诱集效应等改善了柴胡的生长环境，当季柴胡增产效果显著，增加了农民的经济收入。

6.8　草乌/玉米套作生态种植技术规范

6.8.1　草乌植物基原及其生态生物学特征

中药草乌指的是毛茛科乌头属北乌头的干燥块根。草乌喜温凉、半潮湿气候，多生长于高寒冷凉地区的半阴半潮湿地带。草乌块根又名草乌头，草乌中含乌头碱、次乌头碱、新乌头碱等生物碱，具有祛风散寒、除湿止痛、局部麻醉、消炎等作用，是多种中成药的重要原料（朱龙章 等，2017）。近年来，随着中医药和生物制药产业迅速发展，草乌需求量逐年增加，野生草乌药材资源日益匮乏，人工种植草乌药材具有广阔的市场前景。

目前，野生草乌主要分布于华北、东北、西北部分地区。华北地区特别是承德地区野生草乌资源极其丰富，历来是草乌药材的主产区。该地区属亚温带向亚寒带过渡地带，半湿润半干旱、大陆性季风气候，四季分明，光照充足，昼夜温差大，年均气温 5～10℃，年均无霜期 140～160d，年均降水量为 402.3～882.6mm。华北地区南部年均降水量为 627.1～882.6mm；华北地区中部年均降水量为 501.0～609.1mm；华北地区北部年均降水量为 402.3～515.4mm；其中河北坝上地区年均降水量为 411.6～514.0mm。降水的分布具有干湿界限分明的季节变化特点，春季 3～5 月降水量为 55.5～74.7mm，夏季 6～8 月降水量为 241.5～542.4mm，秋季降水量为 66.4～102.1mm，冬季雨雪稀少。该区域气候条件非常适合草乌生长和品质的形成。

6.8.2　草乌/玉米套作生态种植技术来源及应用历史

随着草乌/玉米套作种植模式优势的显现，在草乌田中套作玉米，可以为草乌营造遮阴环境，有利于提高草乌成活率、产量及品质，同时显著降低病虫害的发生，获得了较好的经济效益和生态效益；草乌/玉米套作生态种植技术从 2013 年开始进行推广，累计在河北承德地区推广超过 2 000 亩，已发展成为草乌种植的重要栽培模式之一。

6.8.3　草乌/玉米套作生态种植技术方案

1. 茬口选择

草乌忌连作，可与小麦、玉米、大豆等作物或与柴胡、黄芩、桔梗等中药材轮作，也可在玉米中套作。

2. 产地环境

草乌自然分布以山区为主，华北地区草乌适宜栽培在海拔为 800～2 000m、年均气温 5～10℃、年均无霜期 140～160d、年均日照时数 2 500～3 000h、太阳能年辐射量 5 850～6 680MJ/m^2、年均降水量 500～700mm 的气候环境和立地条件下。

产地环境质量应符合《环境空气质量标准》（GB 3095—2012）、《土壤环境质量标准》（GB 15618—2008）、《农田灌溉水质量》（GB 5084—2021）等标准。

3. 选地

选择排水良好的平地、有一定坡度的山地或退耕还林地，在土壤结构良好、土层深厚疏松（耕作层土厚 40cm 以上）、土质肥沃、排水良好的壤土或砂壤土地块进行草乌/玉米套作。

4. 整地

秋季作物收获后或早春土壤化冻后开始整地。每亩施用腐熟的有机肥 2 000～3 000kg 作基肥。耕地深度 30cm 以上。细耙后使土壤达到细碎、地面平整、上虚下实。

5. 种根选择

选择色泽新鲜、无损伤的草乌种根做繁殖材料，种根重量要求大于 8g/个。焦疤、水旋、霉烂、缺芽、无底根的种根不能作为繁殖材料。

6. 种根贮藏

种根从采收完至栽种，贮藏时间不宜超过 10d，贮藏期间应堆放在阴凉、干燥、通风处。用药剂处理过的种根原则上应当天栽完。不能及时栽种的种根滴干水分后单独堆放在阴凉、干燥、通风处，时间不超过 2d。

7. 栽种时间

一年可栽种两次草乌。春季，草乌出芽不超过 2cm 时开始移栽。秋季，地上部分枯萎后、土壤上冻前移栽。

8. 栽种密度

成苗后草乌适宜的栽种密度为 1.0 万～1.2 万株/亩。

9. 栽种

按株行距 20cm×30cm 进行穴播，栽种后覆土厚度以 2～4cm 为宜，覆土后及时浇水。栽种前用 50% 多菌灵 200 倍稀释液浸种 10min，晾干后下种。播种后要保证土壤湿润。

10. 套作玉米

于每年春季进行玉米套作，每两垄草乌的两侧各种植 1 行玉米，玉米的株距也是 20cm。每亩用种量为 1～2kg（图 6-25）。

图 6-25　草乌/玉米套作田间试验及基地展示

11. 田间管理

（1）定苗与补苗。草乌少苗或断垄严重时进行幼苗补栽。雨季前后，幼苗全部出土，当苗高 3cm 时，及时进行查漏补缺 1～2 次，对缺苗塘及时补栽，病株及时拔除，并用石硫合剂浇病株塘以预防病菌传染。

（2）除草。草乌生长期间，采用人工除草方法，及时拔除杂草。杂草拔除一般在封垄前、杂草的种子成熟前及雨季结束后。

（3）追肥。一年生草乌在 6 月中旬左右、苗高 30～50cm 时，在无套种玉米的垄沟内开 10～15cm 深沟，每亩追施生物有机肥 100kg。翌年春季茎叶返青后，视土壤情况和苗情决定是否继续追肥。

（4）灌排水。草乌怕旱又怕涝，不同季节、不同生育期对水分有不同的要求；播种后出苗困难的草乌须合理灌水。出苗后，整个生育期都要保证土壤湿润，过干或过湿都会使草乌生长不良。过干时应及时灌溉，但不能渗灌，夏季应注意排涝。

（5）封顶打杈。为了抑制草乌地上部分的徒长，除留种子植株外，其余应当进行封顶打杈，让养分集中于地下块根促其发育膨大，以提高产量。一般在植株初现花蕾时开始打尖，最迟在开花时必须打尖，一般植株留叶 25～30 个，打尖15～20cm。打尖后的植株，叶腋会长出腋芽消耗养分，应随时摘除，但摘芽时不要伤害老叶，以免影响叶片光合作用。藤蔓上长出的腋芽也应摘除，一般要进行两次打尖和摘芽，以免影响块根的生长发育。

12. 采收

一般在 10～11 月进行采收。当植株地上部分开始枯萎时，可进行人工收刨或机器采收。人工采收时，先摘除植株基部叶片，再用二齿钉耙深挖 20～30cm 厚的土层，使地下部分全部露出土面，再抖去泥土。采挖后掰下或砍下母根，进行后续加工。子根可留为药材使用，也可留种使用。注意种子田一定要保证子根的芽头完整，以确保种根发芽。

6.8.4　草乌/玉米套作生态种植技术要点

1. 优选玉米品种

草乌移栽第 1 年套作玉米，玉米应选中熟或早熟品种，9 月中下旬及时收获玉米。第 2 年及后期则无须再套作。

2. 适时种收草乌

选用子根的芽头不超过 2cm、直径 1cm 以上的草乌，春季或秋季在土壤上冻前 1 个月及时移栽。

采收草乌不宜过早，也不宜过迟。在草乌花期前，9 月中上旬前采收为宜。收获过早，块根营养积累不充分；收获过迟，植株开花后由营养生长转为生殖生长，消耗大部分块根营养，影响产量和品质。

3. 及时封顶打杈

栽种草乌第 1 年可采收种子，后期采收药材则不可采收种子，要做到及时封顶打杈，以免影响块根的生长发育，总之，应做到地无乌花、株无腋芽。

6.8.5　草乌/玉米套作生态种植技术效益评价

1. 经济效益

以河北承德围场为例，采用草乌/玉米套作模式与草乌单作模式的经济指标对比如下。

（1）草乌/玉米套作组的草乌产量为 73.12g/m^2，与草乌单作对照组的 74.96g/m^2 相比无显著性差异（图 6-26）。

（2）草乌/玉米套作组的草乌平均株高为 153.4cm，与草乌单作对照组的 138.5cm 相比有显著性差异（图 6-27）。

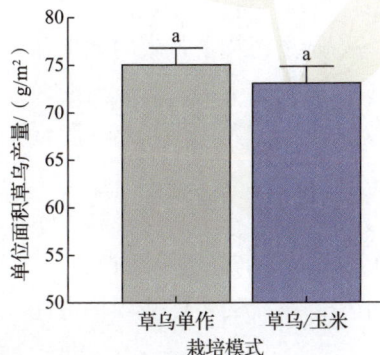

图 6-26　不同栽培模式下单位面积草乌产量　　图 6-27　不同栽培模式下草乌平均株高

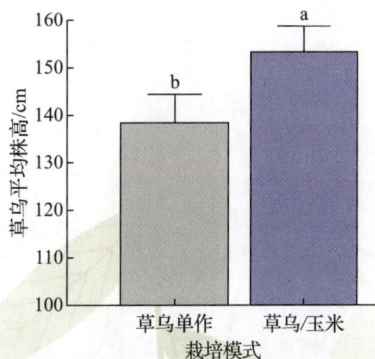

（3）草乌/玉米套作组的草乌单株种子产量为 0.66g，与草乌单作对照组的 0.48g 相比有显著性差异（图 6-28）。

（4）草乌/玉米套作组的草乌种子千粒重为 1.75g，与草乌单作对照组的 1.58g 相比有显著性差异（图 6-29）。

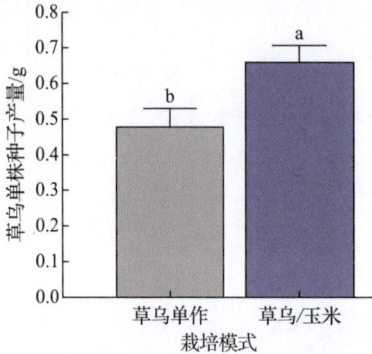

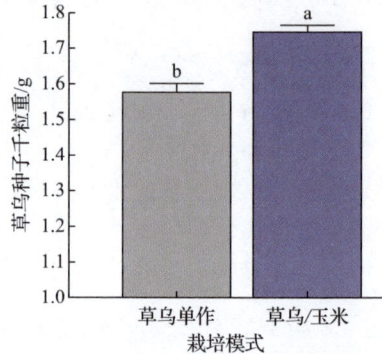

图 6-28   不同栽培模式下草乌单株种子产量   图 6-29   不同栽培模式下草乌种子千粒重

（5）草乌/玉米套作组的经济收益高于无套作的田地，对比草乌单作，草乌/玉米套作后每年每亩多收益 800 元，对比单作玉米，套作后每年每亩多收益 3 000 元。

2. 生态效益

草乌/玉米套作模式除了增加农户的综合经济效益外，还降低了玉米病害发生率，抑制了杂草的生长，后期的玉米秸秆还田覆盖能起到增肥、保湿、调温、压草、抗病虫等作用，具有较好的生态效益。

6.8.6   草乌/玉米套作生态种植技术核心机理

1. 生态学原理

（1）生态位原理。玉米为阳生植物，草乌为阴生植物。玉米的地上部分处于套作系统的上层，玉米的根系分布深，处于套作系统的下层，而草乌的地上和地下部分均处于地面附近，以此可实现各层次空间生态位光、气、热、肥资源的充分利用。

（2）互惠共生原理。玉米与草乌在农业生态系统中属于共生互利关系，玉米的地上部分为草乌提供了遮阴，收获后的秸秆还田为草乌创造了适宜的生态环境，并且诱集了蚜虫，阻止了杂草的发展，提高了生态系统的多样性和稳定性，获得了较好的生态效益和经济效益。

（3）生物与环境的适应及协同进化原理。玉米属于禾本科菌根植物，根系活化了土壤，土壤物理性质得到改善，土壤团粒结构和非毛管孔隙度增加，氧化还原电位提高，次生潜育化作用消除，为草乌的生长创造了良好的根际环境。另外，玉米的秸秆还田改善了农业生态环境，促进了资源再生和循环利用，环境更适宜草乌生长，草乌更高产。

2. 经济学原理

（1）草乌/玉米套作对草乌田的杂草和病虫害具有一定的防治作用，减少了劳动成本。

（2）草乌田套作玉米为草乌营造了适宜的生长条件，能促进草乌增产。同时玉米也产出了可观的收益，提高了整体经济效益。

6.9　黄芩‖果树间作生态种植技术规范

6.9.1　黄芩植物来源及其生态生物学特征

黄芩属于唇形科黄芩属植物。黄芩具有清热燥湿、泻火解毒、止血、安胎的功效。传统上用于治疗湿温、暑湿，胸闷呕恶，湿热痞满，泻痢，黄疸，肺热咳嗽，高热烦渴，血热吐衄，痈肿疮毒，胎动不安。黄芩在临床应用上已有两千多年的历史。随着市场对优质黄芩药材需求量的逐渐增加，野生黄芩资源日益濒危，国家已将黄芩列入了《野生药材资源保护管理条例》（1987 年）的三级保护名录。

目前，栽培黄芩主产于山西、山东、陕西、甘肃、河北等地，野生黄芩则广泛分布于东北、华北和华中、西南部分地区。野生黄芩一般生长在山顶、山坡、林缘、路旁等向阳较干燥的地方。黄芩喜温暖、耐严寒，成年植株地下部分在-35℃下仍能安全越冬，35℃高温不致枯死，但不能经受 40℃以上连续高温天气。黄芩怕涝，地块积水或雨水过多时生长不良，重者烂根死亡。排水不良的土地不宜种植。一般认为，河北承德地区所产黄芩质量最好，为黄芩道地产区，素有"热河黄芩"之称。该地区属亚温带向亚寒带过渡地带，半湿润半干旱、大陆性季风气候，四季分明，光照充足，昼夜温差大，年太阳辐射总量大。黄芩生长周期在 3 年以上，河北承德地区独特的气候及生长环境是形成"热河黄芩"优良品质的重要因素。

6.9.2　黄芩‖果树间作生态种植技术来源及应用历史

京津冀地区利用山地、坡地、林地、果园等进行粗放式栽培生产，特别是梨、苹果、枣树、核桃树下间作黄芩，提高了土地利用率，同时减少了地面水分的蒸发，控制了因杂草生长给果树带来的病虫害，不仅保护了环境，提高了水果品质，同时增加的药材收益还提高了综合经济效益。这种间作模式对于京津冀西北部地区耐旱、对土壤要求不高的道地药材品种来说尤为适宜。目前这种黄芩‖果树间作模式在京津冀北部地区的果林中推广面积超过 1 万亩。

6.9.3　黄芩‖果树间作生态种植技术方案

1. 茬口选择

黄芩栽培连作障碍不明显，可与小麦、玉米、土豆、大豆等作物或与柴胡、蒙古黄芪、桔梗等中药材轮作，也可在果园中间作。

2. 产地环境

黄芩对栽培环境要求不高，在全国大部分地区均能生长。其中华北地区黄芩道地产区的环境条件为：海拔 300~1 500m，年均气温 5~9℃，年均无霜期 140~170d；年均日照时数 2 600~3 100h，太阳能年辐射量 5 850~6 680MJ/m²；年均降水量 400~900mm；土壤中性或微碱性（pH 为 7.0~8.5）。

产地环境质量应符合《环境空气质量标准》（GB 3095—2012）、《土壤环境质量标准》（GB 15618—2008）、《农田灌溉水质量》（GB 5084—2021）等标准。

3. 选地

选择排水良好的平地、有一定坡度的山地或退耕还林地，种植地块以土壤结构良好、土层深厚（耕作层土厚 40cm 以上）的壤土或砂壤土为宜。

4. 整地

秋季或早春土壤化冻后开始整地。每亩施用腐熟的农家肥 3 500~4 000kg 作底肥，施肥后整细耙平。耕地深度 30cm 以上。细耙后使土壤达到细碎、地面平整、上虚下实。

5. 黄芩育苗

黄芩育苗要求种子纯度不低于 98.0%、千粒重不低于 1.6g、种子发芽率不低于 70.0%、净度不低于 95.0%。苗圃地块以土层深厚、排水良好、呈中性或微碱性（pH 为 7.0~8.5）的壤土或砂壤土为宜。秋季作物收获后或早春土壤化冻后开始整地，耕地深度 30cm 以上。每亩施用腐熟的有机肥 3 500~4 000kg 作基肥。早春或晚秋播种，也可在雨水充足的季节（6 月初至 7 月初）播种，以确保出苗率。播种时开浅沟，以宽 1.5~2.5cm、深 0.5~1.5cm 为宜。每亩播种量 2~3kg。适时进行中耕及除草。

黄芩播种育苗后的第 2 年春季，出芽至苗高 3cm 以下、根长在 8cm 以上时可进行种苗采挖。选择直立、健壮、无病害的种苗，去除地上部分，秧茬留 2cm 左右高，采挖种苗后及时移栽定植，或假植临时保存，或地窖贮存。

6. 间作黄芩

果树间空地可按行距 25～30cm 开沟，沟深 10cm 以上，株距 10～15cm，将黄芩根斜放于沟内，秧茬露出地表，覆土栽实，浇足定根水后再覆土。果树根部直径 0.5～1.0m 范围内不进行药材间作。黄芩移栽时间为早春土壤解冻后，或秋季土壤上冻前进行（图 6-30）。

图 6-30　黄芩‖果树间作

7. 田间管理

中耕除草 2～3 次。第 1 次在封垄前，第 2 次在杂草的种子成熟前。5～6 月对黄芩进行剪秧处理，即在黄芩生长到 15～20cm 高时，将地上部分用割草机割除，留秧茬 1～2cm。剪秧处理可推迟花期，避开 8 月以前的高温天气，开花较为集中，利于后期种子质量、产量的提升及药材产量的提升。

8. 采收

黄芩种子采收：7～9 月黄芩果实陆续成熟时可分批随熟随采。或在种子成熟率达到 20%～30%时进行第 1 次采收；剩余种子成熟率达到 60%～70%时，进行第 2 次采收。将分批采回的种子及时晒干、脱粒、装袋保存。

药材采收：黄芩移栽后再生长两年以上进行采收。一般于春季清明至立夏、秋季处暑至寒露均可采挖。

果树采收：根据不同果树果实的成熟季节按要求采摘。

6.9.4　黄芩‖果树间作生态种植技术要点

1. 选择适宜的间作密度

黄芩为阳生植物，喜光，与果树间作后需要满足黄芩的光照需求。为了保证黄芩的正常生产和药材品质，建议果树对黄芩的郁闭度小于10%。

2. 提高生物多样性

应尽量提高果园的生物多样性，使园土壤微生物及各种植物之间相互平衡。黄芩‖果树间作后，适宜的黄芩种植密度将会抑制杂草生长，并控制在一定比例范围内，无须特意进行除草工作。

3. 利用生态系统进行病虫害防控

黄芩全株含有黄酮类次生代谢产物，其根部分泌物和地上部分植株残体降解成分是天然的"生物农药"，能有效控制果树常见病虫害，如预防果树锈病、霉心病、白粉病等病害，有效驱逐蚜虫、天牛、卷叶蛾、食心虫等害虫，因此在整个间作期间无须特意进行病虫害防控。

6.9.5　黄芩‖果树间作生态种植技术效益评价

1. 经济效益

以河北承德围场为例，采用黄芩‖苹果（123金红苹果）间作模式与其他栽培模式的经济指标对比如下。

（1）移苗后1年（二年生黄芩）黄芩‖苹果间作组的黄芩产量与黄芩单作移栽对照组和单作直播对照组相比无显著性差异（图6-31）。

（2）移苗后1年（二年生黄芩）黄芩‖苹果间作组黄芩单株生物量为3.63g，与黄芩单作移栽对照组的3.39g相比无显著性差异；与黄芩单作直播对照组的1.97g相比有显著性差异（图6-32）。

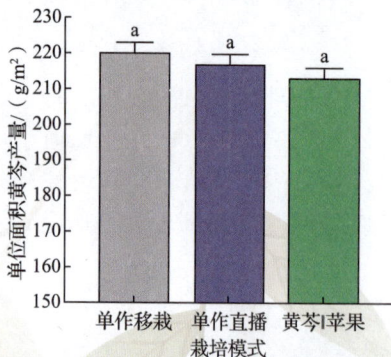

图6-31　不同栽培模式下单位面积黄芩产量

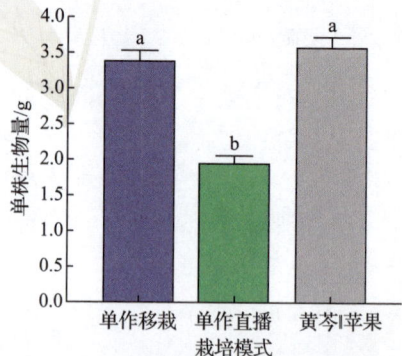

图6-32　不同栽培模式下黄芩单株生物量

（3）移苗后 1 年（二年生黄芩）黄芩‖苹果间作组的黄芩单株种子产量为1.23g，显著高于黄芩单作移栽对照组的 0.76g 和单作直播对照组的 0.59g，可能是间作组更易于吸引蜜蜂授粉，透风性好，最终种子高产（图 6-33）。

（4）移苗后 1 年（二年生黄芩）黄芩‖苹果间作组的黄芩种子发芽率为83.66%，显著高于黄芩单作移栽对照组的 78.28% 和单作直播对照组的 77.22%（图 6-34）。

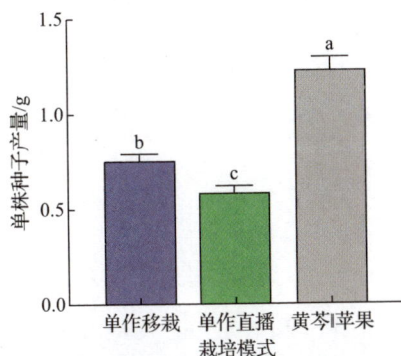

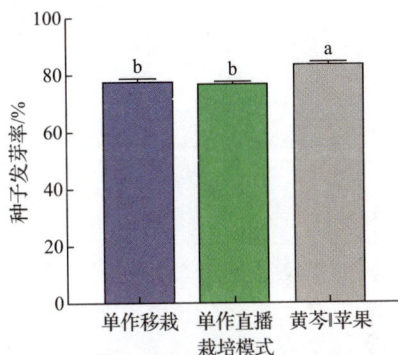

图 6-33　不同栽培模式下黄芩单株种子产量　　图 6-34　不同栽培模式下黄芩种子发芽率

（5）移苗后 1 年（二年生黄芩）黄芩‖苹果间作组黄芩的黄芩苷含量为16.52%，显著高于黄芩单作移栽对照组的 15.12% 和单作直播对照组的 14.86%（图 6-35）。

（6）黄芩常见病虫害有白粉病、根腐病、灰霉病、菜叶蜂。以白粉病为例，移苗后 1 年（二年生黄芩）黄芩‖苹果间作组黄芩植株白粉病感染指数为 21.7%，显著低于黄芩单作移栽对照组的 43.5% 和单作直播对照组的 45.3%（图 6-36）。

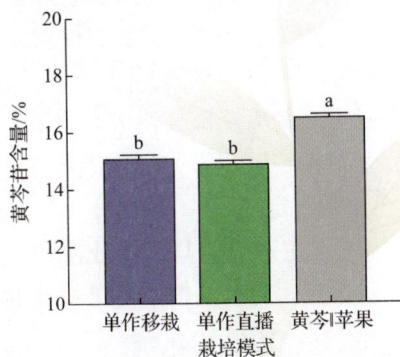

图 6-35　不同栽培模式下黄芩的黄芩苷含量　　图 6-36　不同栽培模式下黄芩白粉病感染指数

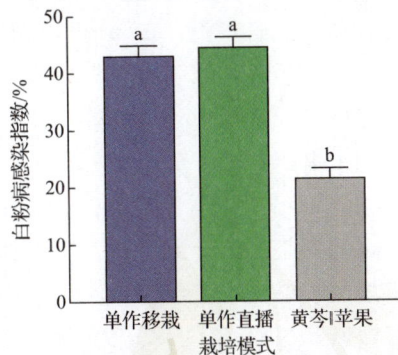

（7）黄芩‖果树间作后整个果园的经济收益高于无间作黄芩的果园。

综合计算：6 000 元（整体收益）-3 500 元（果园收益）-500 元（人工投入）-500 元（种苗投入）=1 500 元。由此可见，黄芩‖果树间作每年每亩果园比无间作黄芩多收益 1 500 元。

2. 生态效益

黄芩||果树间作模式增加了果园的综合经济效益，果树病害发生率下降，杂草的生长得到了有效控制，有效减少了农药、化肥的施用量，使黄芩||果树间作模式下的水果质量和安全性大幅提高。

同时，通过间作黄芩覆盖果树下原本裸露的地块，减少了山区水土流失，保护了地表土壤，增加了果园下植物的生物多样性。整体看来，黄芩||果树间作模式具有良好的生态效益。

6.9.6　黄芩||果树间作生态种植技术核心机理

1. 生态学原理

（1）生态位原理。果树与黄芩处于不同的生态位，果树的地上部分处于间作系统的上层，果树的根系分布深，处于间作系统的下层，而黄芩（移苗斜栽）的地上部分和地下部分均处于地面附近，以此实现各层次空间生态位光、气、热、肥资源的充分利用。

（2）整体效益原理。黄芩与果树间作后，果树间原本裸露的地块水分蒸发量大幅减少，可减少浇水量和果园投入。另外，黄芩的生长在很大程度上抑制了杂草的快速生长，减少了杂草抢肥和除草剂的使用。此外，黄芩植株残体降解成分是天然的"生物农药"，能够有效地控制果树常见病虫害，生物多样性的增加也减少了果园整个生态系统病虫害的发生率，减少了农药的投入，提高了水果的品质，具有良好的生态效益。间作后，黄芩种子和黄芩药材均可获得较好的经济收益。综合可见，黄芩||果树间作具有高产、高效、可持续发展的作用。

（3）互惠共生原理。果树与黄芩在农业生态系统中具有一定的共生互利关系。果树花枝多，位置较高，容易吸引蜜蜂等昆虫授粉，黄芩授粉（利于产种子）效率得到了提高；同时黄芩为果园保持水分、有效控制杂草生长、控制果园病害等。黄芩||果树间作存在互惠互利，提高了生态多样性和稳定性。

（4）效益协调一致原理。黄芩||果树间作模式中生态效益与经济效益相互协调，增加了果园的综合效益，保持了水土，水肥得到了充分利用，促进资源的利用与增值。

2. 经济学原理

（1）黄芩||果树间作对整个栽培基地（果园）的病虫害具有一定的防治作用，减少了投入。

（2）黄芩||果树间作使黄芩种子产量和质量增加，种子效益提升可观，增加了整体收入。

6.10　甘草野生抚育种植技术规范

6.10.1　甘草植物基原及其生态生物学特征

甘草属于豆科甘草属多年生草本植物，主要以内蒙古、甘肃、新疆、宁夏等地为主产区，这些地区光照充足、雨量较少、夏季酷热、冬季严寒、昼夜温差大。因此，甘草具有喜光、耐寒、耐热、耐盐碱的特性。生产上多应用腐殖质含量高的砂壤土种植甘草。

甘草虽属于旱生植物，但其育苗生长时期对水分条件要求较高，生长发育期必须有一定的水分供应，适宜生长在排水良好、无积水的地方，水分过多容易造成甘草根茎腐烂，大片死亡。

6.10.2　甘草野生抚育种植技术来源及应用历史

中药材野生抚育是根据动植物药材的生长特性及对生态环境条件的要求，在其原生或相类似的环境中，人为或自然增加种群数量，使其资源量达到能为人们采集利用、并能继续保持群落平衡的一种药材生产方式。甘草就是典型的围栏抚育药材。甘草地下横走根茎具有很强的萌发力，因此种群自然繁殖速度快，以甘草为建群种的沙质荒漠化野生抚育生态种植，可以最大限度地增加天然植被，有效改善生态环境，提高甘草的种群密度和资源蕴藏量，实现资源的可持续利用，防止土地进一步荒漠化。据调查，2000 年以来，内蒙古的鄂托克前旗，新疆的喀什、阿克苏及宁夏的灵武、盐池等地已经形成大面积的人工围栏甘草；宁夏围栏补植天然甘草面积达 50 万亩。新疆在阿克苏、巴州、喀什等地区建立了 80 万亩野生甘草资源围栏保护地。甘草野生抚育的模式已经有一定的应用历史，只是目前还没有做到规范化应用。

6.10.3　甘草野生抚育种植技术方案

1. 基地前期调研与准备要求

（1）对基地主要自然分布情况进行调研，搞清基地建设区域是否满足甘草野生群落分布的道地区域要求。

（2）基地要做到生态环境保护，制定甘草生产与生态多环境保护协调发展的措施。

（3）对伴生植被的种群组成进行调查，判定基地内伴生植被种群组成是否满足野生抚育中药材甘草生长的要求。

（4）对基地周边环境进行考察，调查 500m 内有无污染源，基地空气、土壤环境质量是否符合《环境空气质量标准》（GB 3095—2012）、《土壤环境质量标准》（GB 15618—2008）等国家标准，影响野生抚育中药材甘草生长的水系的水质量是否符合国家《农田灌溉水质量标准》（GB 5084—2021）。

2. 基地选择

按照要求选择西北、东北等地，选择大面积连续的野生甘草区域内的荒沙荒地。

3. 基地环境

西北杭锦旗：杭锦旗位于内蒙古自治区鄂尔多斯市西北部，西北两面隔黄河与巴彦淖尔市相望，地跨鄂尔多斯高原与河套平原，地势南高北低，由南向北缓缓倾斜，海拔 1 000～1 619m。该地区属大陆性沙漠气候，日照充足，昼夜温差大，雨热同期。境内广泛分布钙质土壤和风沙土。

东北巴林左旗：巴林左旗位于内蒙古自治区赤峰市北部，大兴安岭山脉向西南延伸处，西辽河支流乌尔吉伦河中上游地段，内蒙古高原向东北平原的过渡地带上。该地区属中温带半干旱气候，四季分明，年均气温 5.3℃，年均无霜期 110～130d；年均日照时数 3 000h 左右，南部略多于北部；年均降水量 400mm 左右。

4. 保护措施

（1）围栏保护（封禁）。封闭抚育区域以禁止采挖为基本手段，促进甘草种群扩繁。使用坚固无污染的环保围栏来保护基地，禁止破坏原有的生态环境。

（2）人工补苗。通过在荒沙地块人工补种甘草幼苗，增加野生甘草种群密度。在荒沙地块，用开沟机按照行距 35cm 左右、深度 10cm 左右进行开沟。把提前准备好的一年生甘草幼苗按照株距 15cm 左右摆放，移栽密度 1.5 万株/亩。浇水灌溉，保证甘草幼苗可以正常发芽生长。

（3）合理采收。以群落动态平衡、不破坏生态环境及"最大持续产量（maximum sustainable yield，MSY）"为原则，根据种群数量结合种群自然更新及人工繁殖速度，制定合理的采收强度（每年的允许采收量）和科学采收方法。具体如下：第 3 年秋或第 4 年春，按需要挖大留小进行采收，深挖一两铲，露出主根上半部，握住根头，拔出，切除细尾和横生根茎，晒至半干，捆把，晒干，即成。如果主根生长缓慢，根头径粗绝大多数不及 1cm，则可适当延长年限，适时再行收获。甘草采收之后对原有土层进行恢复，避免因采挖甘草而破坏原有生态环境。

（4）病虫害防治。开展病虫害发生情况调查，采取综合防治（物理防治、生物防治）措施提高野生甘草种子产量。

5. 管理

监管产地周边及产地内的环境，以防人为污染及放牧侵袭，做到"脱管不脱理"，既保持甘草的自然生长状态，降低人为干预，又要实时监测记录其生长状态及生长环境的变化，防止受自然灾害的破坏，影响产量及质量。

6. 采种

（1）采种时期：9 月末至 10 月初。

（2）采种方法：种子成熟后，将甘草果荚全部采集，然后用粉碎机集中处理，经过风选机逐级筛选 2～3 遍，获得成熟种子，用于甘草播种育苗使用。

（3）采种植株（果实）的选择基准：选择植株生长健壮、无病虫害的植株采种。

7. 育苗地选择

甘草育苗地宜选择有多年耕种史、无病虫害或严重草害史、无多年种植甘草历史、排水性能良好、熟化土层厚、土壤肥力较好的砂壤土或壤土地块，且处于种植区或靠近种植区，交通方便，有防风林网的区域。在播种前均应施足基肥。育苗期 1 年。

8. 播种育苗

（1）育苗种子标准：千粒重 6.8g 左右，种皮颜色浅绿、深绿，表面有光泽、无破损，无虫卵。

（2）播种量：10kg/亩。

（3）育苗时间：4 月中旬至翌年 3 月下旬。

（4）种子处理方法：用碾米机碾磨两遍，然后用风选机风选两遍。

（5）播种时期和方法：4 月上旬把育苗地床面整理平整后，采用机械进行播种。

（6）发芽时间：根据土壤湿度和天气情况适当浇水，保持土壤湿度 70% 左右，一周之后甘草就会陆续顶土发芽。

9. 移栽

（1）移栽种苗标准：选择育苗 1 年、长度 30～40cm、芦头直径 6cm 左右、100～120 株/kg 的甘草幼苗进行移栽。

（2）移栽量：株距 15～20cm、行距 30～35cm、1 万～1.5 万株/亩。

（3）移栽时期和方法：每年的 4 月中旬开始移栽。耕作好的土地开约 15cm 深的沟，然后将甘草苗依次平躺放在沟内，封土踏实，浇水灌溉。

10. 田间管理

（1）除草。甘草苗期生长缓慢，易受杂草竞争和胁迫而死苗，因此需要采用人工除草方法，及时清除杂草。

（2）灌排水。甘草生长期如遇干旱可以人为引水灌溉；如遇积水要及时挖沟排水。

（3）其他。按照仿野生状态生长，降低人为干预。监测记录甘草生长状态及生长环境的变化，防止其遭受自然灾害的破坏，影响产量和质量。

11. 采收

（1）收获期：9～10月。

（2）收获期的判断基准：地上部分枯黄后。

（3）收获方法：机械松土，人工拣拾。收获之后恢复土层结构，避免因采挖甘草而破坏原有生态环境。

6.10.4 甘草野生抚育种植技术要点

1. 人工补苗

通过人工补苗（图6-37），提高荒地的绿色面积，从而达到防风固沙的效果，逐步恢复生态平衡。

2. 围栏抚育

通过围栏抚育（图6-38），科学管理，科学采收，既能提高野生甘草种子产量，还可提升野生甘草继代更新与资源蓄积量。

图6-37 人工补苗

图6-38 围栏抚育

3. 适当灌溉

通过人为适当灌溉（图 6-39），促进移栽后的甘草苗快速形成不定根，从而尽快形成粗壮植株。

4. 人工除草

甘草生长缓慢，易受杂草竞争和胁迫而死苗，须及时采用人工除草（图 6-40）方法，保证甘草的存活与正常生长。

图 6-39　适当灌溉

图 6-40　人工除草

6.10.5　甘草野生抚育种植技术效益评价

1. 经济效益

甘草野生抚育种植模式减少了投入，降低了成本。前期大幅降低了土地和人工管理费用。产品是高品质的近野生药材，价值较高，增加了药农 20% 的收入。

2. 生态效益

甘草野生抚育种植模式充分利用荒沙荒地，促进野生甘草资源的可持续利用，在采挖甘草后，又可人为干预恢复甘草地的生态平衡。既做到了野生资源的保护，又利于巩固沙土保护环境。

6.10.6　甘草野生抚育生态种植技术形成的核心机理

1. 生态学原理

甘草野生抚育生态种植模式是根据生物群落动态平衡的原理进行的，在围栏基地对甘草进行野生抚育，以不破坏生态环境及"最大持续产量"为原则，获取优质的甘草及种子，既避免了野生中药材滥采滥挖对生态环境的严重破坏，又实现了中药材生产与生态环境保护的协调统一。

2. 经济学原理

甘草野生抚育生态种植模式以效益最优化为基本原则，在中药材生长过程中实施最低限度的人为干预，有效节约耕地，以低投入获得高回报，充分利用了中药材的自然生长特性，大幅降低了土地和人工管理费用。高品质的近野生中药材甘草带来可观的经济收益。

参 考 文 献

安冉, 刘军民, 2014. 不同肥料对鸡血藤药材质量的影响[J]. 中药材, 37(11): 1932-1935.

白保勋, 陈东海, 徐婷婷, 等, 2021. 主要粮经作物与轮作模式净碳汇价值分析[J]. 生态经济, 37(9): 97-101.

包丽琼, 陈同, 靳保龙, 等, 2021. 丹参酮类化合物调控丹参根微生物组的研究[J]. 中国中药杂志, 46(11): 2806-2815.

曹凑贵, 2006. 生态学概论[M]. 2 版. 北京: 高等教育出版社.

柴春山, 王子婷, 张洋东, 等, 2021. 陇中半干旱黄土丘陵区土壤养分空间分布特征[J]. 林业资源管理(4): 114-120.

常庆涛, 王越, 戴永发, 等, 2011. 泰半夏生物学特性及高产栽培技术[J]. 江苏农业科学, 39(4): 309-311.

陈澄宇, 康志娇, 史雪岩, 等, 2015. 昆虫对植物次生物质的代谢适应机制及其对昆虫抗药性的意义[J]. 昆虫学报, 58(10): 1126-1139.

陈娜, 陶兴魁, 程磊, 等, 2017. 氮肥对千层塔腺毛分布及挥发油组分的影响[J]. 宿州学院学报, 32(3): 121-124.

陈士林, 魏建和, 黄林芳, 等, 2004. 中药材野生抚育的理论与实践探讨[J]. 中国中药杂志, 29(12): 5-8.

陈泰祥, 杨小利, 陈秀蓉, 等, 2015. 甘肃省当归褐斑病发病规律初步研究及田间药效评价[J]. 中药材, 38(1): 14-17.

陈晓丽, 郭玉海, 2013. 氮磷钾肥料对苦豆子产量和苦参碱含量的影响[J]. 中国农业大学学报, 18(1): 76-81.

陈雪, 2015. 干旱胁迫对不同大麦生长发育、产量和品质的影响[D]. 杭州: 浙江大学.

陈杨, 康琪, 瞿礼萍, 等, 2021. 道地药材地理标志产品保护的实证分析与发展对策研究[J]. 中草药, 52(11): 3467-3474.

陈瑛, 1990. 影响药用植物有效成分积累的诸因素[J]. 特产研究(3): 28-32.

陈震, 马小军, 赵杨景, 等, 1996. 西洋参营养特点的研究——Ⅶ. 氮肥施用方法对西洋参产量的影响[J]. 中草药, 27(6): 360-362.

陈忠, 李文武, 聂容, 等, 2018. 油茶林药间作发展模式探讨——以江西上高县为例[J]. 南方林业科学, 46(3): 50-52.

程汉亭, 沈奕德, 范志伟, 等, 2014. 橡胶-益智复合生态系统综合评价研究[J]. 热带农业科学, 34(10): 7-11.

程景林, 于庆珍, 2008. 中药产地、采集季节等与质量的关系[J]. 中国社区医师(医学专业半月刊)(1): 23.

程萌萌, 2016. 氮磷钾对蒙古黄芪生长发育及次生代谢产物积累的影响[D]. 杨凌: 西北农林科技大学.

崔禄, 张玉霞, 2012. 氮肥对禾本科牧草的生长特性和产量的影响[J]. 吉林农业(9): 107.

代欢欢, 杨怡, 山雨思, 等, 2020. 盐胁迫下外源 NO 对颠茄氮代谢及次生代谢调控的研究[J]. 中国中药杂志, 45(2): 321-330.

代乐英, 2018. 施氮处理下的猫尾草栽培草地饲草产量及品质分析[J]. 农家科技(下旬刊)(10): 102.

戴德江, 沈瑶, 沈颖, 等, 2015. 浙江省特色作物安全用药整体解决的实践与思考[J]. 农药科学与管理, 36(12): 1-7.

戴凌燕, 唐呈瑞, 殷奎德, 等, 2015. 苏打盐碱胁迫对甜高粱植株有机酸含量的影响[J]. 生态学杂志, 34(3): 681-687.

邓爱华, 2004. 从自然界获取科学创新的灵感科学家聚焦仿生学[J]. 科技潮(4): 8-11.

丁宝根, 赵玉, 邓俊红, 2021. 中国种植业碳排放的测度、脱钩特征及驱动因素研究[J]. 中国农业资源与区划, 43(5): 1-11.

董岩, 1996. 药用植物病虫害的农业防治方法[J]. 中国林副特产(1): 26.

董兆琪, 池桂清, 1989. 林、药间作生态系统效益的初步研究[J]. 辽宁林业科技(6): 46-50.

杜家纬, 2004. 生命科学与仿生学[J]. 生命科学, 16(5): 317-323.

杜玮炜, 姚小洪, 黄宏文, 2009. 环境胁迫对雷公藤中雷公藤红素含量的影响[J]. 植物生态学报, 33(1): 180-185.

范巧佳, 刘灵, 郑顺林, 等, 2013. 春季施氮时期和数量对川芎产量、生物碱和阿魏酸的影响[J]. 四川农业大学学报, 31(2): 136-139.

付婷婷, 黄永东, 黄永川, 等, 2014. 氮肥形态及用量对日本毛连菜吸收 Pb 调节作用的研究[J]. 西南农业学报, 27(1): 183-187.

高峰, 李品, 冯兆忠, 2017. 臭氧与干旱对植物复合影响的研究进展[J]. 植物生态学报, 41(2): 252-268.

高青鸽, 2015. 施肥及采收期对蒙古黄芪生长和次生代谢的影响[D]. 杨凌: 西北农林科技大学.

葛阳, 康传志, 万修福, 等, 2021. 生产中氮肥施用及其对中药材产量和质量的影响[J]. 中国中药杂志, 46(8): 1883-1892.

葛阳, 万修福, 王升, 等, 2021. 氮肥对药用植物生态系统中土壤及三级营养关系的影响及机制[J]. 中国中药杂志, 46(8): 1893-1900.

郭兰萍, 黄璐琦, 2004. 中药资源的生态研究[J]. 中国中药杂志, 29(7): 615-618.

郭兰萍, 康传志, 周涛, 等, 2021. 中药生态农业最新进展及展望[J]. 中国中药杂志, 46(8): 1851-1857.

郭兰萍, 吕朝耕, 王红阳, 等, 2018. 中药生态农业与几种相关现代农业及 GAP 的关系[J]. 中国现代中药, 20(10): 1179-1187.

郭盛, 段金廒, 赵明, 等, 2020. 基于药材生产与深加工过程非药用部位及副产物开发替代抗生素饲用产品的可行性分析与研究实践[J]. 中草药, 51(11): 2857-2862.

郭晓音, 2009. 重金属 Zn、Cd 复合胁迫对秋茄幼苗生长及渗透调节物质的影响[D]. 厦门: 厦门大学.

郭永奇, 2021. 河南省农田生态系统碳源/碳汇及其碳足迹动态变化[J]. 东北农业科学, 46(6): 87-92.

杭烨, 罗夫来, 赵致, 等, 2018. 半夏间作不同作物对土壤微生物、养分及酶活性的影响研究[J]. 中药材, 41(7): 1522-1528.

郝小雨, 2021. 黑龙江省 30 年来农田生态系统碳源/汇强度及碳足迹变化[J]. 黑龙江农业科学(8): 97-104.

何冬梅, 王海, 陈金龙, 等, 2020. 中药微生态与中药道地性[J]. 中国中药杂志, 45(2): 290-302.

何九军, 2015. 西和半夏成分分析及产区产业发展[J]. 中国资源综合利用, 33(1): 57-60.

贺献林, 李春杰, 贾和田, 等, 2014. 柴胡玉米间作套种高效种植技术[J]. 现代农村科技(1): 11.

侯柏新, 杨凤军, 曲善民, 等, 2016. 大庆草原野生药用植物现状调查与发展对策浅析[J]. 黑龙江科技信息(2): 221-222.

侯杰, 刘玲, 王景艳, 等, 2007. 硝态氮对海水胁迫下长春花幼苗光合特性及离子含量的影响[J]. 西北植物学报, 27(12): 2540-2544.

胡继田, 赵致, 王华磊, 等, 2012. 不同水肥处理对何首乌几个栽培生理指标的影响研究[J]. 时珍国医国药, 23(11): 2863-2866.

胡尚钦, 邓科君, 童文, 等, 2009. 施氮磷钾对赶黄草产量和槲皮素含量的影响[J]. 西南农业学报, 22(5): 1383-1387.

胡思, 王超, 孙贵香, 等, 2021. 大健康产业背景下药食同源资源开发的现状与对策研究[J]. 湖南中医药大学学报, 41(5): 815-820.

胡文诗, 刘秋霞, 任涛, 等, 2017. 提高冬油菜播种量和施氮量抑制杂草生长的机理研究[J]. 植物营养与肥料学报, 23(1): 137-143.

胡晓甜, 刘守赞, 白岩, 等, 2019. 遮阴对浙江三叶青生理生化及总黄酮的影响[J]. 广西植物, 39(7): 925-932.

华国栋, 郭兰萍, 黄璐琦, 等, 2008. 药用植物品种选育的特殊性及其对策措施[J]. 资源科学, 30(5): 754-758.

黄璐琦, 郭兰萍, 2007. 环境胁迫下次生代谢产物的积累及道地药材的形成[J]. 中国中药杂志, 32(4): 277-280.

黄璐琦, 郭兰萍, 华国栋, 等, 2007. 道地药材的属性及研究对策[J]. 中国中医药信息杂志(2): 44.

黄璐琦, 王继永, 2018. 供给侧改革推动中药材产业高质量发展[N]. 中国中医药报, 2018-01-29.

黄璐琦, 赵润怀, 2020. 中国中药材种业发展报告[M]. 北京: 中国医药科技出版社.

黄璐琦, 苏钢强, 张小波, 等, 2017. 中药材产业扶贫重点优先区域划分和推荐种植中药材名录整理[J]. 中国中药杂志, 42(22): 4319-4328.

黄璐琦, 唐仕欢, 崔光红, 等, 2006. 药用植物受威胁及优先保护的综合评价方法[J]. 中国中药杂志, 31(23): 1929-1932.

黄鹏, 陈敏, 安泽山, 等, 2009. 氮钾肥配施对藤三七叶片产量及品质的影响[J]. 中国农学通报, 25(24): 240-243.

黄敏, 2008. 施氮水平对广金钱草碳氮代谢及其活性成分含量和药材产量的影响[D]. 南宁: 广西大学.

黄蓉, 2018. 基于 3S 技术浅谈其在精准农业中的应用[J]. 住宅与房地产(24): 279.

黄孝新, 2015. 平邑以产兴农以企带农[J]. 农村工作通讯(24): 1-2.

黄依依, 2018. 精准扶贫背景下甘肃岷县中药材产业发展问题研究[D]. 兰州: 甘肃农业大学.

姬少玲, 2015. 东北地区人参种植现状与存在问题[J]. 辽宁林业科技(3): 49-51.

贾海彬, 2019. 2018 年中药材市场盘点及 2019 年市场趋势展望[J]. 中国现代中药, 21(5): 565-571.

贾海彬, 2020. 2019 年中药材市场盘点及 2020 年市场趋势展望[J]. 中国现代中药, 22(3): 332-341.

贾利华, 文国松, 李永忠, 等, 2009. 氮磷钾肥对烟草根结线虫病抗性研究[J]. 现代农业科学, 16(3): 62-66.

贾鑫, 2016. 蒙古黄芪对干旱胁迫的响应及分子应答机制研究[D]. 呼和浩特: 内蒙古大学.

贾贞, 马银山, 毛学文, 等, 2005. 植物的虫害反应与抗虫机制研究进展[J]. 河西学院学报(5): 59-61.

蒋高明, 郑延海, 吴光磊, 等, 2017. 产量与经济效益共赢的高效生态农业模式——以弘毅生态农场为例[J]. 科学通报, 62(4): 289-297.

金蕊, 2016. C_4 植物马齿苋和狗牙根应答干旱高温双重胁迫机理的研究[D]. 武汉: 中国科学院(武汉植物园).

金书秦, 韩冬梅, 林煜, 等, 2021. 碳达峰目标下开展农业碳交易的前景分析和政策建议[J]. 农村金融研究, 6(3): 3-8.

金义兰, 左群, 陈建祥, 等, 2013. 4 种药材对不同土壤酸碱度适应性研究初报[J]. 安徽农业科学, 41(13): 5707-5709.

荆大成, 2021. 中药材高产栽培机械化收获技术[J]. 新农民(28): 63-64.

巨浩羽, 赵士豪, 赵海燕, 等, 2018. 基于 Weibull 分布函数的枸杞真空脉动干燥过程模拟及动力学研究[J]. 中草药, 49(22): 5313-5319.

康传志, 吕朝耕, 黄璐琦, 等, 2020. 基于区域分布的常见中药材生态种植模式[J]. 中国中药杂志, 45(9): 1982-1989.

康传志, 吕朝耕, 王升, 等, 2022. 中药材生态产品价值核算及实现的策略分析[J]. 中国中药杂志, 47(19): 5389-5396.

康传志, 张燕, 王升, 等, 2021. 基于多个利益相关方的中药生态农业经济效益分析[J]. 中国中药杂志, 46(8): 1858-1863.

蓝惠萍, 王丹, 杨全, 等, 2017. 氮磷钾配施对艾纳香产量及品质的影响[J]. 贵州农业科学, 45(1): 107-111.

李波, 张俊飚, 李海鹏, 2011. 中国农业碳排放时空特征及影响因素分解[J]. 中国人口·资源与环境, 21(8): 80-86.

李灿, 曲建博, 周跃华, 2020. 中药材信息化追溯体系建设的现状与思考[J]. 中国现代中药, 22(9): 1419-1422.

李海燕, 2002. 丛枝菌根(AM)真菌诱导植物抗/耐线虫病害机制的研究[D]. 泰安: 山东农业大学.

李娟, 林位夫, 周立军, 2016. 不同光照度生境对海芋块茎形态、淀粉含量及叶绿素含量的影响[J]. 华南农业大学学报, 37(3): 62-66.

李黎, 宋帅杰, 方小梅, 等, 2017. 高温干旱及复水对毛竹实生苗保护酶和脂质过氧化的影响[J]. 浙江农林大学学报, 34(2): 268-275.

李明, 刘华, 安钰, 等, 2020. 宁夏中药生态农业模式的实践与发展[J]. 宁夏农林科技, 61(1): 30-34.

李培军, 蒋卫杰, 余宏军, 2008. 有机肥营养元素释放的研究进展[J]. 中国蔬菜(6): 39-42.

李强, 2018. 光影响茅苍术倍半萜类挥发油生物合成的机理研究[D]. 广州: 广东药科大学.

李强, 赵瑜, 张燕, 等, 2017. 光对药用植物影响的研究进展及其对生态种植的启示[J]. 现代中药研究与实践, 31(4): 80-83.

李若楠, 张彦才, 黄绍文, 等, 2012. 化肥氮用量对日光温室黄瓜产量、抗病性及土壤硝态氮的影响[J]. 中国土壤与肥料(4): 48-52.

李文华, 2011. 我国生态学研究及其对社会发展的贡献[J]. 生态学报, 31(19): 5421-5428.

李小兵, 丁德蓉, 何丙辉, 2004. 不同种植模式对金银花水土保持效益的影响[J]. 西南农业大学学报(自然科学版)(2): 120-123.

李旭颖, 2011. 植食性昆虫与寄主植物之间的相互关系和影响[J]. 科技创新导报(11): 130.

李银水, 余常兵, 廖星, 等, 2013. 施肥对油菜菌核病发生的影响[J]. 中国油料作物学报, 35(3): 290-294.

李颖, 黄璐琦, 张小波, 等, 2017. 中药材种子种苗繁育基地建设进展概况[J]. 中国中药杂志, 42(22): 4262-4265.

刘爱荣, 张远兵, 汪建飞, 等, 2013. 适量施氮增强盐胁迫下高羊茅生长和抗氧化能力[J]. 农业工程学报, 29(15): 126-135.

刘丹, 刘玉冰, 张雯莉, 2017. 红砂(*Reaumuria soongorica*)响应干旱和 UV-B 辐射双重胁迫的基因转录表达[J]. 中国沙漠, 37(4): 1-9.

刘刚, 2019. 山东省公布第二批防治特色小宗作物病虫草害登记农药推荐名录[J]. 农药市场信息(21): 16.

刘高慧, 2014. 齿瓣石斛光合生理及茎条生长对营养环境的响应[D]. 北京: 中国林业科学研究院.

刘海涛, 王曦, 刘玲, 等, 2019. 羧基化多壁碳纳米管、混合盐及其复合胁迫对水稻幼苗生理特性的影响[J]. 植物科学学报, 37(4): 540-550.

刘灵, 2009. 春季施氮时期和施氮量对川芎生理特性和产量的影响[D]. 雅安: 四川农业大学.

刘美娟, 薛璟祺, 曾燕, 等, 2021. 我国中药材新品种保护与 DUS 测试指南研制现状[J]. 中国现代中药, 23(9): 1637-1643.

刘强, 罗泽民, 荣湘民, 等, 2000. 不同时期不同施氮量对糙米蛋白质积累影响的初探[J]. 土壤学报, 37(4): 529-535.

刘文婷, 梁宗锁, 付亮亮, 等, 2003. 栽植密度对丹参产量和有效成分含量的影响[J]. 现代中药研究与实践, 17(4): 14-17.

刘晓鹰, 王光淡, 1991. 杉木、柳杉与黄连间作的初步研究[J]. 生态学杂志, 10(4): 30-34.

刘巽浩, 徐文修, 李增嘉, 等, 2013. 农田生态系统碳足迹法: 误区、改进与应用——兼析中国集约农作碳效率[J]. 中国农业资源与区划, 34(6): 1-11.

刘跃钧, 蒋燕锋, 葛永金, 等, 2020. 锥栗-多花黄精不同复合经营模式经济生态效益评价[J]. 经济林研究, 38(4): 72-81.

卢克欢, 刘兴, 杨怡, 等, 2018. UV-B 胁迫下 Ca^{2+} 对颠茄生理特性与次生代谢产物的调控研究[J]. 作物学报, 44(10): 1527-1538.

卢颖, 2007. 基于 GIS 技术的药用甘草适生环境及其影响因子的分析[D]. 北京: 北京中医药大学.

鲁守平, 隋新霞, 孙群, 等, 2006. 药用植物次生代谢的生物学作用及生态环境因子的影响[J]. 天然产物研究与开发(6): 1027-1032.

鲁耀, 郑毅, 汤利, 等, 2010. 施氮水平对间作蚕豆锰营养及叶赤斑病发生的影响[J]. 植物营养与肥料学报, 16(2): 425-431.

骆世明, 2009. 论生态农业模式的基本类型[J]. 中国生态农业学报, 17(3): 405-409.

吕朝耕, 王升, 何霞红, 等, 2018. 中药材农药使用登记现状、问题及建议[J]. 中国中药杂志, 43(19): 3984-3988.

吕新民, 杨怡帆, 鲁晓燕, 等, 2016. NaCl 胁迫对酸枣幼苗 AsA-GSH 循环的影响[J]. 植物生理学报, 52(5): 736-744.

吕仲贤, 俞晓平, HEONG L H, 等, 2006. 氮肥对植食性昆虫的影响及其对水稻主要害虫种群的诱导[J]. 中国水稻科学, 20(6): 649-656.

马世骏, 1983. 生态工程——生态系统原理的应用[J]. 生态学杂志(4): 20-22.

毛知耘, 周则芳, 石孝均, 等, 1998. 论植物氯素营养与含氯化肥的施用[J]. 化肥工业(3): 10-18.

宁建凤, 郑青松, 刘兆普, 等, 2005. 外源氮对盐胁迫下库拉索芦荟幼苗生长和养分含量的影响[J]. 园艺学报, 32(4): 663-668.

欧小宏, 张智慧, 郑冬梅, 等, 2014. 氮肥运筹对二年生三七产量、品质及养分吸收与分配的影响[J]. 中国现代中药, 16(12): 1000-1005, 1014.

彭锡, 2021. 云南省重点产业成绩斐然高原特色现代农业高质量呈跨越式发展[J]. 云南农业(5): 93.

彭启新, 2015. 滴灌条件下小麦复播青贮玉米氮素的优化利用研究[D]. 石河子: 石河子大学.

邱念伟, 杨翠翠, 付文诚, 等, 2013. 高盐和高温胁迫下外源脯氨酸对 PSII 颗粒的保护作用[J]. 植物生理学报, 49(6): 586-590.

邱文怡, 王诗雨, 李晓芳, 等, 2020. MYB 转录因子参与植物非生物胁迫响应与植物激素应答的研究进展[J]. 浙江农业学报, 32(7): 1317-1328.

仇有文, 2007. 土壤微生物对药材白术生物学产量和品质影响的研究[D]. 成都: 西南交通大学.

饶贤高, 肖伟烈, 杨柳萌, 等, 2009. 狭叶五味子中化合物扁枝杉香豆素和(—)-表儿茶酸体外抗乙型肝炎病毒活性研究[J]. 中草药, 40(2): 248-251.

阮海华, 沈文飚, 徐朗莱, 2004. 一氧化氮参与调节盐胁迫下脱落酸诱导的小麦幼苗叶片脯氨酸的累积[J]. 植物学报, 46(11): 9-16.

邵帅, 2016. 菊芋对土壤逆境胁迫的响应及氮素的调控效应研究[D]. 哈尔滨: 东北林业大学.

邵云, 李静雅, 马冠群, 等, 2022. 基于长期定位的无机有机肥配施对土壤养分和小麦籽粒产量及品质的影响[J]. 河南师范大学学报(自然科学版), 50(3): 126-134.

沈艳, 李娅, 2021. 云南省漾濞县林下中药材产业发展现状及对策研究[J]. 中国林业经济(5): 56-58.

谌金吾, 2013. 三叶鬼针草(*Bidens pilosa* L.)对重金属 Cd、Pb 胁迫的响应与修复潜能研究[D]. 重庆: 西南大学.

石俊雄, 陈雪, 雷璐, 2008. 生态因子对贵州烟叶主要化学成分的影响[J]. 中国烟草科学, 29(2): 18-22.

石岳峰, 吴文良, 孟凡乔, 等, 2012. 农田固碳措施对温室气体减排影响的研究进展[J]. 中国人口·资源与环境, 22(1): 43-48.

司美茹, 苏涛, 赵云峰, 2011. 模拟酸雨与重金属复合胁迫对绞股蓝生长及根际微生物的影响[J]. 生态与农村环境学报, 27(2): 69-74.

孙继颖, 高聚林, 吕小红, 2007. 施氮量对大豆抗旱生理特性及水分利用效率的影响[J]. 大豆科学(4): 517-522.

孙文杰, 奉典旭, 黄品贤, 等, 2019. 中药材产业扶贫的空间格局及其主要影响因素探讨[J]. 中草药, 50(11): 2743-2749.

唐世凯, 刘丽芳, 李永梅, 等, 2005. 烤烟间套草木樨、甘薯对烟叶产量和品质的影响[J]. 云南农业大学学报, 20(4): 518-521, 533.

唐晓清, 刘谕, 杨睿, 等, 2018. 盐胁迫对苗期水飞蓟生理与活性成分的影响[J]. 江苏农业科学, 46(21): 135-139.

田志会, 刘瑞涵, 2018. 基于京津冀一体化的农田生态系统碳足迹年际变化规律研究[J]. 农业资源与环境学报, 35(2): 167-173.

汪俊宇, 王小东, 马元丹, 等, 2018. '波叶金桂'对干旱和高温胁迫的生理生态响应[J]. 植物生态学报, 42(6): 681-691.

王朝梁, 崔秀明, 2000. 光照与三七病害的关系[J]. 云南农业科技, 20(5): 16-17.

王国荣, 韩尧平, 沈蕾, 等, 2015. 施肥调节对水稻病虫害发生和产量的影响[J]. 中国稻米, 21(6): 94-97.

王恒明, 吴凌志, 周茂山, 2005. 栗茶间作对北方茶树生长及绿茶产量品质的影响[J]. 中国农业气象, 26(2): 139-141.

王鸿燕, 黄苏珍, 原海燕, 等, 2011. Pb 和 Cd 单一及复合胁迫条件下溪荪（Iris sanguinea）生长及金属离子积累特征分析[J]. 植物资源与环境学报, 20(3): 24-28.

王继永, 王文全, 刘勇, 2003. 林药间作系统对药用植物产量的影响[J]. 北京林业大学学报, 25(6): 55-59.

王金缘, 娄钠, 徐萌, 等, 2018. PEG 预处理对干旱和盐复合胁迫下水稻幼苗 AsA-GSH 循环的影响[J]. 江苏农业科学, 46(7): 51-54.

王磊, 隆小华, 孟宪法, 等, 2011. 不同形态氮素配比对盐胁迫下菊芋幼苗生理的影响[J]. 生态学杂志, 30(2): 255-261.

王梅, 2017. 有害生物绿色防治的研究进展[J]. 农技服务, 34(10): 15.

王升, 蒋待泉, 康传志, 等, 2020. 药用植物次生代谢在中药材生态种植中的作用及利用[J]. 中国中药杂志, 45(9): 2002-2008.

王双, 2008. 干旱条件下施氮水平对夏玉米生长及干旱阈值的影响[D]. 武汉: 华中农业大学.

王晓云, 郭文利, 奚文, 等, 2002. 利用"3S"技术进行北京地区土壤水分监测应用技术研究[J]. 应用气象学报(4): 422-429.

王艳红, 周涛, 郭兰萍, 等, 2020. 以生态农业指导理论为基础探讨黄柏间套作药用植物种植模式分析[J]. 中国中药杂志, 45(9): 2046-2049.

王艳群, 彭正萍, 马阳, 等, 2019. 减氮配施氮转化调控剂对麦田 CO$_2$ 和 CH$_4$ 排放的影响[J]. 农业环境科学学报, 38(7): 1657-1664.

王燕, 刘菡菁, 杨军, 等, 2020. 四川省中药材产业高质量发展新特征、新问题和新路径[J]. 中草药, 51(19): 5077-5082.

王莹博, 许申平, 马杰, 等, 2018. 高温干旱胁迫对白及光合特性及叶绿素荧光参数的影响[J]. 河南农业大学学报, 52(2): 199-205.

王月姝, 2017. 辽东山区林下参发展现状、存在问题及对策[J]. 防护林科技(6): 105-106.

王占军, 蒋齐, 刘华, 等, 2007. 宁夏干旱风沙区林药间作生态恢复措施与土壤环境效应响应的研究[J]. 水土保持学报, 21(4): 90-93.

韦美丽, 孙玉琴, 黄天卫, 等, 2008. 不同施氮水平对三七生长及皂苷含量的影响[J]. 现代中药研究与实践, 22(1): 17-20.

魏薇, 黄惠川, 尹兆波, 等, 2016. 不同施肥水平对三七生长和根腐病的影响[C]//中国植物病理学会 2016 年学术年会论文集. 南京: 中国植物病理学会年会, 534.

吴波, 吕磊, 2009. 氮肥施用量对夏玉米产量的影响[J]. 河南农业(21): 28.

吴昊, 陈涛, 姚姝, 等, 2014. 分子标记辅助选择技术及其在水稻定向改良上的应用研究进展[J]. 江苏农业科学, 42(2): 22-27.

吴昊玥, 何宇, 黄瀚蛟, 等, 2021. 中国种植业碳补偿率测算及空间收敛性[J]. 中国人口•资源与环境, 31(6): 113-123.

吴红雁, 陈磊, 卞庆亚, 等, 2015. 一测多评法测定白首乌中苯乙酮成分的含量[J]. 中药材, 38(11): 2339-2341.

夏贵惠, 2017. 丹参氮磷钾需求及其与产量质量的关系初探[D]. 北京: 北京中医药大学.

肖云华, 吕婷婷, 唐晓清, 等, 2014. 追施氮肥量对菘蓝根的外形品质、干物质积累及活性成分含量的影响[J]. 植物营养与肥料学报, 20(2): 437-444.

谢邵文, 杨芬, 冯含笑, 等, 2019. 中国化肥农药施用总体特征及减施效果分析[J]. 环境污染与防治, 41(4): 490-495.

徐建中, 王志安, 俞旭平, 等, 2007. 氮肥对益母草产量和药材品质的影响[J]. 中国中药杂志, 32(15): 1587-1588.

徐锦堂, 2004. 黄连生态栽培技术研究与推广应用及前景展望[J]. 中国医学科学院学报, 26(6): 601-603.

徐丽, 于贵瑞, 何念鹏, 2018. 1980s—2010s中国陆地生态系统土壤碳储量的变化[J]. 地理学报, 73(11): 2150-2167.

徐文华, 左文惠, 王瑞明, 等, 2007. 烟粉虱种群在江苏沿海城市市区的寄主分布与虫源性质[J]. 华东昆虫学报, 16(3): 187-195.

许娜, 蒋安民, 储俊, 等, 2014. 铅、镉胁迫下鱼腥草抗氧化酶响应研究[J]. 合肥工业大学学报(自然科学版), 37(7): 865-870.

薛永峰, 2008. 不同氮、磷水平对丹参产量和有效成分的影响[D]. 泰安: 山东农业大学.

杨光, 郭兰萍, 王诺, 等, 2014. 基于两阶段划分的中药市场供需关系研究[J]. 中国中药杂志, 39(2): 328-333.

杨国军, 陈林, 2021. 中医药大省向强省迈进, 健康贵州"黔力"无限[N]. 贵州日报, 2021-6-24.

杨建国, 金晓华, 郭永旺, 等, 2001. 遥感技术麦蚜监测应用研究[J]. 中国农学通报, 17(6): 4-6, 15.

杨利民, 2020. 中药材生态种植理论与技术前沿[J]. 吉林农业大学学报, 42(4): 355-363.

杨世琦, 杨正礼, 高旺盛, 2008. 国家尺度区域农业系统协调度评价[J]. 生态学报, 28(8): 4047-4056.

杨水平, 杨宪, 黄建国, 等, 2009. 氮磷钾肥和密度对青蒿生长和青蒿素产量的影响[J]. 中国中药杂志, 34(18): 2290-2295.

杨腾, 2013. 茅苍术内生真菌与其植物圈微生物的互作及对宿主抗旱的影响[D]. 南京: 南京师范大学.

杨婉珍, 康传志, 纪瑞锋, 等, 2017. 中药材残留农药情况分析及其标准研制的思考[J]. 中国中药杂志, 42(12): 2284-2290.

杨文, 周涛, 2008. 氮磷配施对旱地春小麦水分利用效率及水肥交互作用的影响[J]. 干旱地区农业研究, 26(5): 10-16.

杨银慧, 豆小文, 孔维军, 等, 2013. 我国中药材中农药登记现状及污染分析[J]. 中国中药杂志, 38(24): 4238-4245.

易善勇, 康传志, 王威, 等, 2021. 霍山石斛种植模式比较及拟境栽培的优势分析[J]. 中国中药杂志, 46(8): 1864-1868.

易心钰, 蒋丽娟, 易诗明, 等, 2017. 铅锌矿渣对蓖麻生长、重金属累积及其对矿质元素吸收的影响[J]. 中南林业科技大学学报, 37(3): 116-122.

尹嘉德, 张俊英, 侯慧芝, 等, 2022. 基于APSIM模型的旱地春小麦产量对施氮量和施氮深度的响应模拟[J]. 应用生态学报, 33(3): 775-783.

于明坤, 郑爽, 李黎明, 等, 2017. 山东威海西洋参产业发展现状与对策[J]. 山东农业科学, 49(6): 148-150.

于英, 刘敏莉, 刚, 等, 2006. 不同种植密度对辽藁本生长发育及产量的影响[J]. 吉林农业大学学报, 28(2): 181-183.

余前进, 李佳洲, 韩蕊莲, 等, 2015. 不同施肥模式对三七生长及有效成分的影响[J]. 北方园艺(15): 143-147.

袁浏欢, 2019. 重金属复合胁迫下水培旱柳的生长生理响应及富集特性[D]. 南京: 南京大学.

袁小凤, 彭三妹, 王博林, 等, 2014. 种植年限对杭白芍根际细菌群落及芍药苷含量的影响[J]. 中国中药杂志, 39(15): 2886-2892.

臧小云, 2006. 氮素营养对荞麦生长及黄酮代谢的影响[D]. 南京: 南京农业大学.

曾嘉, 陈槐, 鲜骏仁, 等, 2019. 施肥对川麦冬多糖、黄酮含量和产量的影响[J]. 西南农业学报, 32(7): 1537-1542.

曾烨, 王学奎, 周波, 等, 2013. 配方施肥对生长中期黄连养分和品质的影响[J]. 西南农业学报, 26(5): 1924-1928.

张彪, 李品芳, 2011. 硝态氮对马蔺耐盐性及渗透调节物质的影响[J]. 中国农业科学, 44(19): 4121-4128.

张朝明, 2017. 小麦光合机构对高光高温双重胁迫的响应研究[D]. 雅安: 四川农业大学.

张德利, 银福军, 曾纬, 2011. 氮、磷、钾肥对黄连白绢病菌核形成和萌发的影响[J]. 中草药, 42(6): 1210-1212.

张霁, 刘大会, 郭兰萍, 等, 2011. 不同温度下丛枝菌根对苍术根茎生物量和挥发油的影响[J]. 中草药, 42(2): 372-375.

张家洋, 2016. 重金属及盐胁迫对绿金合果芋生理特性的影响[J]. 浙江农业学报, 28(4): 601-608.

张进强, 周涛, 肖承鸿, 等, 2020. 金钗石斛拟境栽培技术评价与原理分析[J]. 中国中药杂志, 45(9): 2046-2045.

张丽萍, 陈震, 马小军, 等, 1998. 不同氮素水平对黄连植株生长及根茎小檗碱含量的影响[J]. 中国中药杂志, 20(7): 394-396.

张龙, 高峰, 付丹丹, 等, 2020. 不同施氮量和种植密度对苜蓿-玉米套作系统生产性能及杂草的影响[J]. 青岛农业大学学报, 37(3): 172-182.

张明生, 杨永华, 杜建厂, 等, 2004. 从天冬-玉米的示范种植探讨"粮-药间套"增益模式[J]. 种子, 1(10): 10-12, 15.

张萍, 李宁新, 李明华, 等, 2020. 2019 年全国中药材及饮片质量分析报告[J]. 中国现代中药, 22(5): 663-671.

张秋芳, 刘波, 史怀, 等, 2006. 氮磷钾肥对地道药材建泽泻生长与品质的影响[J]. 植物资源与环境学报, 15(3): 39-42.

张瑞君, 余志飞, 左盛楠, 等, 2022. 云南省林下中药材产业发展思路研究[J]. 林业调查规划, 47(1): 141-146.

张维祥, 张双双, 莫开林, 2018. 四川盆周山地林下中药材产业发展调研——以成都市大邑县为例[J]. 四川林业科技, 39(3): 131-133.

张卫建, 严圣吉, 张俊, 等, 2021. 国家粮食安全与农业双碳目标的双赢策略[J]. 中国农业科学, 54(18): 3892-3902.

张文军, 骆翔, 郭玉海, 等, 2010. 氮、磷、钾对荆芥产量及挥发油含量的影响[J]. 北方园艺(16): 194-196.

张悟民, 刘月香, 徐福强, 等, 1996. 氮磷钾肥对水稻、大麦和油菜病虫害抗性的影响[J]. 上海农业科技(6): 24-25.

张翕, 2021. 人口老龄化与财政可持续性建设: 基于国际比较视角[J]. 劳动经济研究, 9(2): 26-51.

张孝德, 2011. 农业工业化失灵与中国特色农业发展模式思考[J]. 国家行政学院学报(5): 47-51.

张雄智, 李帅帅, 刘冰洋, 等, 2020. 免耕与秸秆还田对中国农田固碳和作物产量的影响[J]. 中国农业大学学报, 25(5): 1-12.

张燕, 王文全, 杜世雄, 等, 2007. 氮、磷、钾对益母草生长及水苏碱和总生物碱影响的研究[J]. 中草药, 38(12): 1881-1884.

张燕平, 苏建荣, 赖永祺, 2001. 营建五倍子复合生态系统的理论与实践[J]. 生态经济(11): 12-14.

张晓欢, 2011. 增强 UV-B 辐射及干旱复合处理对长春花(Catharanthus roseus)碳氮代谢及生物碱含量的调控[D]. 重庆: 西南大学.

张永清, 李岩坤, 1991. 影响药用植物体内生物碱含量的因素[J]. 齐鲁中医药情报(3): 10-12.

赵芳, 赵正雄, 徐发华, 等, 2011. 施氮量对烟株接种黑胫病前、后体内生理物质及黑胫病发生的影响[J]. 植物营养与肥料学报, 17(3): 737-743.

赵菲佚, 翟禄新, 陈茎, 等, 2002. Cd、Pb 复合处理下 2 种离子在植物体内的分布及其对植物生理指标的影响[J]. 西北植物学报, 22(3): 595-601.

赵宏光, 夏鹏国, 韦美膛, 等, 2014. 土壤水分含量对三七根生长、有效成分积累及根腐病发病率的影响[J]. 西北农林科技大学学报(自然科学版), 42(2): 173-178.

赵宁, 周蕾, 庄杰, 等, 2021. 中国陆地生态系统碳源/汇整合分析[J]. 生态学报, 41(19): 7648-7658.

赵晓艳, 2003. 不同生物有机肥应用效果及机理的比较研究[D]. 北京: 中国农业大学.

郑娅, 颉敏华, 张芳, 等, 2017. 干燥技术在中药材产地初加工中的应用[J]. 甘肃农业科技(3): 71-74.

周洁, 郭兰萍, 黄璐琦, 等, 2007. 植物化感作用及其在中药材栽培中的应用[J]. 世界科学技术——中药现代化, 9(5): 34-38.

周晶, 姜昕, 马鸣超, 等, 2016. 长期施氮对土壤肥力及土壤微生物的影响[J]. 中国土壤与肥料(6): 8-13.

朱海燕, 刘忠德, 王长荣, 等, 2005. 茶柿间作系统中茶树根际微环境的研究[J]. 西南师范大学学报(自然科学版), 30(4): 715-718.

朱麟, 杨振德, 赵博光, 等, 2005. 植食性昆虫诱导的植物抗性最新研究进展[J]. 林业科学, 41(1): 165-173.

朱龙章, 朱丽丹, 丁明开, 2017. 中药材草乌高产栽培技术[J]. 现代农业科技(13): 90, 94.

朱芹, 2007. 肥料与生长调节剂对山茱萸苗木生长及抗寒性影响[D]. 北京: 北京林业大学.

朱再标, 梁宗锁, 卫新荣, 等, 2006. 氮、磷、钾预防柴胡根腐病初步研究[J]. 中药材, 29(10): 1005-1006.

祝燕, 李国雷, 李庆梅, 等, 2013. 持续供氮对长白落叶松播种苗生长及抗寒性的影响[J]. 南京林业大学学报(自然科学版), 37(1): 44-48.

邹俊, 郭巧生, 刘丽, 等, 2019. 土壤 pH 对活血丹生理特性及其药材品质的影响[J]. 土壤, 51(1): 68-74.

邹尚庆, 李国雷, 刘勇, 等, 2012. 秋季施肥对油松容器苗生长、氮吸收和抗寒性的影响[J]. 安徽农业科学, 40(23): 11710-11714, 11740.

AHARONI A, JONGSMA M A, BOUWMEESTER H J, 2005. Volatile science? Metabolic engineering of terpenoids in plants[J]. Trends in Plant Science, 10(12): 594-602.

AHMED I M, NADIRA U A, BIBI N, et al., 2015. Secondary metabolism and antioxidants are involved in the tolerance to drought and salinity, separately and combined, in Tibetan wild barley[J]. Environmental and Experimental Botany, 111(2): 1-17.

ANAND A, ZHOU T, TRICK H N, et al., 2003. Greenhouse and field testing of transgenic wheat plants stably expressing genes for thaumatin-like protein, chitinase and glucanase against *Fusarium graminearum*[J]. Journal of Experimental Botany, 54(384): 1101-1111.

ASHOUB A, BAEUMLISBERGER M, NEUPAERTL M, et al., 2015. Characterization of common and distinctive adjustments of wild barley leaf proteome under drought acclimation, heat stress and their combination[J]. Plant Molecular Biology, 87: 459-465.

BALDWIN I T, PRESTON C A, 1999. The eco-physiological complexity of plant responses to insect herbivores[J]. Planta, 208(2): 137-145.

BALFAGÓN D, SENGUPTA S, GÓMEZ-CADENAS A, et al., 2019. Jasmonic acid is required for plant acclimation to a combination of high light and heat stress[J]. Plant Physiology, 181(4): 1668-1682.

BARI R, JONES J D G, 2009. Role of plant hormones in plant defence responses[J]. Plant Molecular Biology, 69: 473-488.

BERENS M L, BERRY H M, MINE A, et al., 2017. Evolution of hormone signaling networks in plant defense[J]. Annual Review of Phytopathology, 55: 401-425.

BONKOWSKI M, 2004. Protozoa and plant growth: the microbial loop in soil revisited[J]. New Phytologist, 162(3): 617-631.

BROGE N H, LEBLANC E, 2001. Comparing prediction power and stability of broadband and hyperspectral vegetation indices for estimation of green leaf area index and canopy chlorophyll density[J]. Remote Sensing of Environment, 76(2): 156-172.

BURKLE L A, IRWIN R E, 2009. The effects of nutrient addition on floral characters and pollination in two subalpine plants, *Ipomopsis aggregata* and *Linum lewisii*[J]. Plant Ecology, 203(1): 83-98.

CAI K Z, GAO D, CHEN J N, et al., 2009. Probing the mechanisms of silicon-mediated pathogen resistance[J]. Plant Signaling & Behavior, 4(1): 1-3.

CAMARGO E L O, NASCIMENTO L C, SOLER M, et al., 2014. Contrasting nitrogen fertilization treatments impact xylem gene expression and secondary cell wall lignification in *Eucalyptus*[J]. BMC Plant Biology, 14(1): 1-17.

CAMPOS F G, VIEIRA M A R, AMARO A C E, et al., 2019. Nitrogen in the defense system of *Annona emarginata* (Schltdl.) H. Rainer[J]. PLoS One, 14(6): 1-21.

CASARETTO A, KEREAMY A, ZENG B, et al., 2016. Expression of OsMYB55 in maize activates stress-responsive genes and enhances heat and drought tolerance[J]. BMC Genomics, 17(1): 312-321.

CHEN D M, XING W, LAN Z C, et al., 2019a. Direct and indirect effects of nitrogen enrichment on soil organisms and carbon and nitrogen mineralization in a semi-arid grassland[J]. Functional Ecology, 33(1): 175-187.

CHEN H M, WU H X, YAN B, et al., 2018. Core microbiome of medicinal plant *Salvia miltiorrhiza* seed: a rich reservoir of beneficial microbes for secondary metabolism[[J]. International Journal of Molecular Sciences, 19(3): 1-15.

CHEN S, WANG Q, LU H L, et al., 2019b. Phenolic metabolism and related heavy metal tolerance mechanism in *Kandelia Obovata* under Cd and Zn stress[J]. Ecotoxicology and Environmental Safety, 169: 134-143.

CHEN Y G, OLSON D M, RUBERSON J R, 2010. Effects of nitrogen fertilization on tritrophic interactions[J]. Arthropod-Plant Interactions, 4(2): 81-94.

CHEN Y G, SCHMELZ E A, WÄCKERS F, et al., 2008. Cotton plant, *Gossypium hirsutum* L., defense in response to nitrogen fertilization[J]. Journal of Chemical Ecology, 34(12): 1553-1564.

CIPOLLINI D F, BERGELSON J, 2001. Plant density and nutrient availability constrain constitutive and wound-induced expression of trypsin inhibitors in *Brassica napus*[J]. Journal of Chemical Ecology, 27(3): 593-610.

CURINI M, CRAVOTTO G, EPIFANO F, et al., 2006. Chemistry and biological activity of natural and synthetic prenyloxycoumarins[J]. Current Medicinal Chemistry, 13(2): 199-222.

CVIKROVA M, GEMPERLOVA L, MARTINCOVA O, et al., 2013. Effect of drought and combined drought and heat stress on polyamine metabolism in proline-over-producing tobacco plants[J]. Plant Physiology and Biochemistry, 73: 7-15.

DAUGHERTY M P, BRIGGS C J, WELTER S C, 2007. Bottom-up and top-down control of pear psylla(*Cacopsylla pyricola*): Fertilization, plant quality, and the efficacy of the predator *Anthocoris nemoralis*[J]. Biological Control, 43(3): 257-264.

DE GARA L, DE PINTO M C, TOMMASI F, 2003. The antioxidant systems vis-à-vis reactive oxygen species during plant-pathogen interaction[J]. Plant Physiology and Biochemistry, 41(10): 863-870.

DE LANGE E S, RODRIGUEZ-SAONA C, 2019. Does enhanced nutrient availability increase volatile emissions in cranberry?[J]. Plant Signaling & Behavior, 14(8): 1-5.

DENG H M, LIANG Q M, 2017. Assessing the synergistic reduction effects of different energy environmental taxes: the case of China[J]. Natural Hazards, 85(2): 811-827.

DIXON R A, ACHNINE L, KOTA P, et al., 2002. The phenylpropanoid pathway and plant defence: a genomics perspective[J]. Molecular Plant Pathology, 3(5): 371-390.

FAGARD M, LAUNAY A, CLÉMENT G, et al., 2014. Nitrogen metabolism meets phytopathology[J]. Journal of Experimental Botany, 65(19): 5643-5656.

GARG P, GUPTA A, SATYA S, 2006. Vermicomposting of different types of waste using *Eisenia foetida*: a comparative study[J]. Bioresource Technology, 97(3): 391-395.

GILROY S, SUZUKI N, MILLER G, et al., 2014. A tidal wave of signals: calcium and ROS at the forefront of rapid systemic signaling[J]. Trends in Plant Science, 19(10): 623-630.

GRUNER D S, 2004. Attenuation of top-down and bottom-up forces in a complex terrestrial community[J]. Ecology, 85(11): 3010-3022.

GUO J H, LIU X J, ZHANG Y, et al., 2010. Significant acidification in major Chinese croplands[J]. Science, 327(5968): 1008-1010.

GUO L P, HUANG L Q, HE Y L, 2015. International standards development for heavy metal limitation[J]. China Standardization, 73(4): 140.

GUPTA A, HISANO H, HOJO Y, et al., 2017. Global profiling of phytohormone dynamics during combined drought and pathogen stress in *Arabidopsis thaliana* reveals ABA and JA as major regulators[J]. Scientific Reports, 7(1): 1-13.

HERMS D A, 2002. Effects of fertilization on insect resistance of woody ornamental plants: reassessing an entrenched paradigm[J]. Environmental Entomology, 31(6): 923-933.

HOFFLAND E, JEGER M J, VAN BEUSICHEM M L, 2000. Effect of nitrogen supply rate on disease resistance in tomato depends on the pathogen[J]. Plant and Soil, 218(1): 239-247.

IPCC, 2007. Climate change 2007: the physical science basis[M]// SOLOMON S, QIN D, MANNING M, et al., Contribution of Working Group Ⅰ to The fourth assessment report of the intergovernmental panel on climate change. Cambridge and New York: Cambridge University Press.

JI W, ZHU Y M, LI Y, et al., 2010. Over-expression of a glutathione S-transferase gene, GsGST, from wild soybean (*Glycine soja*)enhances drought and salt tolerance in transgenic tobacco[J]. Biotechnology Letters, 32(8): 1173-1179.

JIAN S Y, LI J W, CHEN J I, et al., 2016. Soil extracellular enzyme activities, soil carbon and nitrogen storage under nitrogen fertilization: a meta-analysis[J]. Soil Biology and Biochemistry, 101: 32-43.

JIN X H, HAO N, FENG J, et al., 2014. The effect of nitrogen supply on potato yield, tuber size and pathogen resistance in *Solanum tuberosum* exposed to *Phytophthora infestans*[J]. African Journal of Agricultural Research, 9(35): 2657-2663.

KERSTEN B, GHIRARDO A, SCHNITZLER J P, et al., 2013. Integrated transcriptomics and metabolomics decipher differences in the resistance of pedunculate oak to the herbivore *Tortrix viridana* L.[J]. BMC Genomics, 14(1): 1-21.

KESSLER A, BALDWIN I T, 2002. Plant responses to insect herbivory: the emerging molecular analysis[J]. Annual Review of Plant Biology, 53: 299-328.

KOUSSEVITZKY S, SUZUKI N, HUNTINGTON S, et al., 2008. Ascorbate peroxidase 1 plays a key role in the response of *Arabidopsis thaliana* to stress combination[J]. Journal of Biological Chemistry, 283(49): 34197-34203.

KRAUSS J, HÄRRI S A, BUSH L, et al., 2007. Effects of fertilizer, fungal endophytes and plant cultivar on the performance of insect herbivores and their natural enemies[J]. Functional Ecology, 21(1): 107-116.

LAWLER I R, FOLEY W J, WOODROW I E, et al., 1996. The effects of elevated CO_2 atmospheres on the nutritional quality of eucalyptus foliage and its interaction with soil nutrient and light availability[J]. Oecologia, 109(1): 59-68.

LIAO C S, PENG Y F, MA W, et al., 2012. Proteomic analysis revealed nitrogen-mediated metabolic, developmental, and hormonal regulation of maize (*Zea mays* L.) ear growth[J]. Journal of Experimental Botany, 63(14): 5275-5288.

LOU Y G, BALDWIN I T, 2004. Nitrogen supply influences herbivore-induced direct and indirect defenses and transcriptional responses in *Nicotiana attenuata*[J]. Plant Physiology, 135(1): 496-506.

MA Y L, CAO J H, HE J H, et al., 2018. Molecular mechanism for the regulation of ABA homeostasis during plant development and stress responses[J]. International Journal of Molecular Sciences, 19(11): 1-14.

MITTELSTRAß K, TREUTTER D, PLEßL M, et al., 2006. Modification of primary and secondary metabolism of potato plants by nitrogen application differentially affects resistance to *Phytophthora infestans* and *Alternaria solani*[J]. Plant Biology, 8(5): 653-661.

MITTLER R, BLUMWALD E, 2010. Genetic engineering for modern agriculture: challenges and perspectives[J]. Annual Review of Plant Biology, 61(1): 443-449.

MITTLER R, KIM Y S, SONG L, et al., 2006. Gain-and loss-of-function mutations in Zat10 enhance the tolerance of plants to abiotic stress[J]. FEBS Letters, 580(28-29): 6537-6542.

MODOLO L V, AUGUSTO O, ALMEIDA I M G, et al., 2006. Decreased arginine and nitrite levels in nitrate reductase-deficient *Arabidopsis thaliana* plants impair nitric oxide synthesis and the hypersensitive response to *Pseudomonas syringae*[J]. Plant Science, 171(1): 34-40.

MØLLER A, 1995. Leaf-mining insects and fluctuating asymmetry in elm *Ulmus glabra* leaves[J]. Journal of Animal Ecology, 64(6): 697-707.

MORADI R, MOGHADDAM P R, MAHALLATI M N, et al., 2011. Effects of organic and biological fertilizers on fruit yield and essential oil of sweet fennel (*Foeniculum vulgare* var. *dulce*)[J]. Spanish Journal of Agricultural Research, 9(2): 546-553.

MRNKA L, TOKÁROVÁ H, VOSÁTKA M, et al., 2009. Interaction of soil filamentous fungi affects needle composition and nutrition of Norway spruce seedlings[J]. Trees, 23(5): 887-897.

MUR L A J, PRATS E, PIERRE S, et al., 2013. Integrating nitric oxide into salicylic acid and jasmonic acid/ethylene plant defense pathways[J]. Frontiers in Plant Science, 4: 1-7.

MUTIKAINEN P, WALLS M, OVASKA J, et al., 2000. Herbivore resistance in *Betula pendula*: effect of fertilization, defoliation, and plant genotype[J]. Ecology, 81(1): 49-65.

NEUMANN S, PAVELEY N D, BEED F D, et al., 2004. Nitrogen per unit leaf area affects the upper asymptote of *Puccinia striiformis* f. sp. *tritici* epidemics in winter wheat[J]. Plant Pathology, 53(6): 725-732.

OLESEN J E, JØRGENSEN L N, PETERSEN J, et al., 2003. Effects of rates and timing of nitrogen fertilizer on disease control by fungicides in winter wheat. 2. Crop growth and disease development[J]. Journal of Agricultural Science, 140(1): 15-29.

OLSON D M, CORTESERO A M, RAINS G C, et al., 2009. Nitrogen and water affect direct and indirect plant systemic induced defense in cotton[J]. Biological Control, 49(3): 239-244.

OU X H, CUI X M, ZHU D W, et al., 2020. Lowering nitrogen and increasing potassium application level can improve the yield and quality of *Panax notoginseng*[J]. Frontiers in Plant Science, 11: 1-14.

PIETERSE C M J, LEON-REYES A, VAN DER ENT S, et al., 2009. Networking by small-molecule hormones in plant immunity[J]. Nature Chemical Biology, 5(5): 308-316.

PIETERSE C M J, VAN DER DOES A, ZAMIOUDIS C, et al., 2012. Hormonal modulation of plant immunity[J]. Annual Review of Cell and Developmental Biology, 28: 489-521.

PRADO J, QUESADA C, GOSNEY M, et al., 2015. Effects of nitrogen fertilization on potato leafhopper (Hemiptera: Cicadellidae) and maple spider mite (Acari: Tetranychidae) on nursery-grown maples[J]. Journal of Economic Entomology, 108(3): 1221-1227.

PRASCH C M, SONNEWALD U, 2013. Simultaneous application of heat, drought, and virus to *Arabidopsis* plants reveals significant shifts in signaling networks[J]. Plant Physiology, 162(4): 1849-1866.

PRIOR S A, PRITCHARD S G, RUNION G B, et al., 1997. Influence of atmospheric CO_2 enrichment, soil N, and water stress on needle surface wax formation in *Pinus palustris* (Pinaceae)[J]. American Journal of Botany, 84(8): 1070-1077.

PRUDIC K L, OLIVER J C, BOWERS M D, 2005. Soil nutrient effects on oviposition preference, larval performance, and chemical defense of a specialist insect herbivore[J]. Oecologia, 143(4): 578-587.

SANTOS N A, TEIXEIRA N C, VALIM J O S, et al., 2018. Sulfur fertilization increases defense metabolites and nitrogen but decreases plant resistance against a host-specific insect[J]. Bulletin of Entomological Research, 108(4): 479-486.

SHI H, CHEN Y, TAN D X, et al., 2015. Melatonin induces nitric oxide and the potential mechanisms relate to innate immunity against bacterial pathogen infection in *Arabidopsis*[J]. Journal of Pineal Research, 59(1): 102-108.

SNOEIJERS S S, PÉREZ-GARCÍA A, JOOSTEN M H A J, et al., 2000. The effect of nitrogen on disease development and gene expression in bacterial and fungal plant pathogens[J]. European Journal of Plant Pathology, 106(6): 493-506.

SRIVASTAVA M, MA L Q, RATHINASABAPATHI B, et al., 2009. Effects of selenium on arsenic uptake in arsenic hyperaccumulator *Pteris vittata* L.[J]. Bioresource Technology, 100(3): 1115-1121.

STAMP N, 2003. Out of the quagmire of plant defense hypotheses[J]. The Quarterly Review of Biology, 78(1): 23-55.

STRAUSS S Y, 1987. Direct and indirect effects of host-plant fertilization on an insect community[J]. Ecology, 68(6): 1670-1678.

SUN Y M, WANG M, MUR L A J, et al., 2020. Unravelling the roles of nitrogen nutrition in plant disease defences[J]. International Journal of Molecular Sciences, 21(2): 1-20.

SUZUKI N, RIVERO R M, SHULAEV V, et al., 2014. Abiotic and biotic stress combinations[J]. New Phytologist, 203(1): 32-43.

TAO L L, HUNTER M D, 2015. Effects of soil nutrients on the sequestration of plant defence chemicals by the specialist insect herbivore, *Danaus plexippus*[J]. Ecological Entomology, 40(2): 123-132.

THALINEAU E, FOURNIER C, GRAVOT A, et al., 2018. Nitrogen modulation of *Medicago truncatula* resistance to *Aphanomyces euteiches* depends on plant genotype[J]. Molecular Plant Pathology, 19(3): 664-676.

THAPA S, PRASANNA R, RAMAKRISHNAN B, et al., 2018. Interactive effects of Magnaporthe inoculation and nitrogen doses on the plant enzyme machinery and phyllosphere microbiome of resistant and susceptible rice cultivars[J]. Archives of Microbiology, 200(9): 1287-1305.

THIMMARAYAPPA M, SHIVASHANKAR K T, SHANTHAVEERABHADRAIAH S M, 2000. Effect of organic manure and inorganic fertilizers on growth, yield attributes and yield of cardamom (*Elettaria cardamomum* Maton)[J]. Journal of Spices & Aromatic Crops, 9(1): 57-59.

TIAN D S, NIU S L, 2015. A global analysis of soil acidification caused by nitrogen addition[J]. Environmental Research Letters, 10(2): 1-11.

TRONCHET M, BALAGUE C, KROJ T, et al., 2010. Cinnamyl alcohol dehydrogenases-C and D, key enzymes in lignin biosynthesis, play an essential role in disease resistance in *Arabidopsis*[J]. Molecular Plant Pathology, 11(1): 83-92.

VAN WASSENHOVE F A, DIRINCK P J, SCHAMP N M, et al., 1990. Effect of nitrogen fertilizers on celery volatiles[J]. Journal of Agricultural and Food Chemistry, 38(1): 220-226.

VEGA A, CANESSA P, HOPPE G, et al., 2015. Transcriptome analysis reveals regulatory networks underlying differential susceptibility to *Botrytis cinerea* in response to nitrogen availability in *Solanum lycopersicum*[J]. Frontiers in Plant Science, 6: 1-17.

VEROMANN E, TOOME M, KÄNNASTE A, et al., 2013. Effects of nitrogen fertilization on insect pests, their parasitoids, plant diseases and volatile organic compounds in *Brassica napus*[J]. Crop Protection, 43: 79-88.

VISHWANATH Y C, HANAMASHETTI S I, NATRAJA K H, 2011. Influence of organic and inorganic manures on tissue composition, uptake of nutrients and yield of turmeric[J]. Journal of Ecobiology, 28(2): 183-186.

WANG C, LIU D W, BAI E, 2018. Decreasing soil microbial diversity is associated with decreasing microbial biomass under nitrogen addition[J]. Soil Biology and Biochemistry, 120: 126-133.

WANG C, LU J, ZHANG S H, et al., 2011. Effects of Pb stress on nutrient uptake and secondary metabolism in submerged macrophyte *Vallisneria natans*[J]. Ecotoxicology and Environmental Safety, 74(5): 1297-1307.

World Meteorological Organization, 2021. WMO greenhouse gas bulletin: The state of greenhouse gases in the atmosphere based on global observations through 2020[M]. Geneva: World Meteorological Organization.

WORMER T M, 1965. The effect of soil moisture, nitrogen fertilization and some meteorological factors on stomatal aperture of *Coffea arabica* L.[J]. Annals of Botany, 29(4): 523-539.

XIONG L Z, YANG Y Y, 2003. Disease resistance and abiotic stress tolerance in rice are inversely modulated by an abscisic acid-inducible mitogen-activated protein kinase[J]. The Plant Cell, 15(3): 745-759.

YAENO T, IBA K, 2008. BAH1/NLA, a RING-type ubiquitin E3 ligase, regulates the accumulation of salicylic acid and immune responses to *Pseudomonas syringae* DC3000[J]. Plant Physiology, 148(2): 1032-1041.

YAO P W, LI X S, NAN W G, et al., 2017. Carbon dioxide fluxes in soil profiles as affected by maize phenology and nitrogen fertilization in the semiarid Loess Plateau[J]. Agriculture, Ecosystems & Environment, 236(2): 120-133.

YU L L, LUO S S, XU X, et al., 2020. The soil carbon cycle determined by GeoChip 5.0 in sugarcane and soybean intercropping systems with reduced nitrogen input in south China[J]. Applied Soil Ecology, 155: 1-14.

YUAN J F, GU F, HAI-YAN M A, et al., 2010. Effect of nitrate on root development and nitrogen uptake of *Suaeda physophora* under NaCl salinity[J]. Pedosphere, 20(4): 536-544.

ZANDALINAS S I, MITTLER R, 2022. Plant responses to multifactorial stress combination[J]. New Phytologist, 234(4): 1161-1167.

ZENG J, LIU X J, SONG L, et al., 2016. Nitrogen fertilization directly affects soil bacterial diversity and indirectly affects bacterial community composition[J]. Soil Biology and Biochemistry, 92: 41-49.

ZHANG W J, WU L M, DING Y F, et al., 2017. Nitrogen fertilizer application affects lodging resistance by altering secondary cell wall synthesis in japonica rice (*Oryza sativa*)[J]. Journal of Plant Research, 130: 859-871.

ZHANG X B, XU M G, LIU J, et al., 2016. Greenhouse gas emissions and stocks of soil carbon and nitrogen from a 20-year fertilised wheat-maize intercropping system: a model approach[J]. Journal of Environmental Management, 167(1): 105-114.

ZHAO T H, SUN J W, ZHAO Y X, et al., 2008. Effects of elevated CO_2 and O_3 concentration and combined on ROS metabolism and anti-oxidative enzymes activities of maize (*Zea mays* L.)[J]. Acta Ecologica Sinica, 28: 3644-3653.

ZHAO Z B, HE J Z, GEISEN S, et al., 2019. Protist communities are more sensitive to nitrogen fertilization than other microorganisms in diverse agricultural soils[J]. Microbiome, 7(1): 1-16.

ZHOU J, JIANG X, ZHOU B K, et al., 2016. Thirty four years of nitrogen fertilization decreases fungal diversity and alters fungal community composition in black soil in northeast China[J]. Soil Biology and Biochemistry, 95: 135-143.

ZHOU Z H, WANG C K, ZHENG M H, et al., 2017. Patterns and mechanisms of responses by soil microbial communities to nitrogen addition[J]. Soil Biology and Biochemistry, 115: 433-441.

索　引